머리말

인구가 도시에 집중되어 있는 우리나라는 상수도, 공업용수 등과 같은 수자원이 항상 풍부하다고 할 수 없음은 물론, 생활하수나 공장폐수가 공공수역으로 유입되는 양은 계속 증가하고, 오탁물질의 내용도 다양하여, 상수도 수원으로서의 수질이 개선되기 어렵다.

한편, 이러한 현실에 반해 사용자는 깨끗한 양질의 상수를 원하고 있으며, 생활용수의 사용량은 해마다 계속 증가하고 있는 실정이다. 이처럼 수요 증가로 인해 종래는 공해방지, 환경보존의 목적으로 공장폐수를 처리하였으나, 최근에는 공장폐수에 대한 규제 강화, 지구 환경보호, 기업 이미지 향상 등을 위해 공장폐수를 고도처리 하여 재이용 하려는 기업이 증가하고 있다.

고도처리의 방법으로는 응집·침전 및 여과, 활성탄 흡착, 생물처리, 정밀여과(MF, UF, R/O), 이온 교환 처리, 오존 산화 등 여러 방법이 있으며, 이러한 방법들을 단독 또는 조합하여 사용하고 있다. 최근의 수처리 기술은 이전의 상수도, 공업용수도, 하수도, 산업 폐수처리 등 단일처리 분야의 경계가 분명히 구분되어 있지 않고, 적용되는 단위조작도 서로 공정을 조합하여 처리하는 것이 특징이다.

물의 재이용 기술 관점에서 보면 용수와 폐수처리 분야는 구별이 거의 없으며, 물의 재이용 기술은 앞으로 새로운 수처리 분야를 이룰 것으로 예상된다.

물의 재이용 분야는, 신소재인 막이 활발히 이용되고 있으며, 용도도 다양해지고 있다.

현탁 물질을 포함한 콜로이드는 통상 침전, 여과로서는 제거할 수 없기 때문에 보통 PAC(polyaluminum chloride)등의 응집제로 마이너스 전하를 중화해서 floc화하여 처리하고 있다.

그러나 최근 UF(ultra filtration)막이 콜로이드 제거에 탁월한 효과를 나타냄으로서 침전조가 필요 없게 되었으며, 비중차를 이용하여 고액분리를 행하는 새로운 UF막도 개발되고 있다.

이처럼 폐수의 재이용과 고도처리는, 장래 수자원의 양이 절대적으로 부족하게 될 우리나라에 있어서는 유력한 자원 확보 대책일 뿐 만 아니라, 수질 오탁 방지와 환경 보호의 관점에서도 바람직한 방법이다.

본서의 수처리 막여과는 새로운 정수처리 기술로서, 종래의 정수처리 방법인 응집·침전·여과·살균 여기에 전염소 처리를 더한 급속여과 시스템에서, 응집·침전·여과 이 세 과정을 막여과 한 과정으로 대체할 수 있는 수처리 막여과기술이다. 막여과를 정수처리에 적용할 목적으로, 정수장 현장에 pilot plant 실험 장치를 만들어 실제의 수도 원수를 대상으로 외압식 중공사 정밀여과막(MF)을 사용하여 막 여과를 응용한 수처리의 대표적인 연구가 일본의 MAC 21이었다. 연구 결과, 막여과가 응집·침전·여과의 주목적인 현탁물 제거에 대해서는 동등하거나 그 이상의 성능을 가지고 있음은 물론, 경제성에서도 충분한 효과가 있음을 본 연구에 본인이 직접 참가하여 연구로 확인하였다.

그러나 일반적인 상수도 원수에 대해서는 막 여과 처리만으로도 음용 가능한 수질을 만들 수는 있지만, 수돗물로서 급수할 경우에는 염소처리와 같은 단위조작이 필요하다.

따라서 고액분리는 수처리에 있어 중요한 단위조작이기 때문에 수처리 막여과의 기술적용은 수돗물의 수질을 향상시킬 수 있고, 부지면적을 줄일 수 있으며, 설비의 소형화, 조작의 용이함 등으로 인하여, 상·하수도 처리 기술에 기대되는 효과는 상당히 클 것으로 생각되어진다.

이상과 같은 배경과 연구를 바탕으로 집필된 수처리 막여과는 1편 물의 시대, 2편 막여과의 이론, 3편 막여과의 질의 응답, 4편 막여과 용어집으로 구성되어, 막을 응용한 수처리 기술자에게는, 수처리 시스템 및 처리기술에 상당히 도움이 될 것으로 기대되며, 또한 여러 분야에서 제한적으로 적용되고 있는 수처리 막여과 기술을 보다 폭넓게 적용할 수 있을 것으로 기대된다.

본 수처리 막여과에 집필된 내용에 관해서는 여러 가지 부족한 부분도 많이 있겠지만 독자 분들의 귀중한 의견을 준다면 대단히 감사할 따름이다.

본서를 정리하는데 여러 가지 도움을 주신 (주)양서각 출판사의 신대영님께 깊은 감사의 뜻을 표한다.

2019년 3월

동국대학교 수질환경연구실

조 봉 연

차 례

제1편

물의 시대

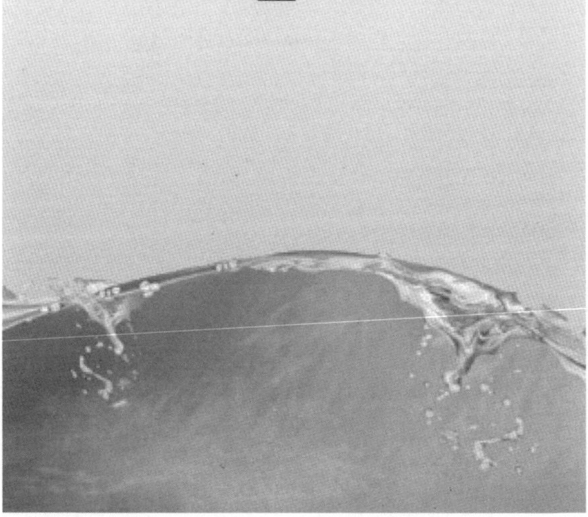

Chapter 1

개 론

「20세기는 석유를 둘러싼 전쟁의 시대였지만, 21세기는 물 분쟁의 시대가 된다.」고 말하고 있다.

물의 혹성이라고 할 수 있는 지구, 그 이름대로 표면적의 70%이상을 바다가 차지하며, 육지에 있어서도 하천이나 호소, 지하수층 등, 우리 주위에 물이 있으므로, 물은 풍부하게 있다고 생각하기 쉽다. 그러나 지구의 물이 풍부하다고 해도, 우리가 쉽게 이용할 수 있는 지표수는 전 담수량의 불과 1%도 되지 않는다.

세계 각지에서, 인구의 급격한 증가와 함께 사회가 발전함에 따라 많은 나라에서 물 부족이 발생하고 있다. 물의 부족은 생활용수의 부족뿐만 아니라, 심각한 식량부족이나 생태계에 영향을 미친다. 또, 오수처리 시설의 미정비에 의한 물의 오염, 위험한 범람지역에서의 거주인구 증가로 인한 홍수 피해의 증대 등, 여러 가지 문제가 발생하고 있다. 앞으로 세계 인구의 증가로 인한 물 부족을 비롯하여 이들 문제가 한 층 심각화될 것으로 우려되고 있다. 더욱이 수원이, 생활이나 산업에서 나오는 배수로 오염되어, 사용할 수 있는 물은 급속하게 줄어들고 있다.

1.1 지구상의 물

물은 지구 표면적의 약 4분의 3을, 바다나 빙하, 호소, 하천으로 덮고 있으며, 또 지하수로서 땅속에 숨어있거나, 수증기로서 대기 중에 떠있는 등, 여러 가지 형태로 존재하고 있다. 그 총량에 관해서는 많은 학자들이 각각 추정치를 발표하고 있어, 다소 차이는 있지만 약 14억m^3으로 추정되고 있다. 이 중에 가장 많은 것은 지구 표면적의 70.8%를 차지하고 있는 바다의 해수이며, 그 양은 약 13억5000만m^3에 이른다. 이것은 전체 수량의 97.5%에 해당하며, 지구상의 대부분은 해수라고 할 수 있다(표 1.1).

표 1.1 지구상의 존재하는 물의 양

분류	수량(Km^3)	비율(%)
해수	1,349,929,000	97.5
하천수	1,200	0.0001
호소수	219,000	0.016
토양수	25,000	0.002
지하수	10,100,000	0.72
얼음	24,230,000	1.75
대기중의 물	12,600	0.001
생물중의 물	1,200	0.0001
총량	1,384,518,000	100

해수는 태양 에너지에 의해 해면에서 증발하여 대기 중의 수증기가 되어 응결해서, 비나 눈이 되어 육지로 강수한다.

육지로 강수한 물은 하천이나 호소에 도달하며, 생물이나 식물을 윤택하게 하며, 또 넘치는 물은 바다로 되돌아간다. 또한 일부는 땅속에 스며들어 지하수가 되어, 지표로 솟아나거나, 하천으로 흘러들어가 재차 바다로 흘러간다.

이처럼 지구상의 물은 끊임없이 순환을 반복하며, 담수가 고갈되지 않도록 하여, 지구상의 생물에 항상 신선한 물을 공급하고 있다(그림 1.1).

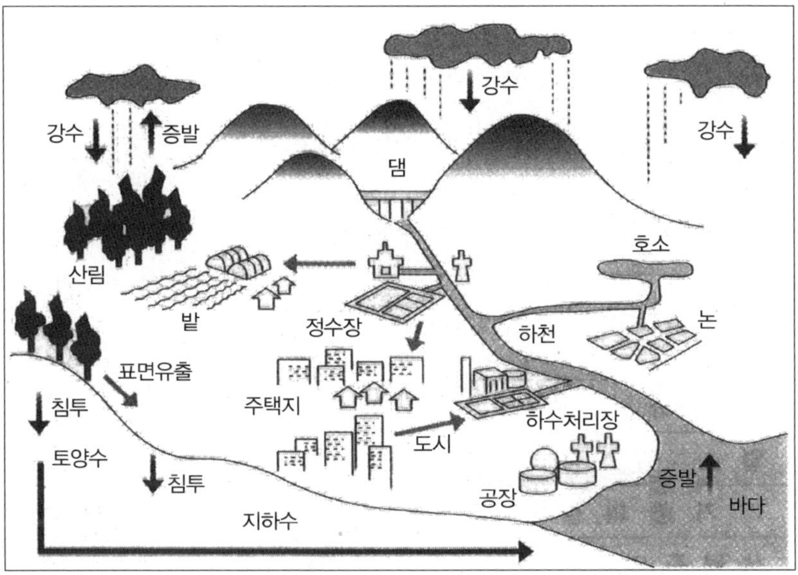

그림 1.1 물 순환 모델

해수는 다량의 염분을 포함하고 있기 때문에, 마시거나, 물체를 세정하는데는 직접 사용할 수 없다. 그러므로 이러한 물의 순환이 일어나지 않으면, 담수는 금방 고갈해 버린다. 즉 바다는 지구의 모든 물을 담수하는 없어서는 안 되는 거대한 저수장이라 할 수 있다.

염분을 함유하지 않는 담수는 나머지의 2.5%이다. 이 중에는 남극이나 북극의 육지를 덮고 있는 평균 2,000m 이상의 두꺼운 대륙 빙하나, 바다에 떠있는 빙산 등 얼음의 상태로 존재하는 것을 포함하여, 이것이 2400만 km^3, 전체 수량의 1.75%로, 담수의 약 70%에 해당한다.

담수에서 나머지 약 30%중 29%가 지하수이며, 그 양은 1,010만 km^3, 전 수량의 0.72%가 된다. 하천이나 호소 등의 지표수는 전 담수량의 1% 수량으로 25만 km^3로서, 전 수량의 0.02%에 불과하다.

지하수는 하천수와 호소수의 46배 정도 있으며, 이용 가능한 대수층에 존재하는 수량은 한정되어, 과잉으로 사용하면 지하수위가 낮아지기 때문에 이용하기 어렵다. 또 지하수에도 염분을 포함한 염수나 땅속 깊은 지하수 등은 사용할 수 없기 때문에 지하수에 그다지 기대할 수 없다.

이처럼 우리 주위에 있어서 용이하게 이용할 수 있는 것은 하천수나 호소수이지만, 그 양은 담수 전체로 보면 상당히 소량이며, 그 소량의 물을 이용하여 전 인류가 생활을 영위하고 있는 것이다.

1.2 세계는 물 위기상황

지구상의 물 부족이 일어나는 가장 큰 원인은, 인구 증가에 의한 수요가 증가했기 때문이다. 국제연맹의 조사에 의하면, 1995년 세계의 물 사용량은 3조 5720억 m^3이였다. 그러나 인구 83억 인으로 예상되는 2025년에는, 1.4배인 4조9130억 m^3이 된다고 예상하고 있다(그림 1.2).

이 때문에 세계에서 물 부족 상태에 처해있는 인구의 비율은, 1995년 3분의 1이었던 것에 대해, 2025년에는 3분의 2로 확대될 것으로 예상하고 있다. 인구가 증가하면, 식료나 공업제품의 생산도 확대되고, 생활용

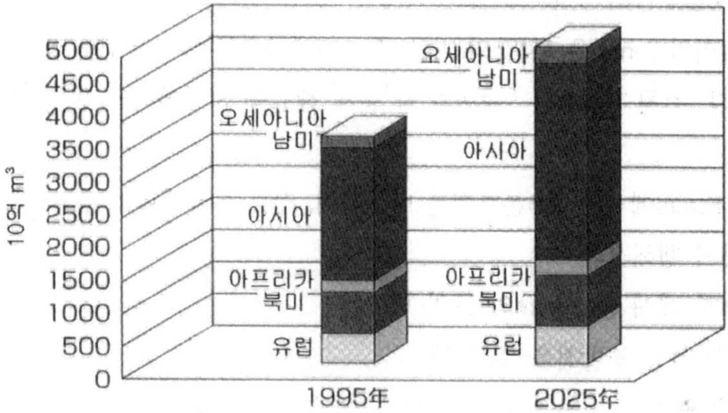

그림 1.2 세계 물 수요량의 장래 재검토

수나 공업용수를 중심으로 물 수요는 인구가 늘어나는 이상으로 증가한다고 예상하고 있다. 한편 수원의 대부분은 하천으로, 그 수량은 표 1.1과 같이 지구상에 있는 물의 0.0001%밖에 되지 않고, 게다가 존재하는 수량은 일정할 뿐, 증가하는 것은 없다.

따라서 수요가 증가한다고 해서, 계속 사용한다면, 드디어 물이 부족하게 될 것은 눈에 선명하다. 게다가 산업폐수나 생활하수의 처리수가 불충분하기 때문에, 수질오염이 진행되며, 사용한 담수는 더욱 줄어들고 있다.

국제적으로는, 안전한 음료수나 위생시설의 확보, 음료 생산을 위한 물 확보, 수계 생태계의 보전, 홍수 등의 리스크 관리, 수자원의 효율적인 이용과 효과적인 배분 등이 물 문제에서 큰 과제로 인식되고 있으며, 논의가 진행되고 있다.

현재도, 인구증가나 산업의 발전이 현저한 개발도상국에서는, 심각한 물 부족이 증가하고 있다. 2012년의 국제연합의 조사 자료에 의하면, 세계 인구의 18%에 상당하는 11억 인구가 안전한 음료수를 확보할 수 없고, 특히 아시아, 아프리카 등 31개국에서 절대적인 물 부족으로 고민하고 있다.

2016년 세계 인구는 62억이며, 42%에 상당하는 26억의 인구가 위생이 나쁜 환경에 처해있다. 이러한 지역에서는 폐수처리 설비의 정비가 늦어지고 있기 때문에 위생이 나쁜 물에 의한 질병으로, 연간 500만 명 이상이 사망하고 있는 상황이다. 또 식량 부족으로 8억 인이 하루 2,000 칼로리 미만의 영양 밖에 섭취할 수 없는 상황에 놓여있다.

이처럼 큰 하천이 없고, 강수량이 적은 건조지대에 있는 개발도상국을 중심으로 이미 심각한 물 부족이 진행하고 있다. 더욱이, 지구온난화에 의한 영향이나 새로운 화학물질의 위협 등으로부터, 선진국을 포함한 세계의 물이 위기적인 상황으로 빠져들고 있다.

중국, 인도, 아메리카의 3개국에서, 세계 곡물의 반을 생산하고 있다. 이들 중국, 인도는 지하수를 이용하여 농작물의 관개를 행하고 있지만, 대량의 물을 퍼 올려 사용했기 때문에 지하 수맥이 고갈되어, 물 부족이 심각하게 되고 있다. 또 지하수만이 아니라 인도의 갠지스 강, 인더스 강, 중국의 황하 등 대 하천의 고갈도 문제가 되며, 황하는 1997년 상류로부터 바다로 물이 흘러가지 않는 날이 과거 최고의 226일을 기록했다.

이처럼 물 부족으로부터, 곡물 생산은 1999년부터 3년간, 500만 톤 감소하고 있다. 중국으로부터 대량의 식료품, 의료품, 공업제품을 수입하고 있는 일본으로서는 만약 물 부족의 영향으로 중국으로부터 물건이 들어오지 않게 된다면, 경제적으로 큰 타격을 받는다. 다른 나라의 물 부족은 우리들의 생활이나 경제에 있어서 결코 관계없는 것은 아니다.

앞으로 세계 각지에서 심각한 물 부족이 진행하면, 물을 서로 빼앗는 전쟁이 나는 것은 불가피하다. 20세기는 자원, 특히 석유를 둘러 싼 분쟁이 다발했지만, 21세기는 수자원이 분쟁의 불씨로 될 수밖에 없는 상태가 된다. 석유는 우선 없어도 생활할 수 있지만, 물은 없으면 살 수 없기 때문에 문자대로 생사를 건 처절한 싸움이 발생할 수 있다. 이러한 최악의 사태가 되는 것은 어쨌든 피하지 않으면 안 된다.

Chapter 2

물 문제 해결

물 문제를 해결하기 위해서는, ① 해수나 염분을 포함한 지하수를 담수화할 것, ② 생활하수나 산업폐수를 처리하여 수원을 오염으로부터 지킬 것, ③ 생활하수나 산업폐수를 버리지 말고 재순환할 것, ④ 지하수의 보전을 기하여 사막화를 방지 할 것 등을 적극적으로 진행하지 않으면 안 된다.

그렇게 하기 위해서는 물에 포함되어 있는 염분이나 오염물질을 효율적으로 제거하는 기술이 필요하다.

이러한 기술로서 지금 주목받고 있는 것이 분리막을 이용한 「수처리막」이다.

2.1 염수 및 해수 담수화

우리들의 주위에서 바로 이용할 수 있는 하천이나 호소 등의 지표수는, 불과 지구상에 존재하는 물의 0.02%밖에 지나지 않는다. 여기에 대해 해수는 97.5%를 차지하고, 이 무진장이라 할 수 있는 해수에는 염분이 3%이상 포함되어 있어, 마시거나, 공업용으로 사용할 수 없다.

또, 사막지대 등에서 염분을 많이 포함한 염수 또는 짠물이라고 하는 지하수는 쓸모가 없다. 만약 염수나 해수를 담수화할 수 있다면, 사막지대나 섬에 살고 있는 사람은 물론, 만성적인 물 부족에 시달리는 도시사람들이 갈증으로부터 해방될 수 있을 것이다.

그럼에도 불구하고 생활에 빼 놓을 수 없는 생활용수나 산업에 사용되는 공업용수에는, 염분은 100~200ppm 정도 포함하고 있다. 이 물들의 수원은 대부분이 하천 표류수이며, 이외에 지하수나 호소수를 들 수 있다. 만약 수원의 염분 농도가 큰 폭으로 증가한다면 굉장한 장해를 일으키는 것은 쉽게 상상할 수 있다.

○ 1971년 「수처리막」 시대의 개막 —

일본에서 최초, 세계에서 최대의 역삼투막 장치가 건설되었다. 1955년대 말부터 1965년대 초에 걸쳐 전국 각지에서 임해공업지대가 건설되어, 화력발전소, 제철소나 석유정제, 석유화학공업이 조업을 개시했다.

이러한 산업에서는 제조 프로세스에 증기를 사용하기 위해, 염분을 제거하여 대량의 순수를 저렴하게 공급할 수 있는 순수장치의 개발이 절실하게 요구되었다. 필자는 순수제조 장치 개발에 성공하였다. 이는 순수의 순도나 순수의 비용에 대한 요구를 극복할 수 있는 이온교환수지를 이용한 고효율의 순수제조 장치로서 다행히도 일본의 고도성장의 일익을 담당할 수 있었다.

고도성장기에 건설된 鹿島콤비나트(鹿島 임해공업지대)에서는 수원이 되는 카스미가우라와 北浦가 하천이 바다와 연결되어 있어, 조수간만으로 역류가 일어나, 염류농도가 예상을 넘는 높은 값을 나타내고 있다.

이온교환수지식의 순수 장치가 경제적으로 알맞는 염류농도의 한계는 500ppm 정도로, 이 이상으로 염류농도가 증가하면 처리 비용이 증가하며, 장치의 운전 관리도 복잡하게 된다. 물론, 염분농도 3만ppm 이상의 해수에서 염분을 제거하는 것은 도저히 할 수 없다. 이 때문에 각 공장에서는 염분이 많아진 호소수에서는 이온교환수지식의 순수장치에 의해 안정한 순수의 확보 공급을 할 수 없게 되었다. 따라서 공장의 조업이 곤란하여 심각한 사태를 맞이했다. 1971년 이 위기를 넘기기 위해, 원수로부터 염분을 미리 제거하여 이온교환수지의 부하를 경감하는 새로운 기술을 도입한 것이 역삼투막 장치였다. 하루 3,000 m^3의 규모로 일본 최초로 세계 최대의 것이었다.

일본에는 아직 막 제조 회사도 없고, 막장치의 실적도 없는 시대였으므로, 만든지 얼마 되지 않은 역삼투막 장치의 도입은 栗田工業(株) 관계자 전원의 뜻을 한데 모은 결단 이었다. 동시에 그 진두 지휘관은 루비콘 강을 건너는 어려운 결단이었으며, 이것은 수처리 업계에서는 획기적인 사건이었다.

관계자의 부단한 노력에 의해 기대대로 성과를 올려 물위기를 피할 수 있었고, 이것이 계기가 되어 막의 연구 개발이 활발하게 되어, 수처리 분야를 포함한 각 방면에 막장치의 실용화가 시작되었다. 분리막을 이용한 「수처리 막 시대의 개막」이 되었다.

2.2 물 정화와 재이용 기술

2.2.1 수처리 환경은 얼마나 변했는가?

경제의 고도성장시대로부터 30년 이상 지나 시대의 요청에 부응하는 수처리 환경은 현저하게 변화하고 있다.

○ 수원의 수질악화

1962년 생물해양학자 레이첼 카슨(Rachel Carson)은 저서 「침묵의 봄」에서 농약으로 인한 환경오염을 맨 먼저 경고했다. 이후 40년이나 지난 지금도, 수질 유기물이나 중금속 등의 유해물질 그리고 부영양화의 원인이 되는 인이나 질소로 수원이 악화되고 있다. 환경오염이나 온난화 등 지구상의 고뇌에 카손의 경고를 끝까지 살릴 수 있을 것인가.

○ 요구 수질의 고도화 – 미세분야에 대한 도전(PPM에서 PPB, PPT로)

반도체 산업은 Megabit로부터 Gigabit(1010)의 시대로 향하고 있다. 기가비트의 시대가 되면, 순수의 순도는 ppm(100만분의 1)으로부터 ppb(10억분의 1), ppt(1조분의 1)의 차수가 되며, 초순수로부터 초초순수로 불리는 한없는 이론 순수에 가까운 물의 도전이 요구되어 지고 있다. 또 초미량의 불순물을 측정 분석하는 기술과 정도의 향상도 요구되고 있다(표 2.1)

표 2.1 자연수와 순수

항목	탁도(도)	전도율/저항율	입자	박테리아	유기물
공업용수	<5~20	50~500 μs/cm			1~15 mg/L
정호수	<1~10	50~500 μs/cm	103/cm³~		1~5 mg/L
음료수	<2	50~500 μs/cm	103/cm³~	<10 pcs./100cm³	1~5 mg/L
순수	1	0.1~5 MΩ · cm	103/cm³~		1~5 mg/L
주사수	<1	>1 MΩ · cm	>10 μm< 20 pcs./cm³	<10 pcs./100cm³	<500 μg/L
초순수	–	>15 MΩ · cm	>0.1 μm< 1 pcs./cm³	<1 pcs./100cm³	<5 μg/L

○ 환경보전의 강화–배수의 회수

생활용수나 공업용수를 사용한 후, 하수처리장이나 공장의 폐수처리장에서 처리 되어 하천이나 바다에 방류하고 있지만, 될 수 있는 한 폐수를 재이용하여, 방류에 의한 오염물의 유출을 억제해서 깨끗한 환경 만들기를 추진해야 한다.

○ 무 약주, 무 폐기물 방식

물을 처리할 때는, 처리 효과를 높이기 위해 약품을 주입한다. 시대가 변화함에 따라 약품을 사용할 수 없는 경우도 있으며, 또 약품의 첨가로부터 슬러지는 폐기물의 양이 증가하여, 그 처리에 많은 노력을 소비하게 된다. 그렇기 때문에, 현재는 가급적 약품을 주입하지 않고, 폐기물이 나오지 않는 방식이 절실하게 요구되고 있다.

○ 유지관리의 간이화–자동운전, 자기진단

정수장이나 하수처리장의 유지관리는 서서히 민영화가 진행 중이며,

자동운전이나 자기 진단할 수 있는 운전관리에 용이한 처리가 요망되고 있다. 종래의 수처리는 자동 운전방식을 채용하고 있지만, 운전관리에 아직도 경험에 의지하는 곳도 많다. 자동운전이나 자기진단을 쉽게 할 수 있는 처리기술의 개발 도입을 추구하고 있다.

○ 혁신적 기술개발에의 갈망

전자산업은 진공관에서 트랜지스터로, 그리고 반도체로 이어져 그 변모·진보 발전은 현저하다. 수처리 기술도 곳곳에서 개선 개량이 보여지지만, 재래기술의 한계에 대한 폐색감에서 탈출하여 얻을 수 있는, 물 환경 문제의 해결에 공헌할 수 있는 반도체에서 볼 수 있듯이 혁신적인 기술 개발을 갈망하고 있다. 이러한 수처리 환경의 변화를 배경으로 기대되는 물의 정화와 재이용 기술의 하나로서, 분리막을 이용한 「수처리막」이 등장하여, 수처리 기술의 비약적인 발전에 기여하고 있다. 막처리의 역할은, 물속에서 용해성의 불순물과 부유성·현탁성의 불순물을 제거하여, 물의 사용 목적과 환경보전에 대응하도록 하는 것이다.

2.2.2 수처리 기술

종래의 수처리 조작방법은, 물리적 방법, 화학적 방법 그리고 생물학적 방법의 3가지로 나누어진다.

수처리 분리막은 종래에는 세 가지 방법을 치환 혹은 조합하여 사용된다. 종래방법으로는 충분하지 않았거나 혹은 성공하지 못했지만 분리막을 사용함으로써 효과를 발휘하여, 수처리 환경의 변화나 요구에 대응하고 있다.

○ 물리적 방법

수많은 처리 기술 중에서, 넓게 적용되고 있는 기술의 하나이다. 응집・침전(가입부상)과 모래여과를 조합한 방법이다. 응집・여과 등은 수중의 부유・현탁성이나 콜로이드성의 불순물의 제거에 이용된다. 제거 가능한 입자의 크기는 2～5 μm 정도이다. 원수의 수질이 변동하면, 모래여과에 의한 처리수의 수질도 변화하여 안정화하지 않는 것이 결점이다.

정밀여과막에 의한 탁도 제거는 모래여과에 비해 10분의 1인 0.2 μm 이하까지 제거할 수 있다. 막의 미세한 공경으로부터 큰 물질이나 박테리아가 제거되어, 원수 수질의 영향을 받지 않고 안정한 수질의 처리수를 얻을 수 있다. 공장으로부터 폐수나, 하수의 2차 처리수는, 일반적으로는 용해염 농도가 높기 때문에, 제탁 처리에만 재이용할 수 없다. 이 때문에 대부분의 경우, 염분의 제거에는 역삼투막 장치를 사용할 필요가 있다. 막장치의 안정한 운전에 있어서 가장 소중한 점은 폐수 중에 포함되어 있는 불용해 물질을 얼마나 적게 하는가이다.

공장폐수의 경우, 수온, 수질의 변동 폭이 크며 또 생산하는 제품의 고도화로 폐수의 수질도 이전과 크게 달라 여러 갈래로 복잡하게 된 것이 특징이다. 이 때문에, 제탁 기술로서 예전부터 사용되고 있는 응집・침전과 모래여과 기술을 조합한 것이다. 응집・여과 등에서는 수질의 변동 등에 대해 추종이 어려워, 역삼투막 장치의 문제 원인이 되는 것이 많다.

1971년에 건설된 세계 최대의 역삼투막 장치의 운전에서는 막에 공급하는 물의 수질 변동이 막 성능에 크게 영향을 미쳤다. 그 영향을 얼마나 적게 하는가가 실제로 막의 전 처리의 결정이었다.

수원인 호수가 오염되었을 경우, 응집・침전, 가압부상, 모래여과, 활성탄여과 등을 조합한 시스템, 말하자면 완벽하다 할 수 있는 전처리 설비를 사용하지 않을 수 없다.

이 당시부터 완벽하게 빈틈없는 전처리로 교환하는 기술을 찾고 있었지만, 정밀여과막은 그 역사가 오래되어 기대되면서도, 물을 대량으로 저렴하게 처리하는 것에 적합한 것은 없었다.

(1) 1990년대의 새로운 정밀여과막장치/한외여과막장치

1980년 후반 호주 MemTech사(현 SIEMENS WATER TECHNOLOGIES CO.)는 중공사막을 사용한 공기 역세식 정밀막여과장치 MEMCOR CMF를 개발했다. 이 시스템은 전량여과방식으로 여과하여, 역세시 공기 Back Washer 자동 역세방식을 채용하고 있다. 이것은 폐색한 막에 역세 재생시 고압공기를 이용하여, 막힌 물질을 불어 날려서 순간적으로 제거시키는 완전히 새로운 발상이 도입되었다.

사용하는 막 모듈은, 유효 막면적 15 m^2로, 이것을 1본에서 최대 90본까지 장착한 Skit 17종류가 표준화되어 있다. 처리 능력은 최대 Skit 1기에서 약 100 m^3/h이다(그림 2.1).

※ SIMENS WATER TECHNOLOGIES CO. 제공

그림 2.1 공기 역세식 정밀여과막과 그 모듈

이러한 발상에 의해 막설비비는 큰 폭으로 하락하여 1980년대의 1/30 이하가 되어, 대규모 처리장에서 원하는 경제성을 만족할 수 있게 되었다. 뿐만 아니라 막의 안전성 확인이나 완전한 자동화 등 막 시스템의 조작 운전에 필요한 현장의 주변기술을 완성하여, 정밀여과막의 대용량 처리의 길이 개척되었다고 할 수 있다.

1990년 중반에는 캐나다의 Zenon사로부터 침지형 중공사막 시스템 「Zeeweed」이, 1990년 후반이 되어 旭化成 Chemicals(주)에서 외압식 중공사 정밀여과막 모듈 「Microza」가 일본 막으로서 미국 Pall사를 통해 세계 시장에 진출했다.

내압식 중공사 한외여과막은 프랑스의 Aquasource사가 맨 먼저 정수장에 도입하였으며, 폴란드의 Norit사에서 수평배치형의 내압식 중공사 한외여과막 모듈이 개발되었다. 대규모 정수장을 대상으로 정밀여과막과 경쟁하여, 유럽에서 치열한 수주 싸움이 전개되고 있다(표 2.2).

표 2.2 해외의 주요한 중공사 막의 사양

항목	Aquasource	U.S. Filter MEMCOR		NORIT X-FLOW	PALL (旭化成)	ZENON
		CMF	CMF-S	XIGA	Microza	Zeeweed
발행국	프랑스	오스트레일리아		폴란드	일본	캐나다
막종류	UF	MF	MF	UF	MF	MF
막공경(μm)	0.01	0.2	0.1	0.02	0.1	0.1
중공사막내경(mm)	0.93	0.25	0.39	0.8	0.7	0.75
여과방향	내압	외압	외압	내압	외압	외압
형식	종형	종형	침지	횡형	종형	침지
막재질	CA	PP	PVDF	PES	PVDF	PVDF

CA=삭산셀룰로스系, PP=폴리프로필렌, PVDF=폴리불화비니리덴, PES=폴리에텔슬폰系
米川 均:학위논문, 정수처리용 Monolith형세라믹막 시스템의 여과특성에 관한 연구(2005)

(2) 전량여과방식과 Cross Flow 여과 방식

막여과 장치에는, 물이 흐르는 방식에 따라 전량여과방식과 Cross Flow 여과 방식의 2종류가 있다. Cross Flow 여과 방식은 역삼투막이나 Nano Filtration 막에 적용되며, 공급수는 막면에 평행하게 흘러, 일부분만 막을 투과한다. 여과가 시작되면 공급수의 현탁물이 막면이나 막세공 내에 퇴적되어 투과수 속도가 저하하지만 그 비율은 공급수의 유량(막면 선속도)에 의해 결정되고, 마침내 투과 속도는 일정 치에 달한다. 공급수의 유량이 클수록 투과 속도가 크게 되며, 필요한 막 면적은 작아도 되지만, 대 유량 펌프를 위한 에너지 소비량이 크다.

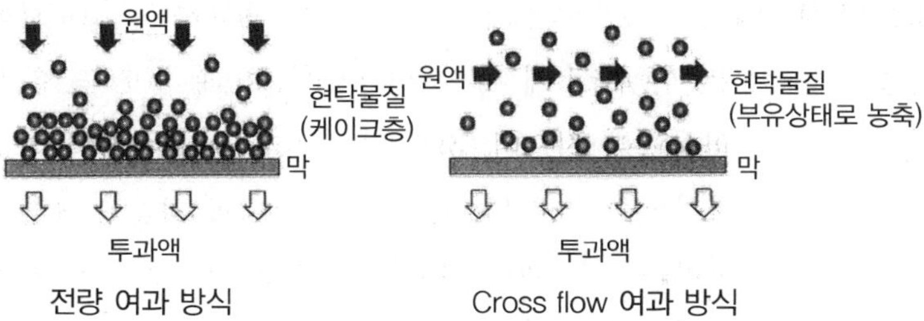

그림 2.2 전량여과방식과 Cross Flow 여과의 개념도

한편, 전량여과방식은, 공급수의 전량이 막을 투과하기 때문에 공급수의 현탁물은 모두 막면이나 막세공 내에 퇴적되어, 서서히 투과수 속도가 저하한다. 이러한 형상을 파울링(Fouling)이라 한다. 처리량을 일정하게 유지하기 위해서는 정기적으로 세정을 해야 한다. 투과수 속도는 작고, 필요한 막 면적은 크게 되지만, 펌프의 에너지 소비량은 적게 된다.

이들 중 어느 방식을 취해도, 막내외 면의 정기적인 세정은 필요 불가결하다. 일반적으로 운전 중에는, 상당히 빈번하게 단시간의 물리적인 세정을 행하지만, 여기에는 투과수에 의한 역류세정, 공기세정, 기액 혼입수에 의한 Flushing세정 등의 방법이 취해지고 있다. 이러한 세정을 반복해도 투과수 속도는 회복되지 않고, 서서히 저하하기 때문에 1~6개월 정도에 한번은 약품을 이용한 세정이 필요하다. 중공사형은 평막을 이용한 나선형(Spiral)에 비해, 막 면적을 10배 정도 크게 취할 수 있기 때문에 파울링이 적으며, 하수 처리수와 같이 수질이 비교적 좋지 않는 물에 대해서도 적용하기 쉽다. 중공사막과 전량여과방식의 각각 특징을 잘 살린 정밀여과막 장치를, 최초로 개발한 것이 호주의 MEMTEC사(현 SIEMENS WATER TECHNOLOGIES CO.)라 할 수 있다. 지금까지 역삼투막이나 한외여과막의 화려한 활동에 가려져 별로 취급되지 않았던 정밀여과막이 드디어 햇빛을 보게 되었다.

역삼투막의 발명에 이어 이러한 정밀여과막과 한외여과막의 발전이 수처리 기술을 진화시켜, 정수처리, 물의 재이용, 산업용도 등 수처리 분야의 시장을 큰 폭으로 확대하고 있다(그림 2.3).

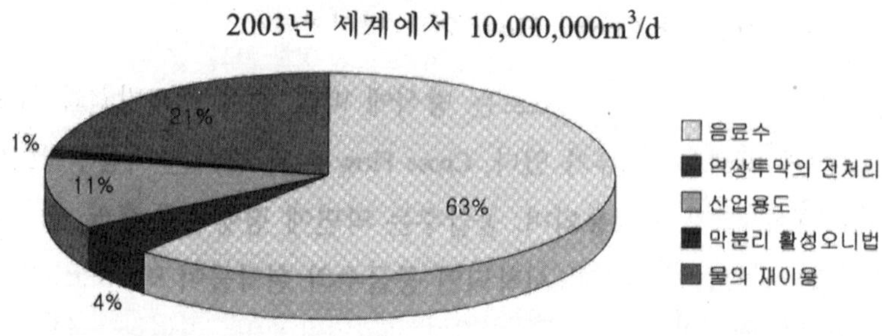

※ D.H. Furukawa: Worldwide Status of the Technology, Microfiltration Conference(2002), California.

그림 2.3 정밀여과막/한외여과막의 용도 누적용량

○ 화학적 처리

이온교환법은 이온교환수지를 이용하여 물에 녹아있는 염분을 제거하여 보일러나 제조공정에 사용되는 순수의 제조에 넓게 이용되고 있다. 염분농도에 거의 비례해서 물 처리 비용이 높아지고, 적용 가능한 염분농도의 한계는 약 500ppm 정도이다.

역삼투막법은 염분 농도에 그다지 영향을 받지 않고, 염수나 해수로부터 담수를 만들 수 있다. 더욱이 유기물이나 박테리아도 동시에 제거할 수 있기 때문에 화학적 방법으로서 이용되고 있는 활성탄이나 화학적 산화환원의 방법 대신에 역삼투막법을 적용할 수 있다.

○ 생물적 처리와 막기술의 조합

종래의 활성오니법은 유기물을 분해하는 활성오니가 들어있는 포기조와 활성오니를 분리하는 침전조로 구성되어 있다.

중력으로 침강 분리하는 침전조의 조작을 막분리로 치환한 것이 막분리 활성오니(Membrane Bioreactor)이다. 막을 포기조에 침지한 방식은 일본에서 맨 먼저 기술이 개발되어, 세계에 앞장서서 실용화되었다.

○ 현탁물, 슬러지, 염분의 농축

현탁물, 슬러지, 염분의 농축에 대한 막분리 응용은 최근 막의 진보로 그 용도가 넓어져 더욱 기대된다.

2.2.3 수처리막 응용의 역사

1971년도 鹿島콤비나트 역삼투막 장치가 가동한 이래, 일본의 30년간 막 기술 역사를 살펴보면,

제1기(1970~1979)

· 3,000 m^3/d 역삼투여과막 플랜트의 설치가동
· 정밀여과막, 한외여과막의 식품산업, 전착도장에의 이용

제2기(1980~1989)

· 역삼투여과막에 의한 해수의 담수화
· 반도체, 제약산업에 있어서 초순수 제조의 정밀여과막, 한외여과막, 역삼투막의 적용
· 배수처리와 회수 — 중수도, 분뇨처리

제3기(1990~1999)

· 상수 — 후생성 MAC21 프로젝트로부터 정수처리 실용화
· 공업용수 — 종래법을 대체한 막기술의 이용
· 하수처리수의 재생 이용
· 산업배수의 회수 재이용

21세기로 들어와서 지금은 「수처리막의 황금시대」가 도래하고 있다.

2.3 하수, 공장배수의 회수 재이용

2005년도 판 「일본의 수자원」에 의하면 2002년의 물 사용실적은 연간 약 852억 m^3으로, 이 내역은 생활용수에 163억 m^3, 공업용수 약 123억 m^3, 농업용수 약 566억 m^3이다.

농업용수는 농작물을 재배하기 위해, 대량의 물을 필요로 하지만 하천

에서 논으로 흘러가 벼가 자라며 또 하천으로 되돌아가서 순환하기 때문에 사용량이 많아도 생활용수나 공업용수처럼 사용량에 비해서 배수량이 증가하는 것은 없기 때문에 순환이나 수요에 미치는 영향은 적다. 한편 생활용수나 공업용수는 한번 사용하면 하수, 폐수가 되어 배출된다.

2.3.1 하수 처리수의 용도

하수도는 가정이나 빌딩으로부터 나온 배수를 모아 흐르는 수로이며, 그 말단 「하수처리장」에서 오수를 처리해서 하천이나 바다로 방류하고 있다.

일본의 하수도 보급률은 2002년 65.2%로 유럽보다 낮으며, 인구 5만 명 미만의 시, 군, 읍의 보급률은 31.8%에 불과하다. 전국 1,638개의 하수처리장으로부터 하수 처리수는 연간 약 130억m^3 발생하고 있다.

하수처리 시설에서는, 하수를 「전처리」, 「1차처리」, 「2차처리」의 3단계로 처리한다. 전처리는, 나무 조각이나 부직포 등 조대한 쓰레기를 스크린으로 제거하며, 모래는 침사지에서 침전시킨다. 1차 처리에서는, 전처리에서 제거할 수 없는 미세한 고형물을 최초 침전지에서 체류시간에 의해 제거하지만, 용존 유기물 등의 오염은 제거할 수 없다.

이 유기물을 분해 제거하는 것이 생물처리라고 하는 2차 처리이며, 포기조 안에서 하수에 활성오니라고 하는 미생물을 가하여 공기를 불어넣어 6~8시간 접촉시키면 미생물이 유기물을 영양원으로서 증식해서 유기물을 분해한다.

유기물 양을 나타내는 하나의 척도로 BOD(생물화학적 산소요구량)를 사용한다. 2차 처리의 생물처리를 주체로 한 처리에서 BOD의 대부분은 제거되지만, 처리수에 BOD 20 mg/L이하 정도의 유기물이나 미세한 부유물이 남아 있으며, 질소나 인은 충분히 제거할 수 없다.

하수를 재이용하기 위해서는 용도에 따라 수질에 문제가 있어, 요구수준을 충족하기는 어렵다. 이들 불순물을 더욱 제거하기 위해서는 「3차처리」라는 고도처리가 필요하다. 모래나 활성탄층을 통과하면 남아있는 부유물도 BOD도 제거되어, BOD는 약 5∼10 mg/L정도로 낮아진다. 질소나 인 등의 제거에는, 생물처리나 화학처리 등의 조합이 필요하게 된다.

하수의 고도처리수를 재순환해서 유효하게 이용하기 위해 잡용수 이용(생활용수 중에서 수세화장실용, 냉각, 냉방용수, 살수 등의 용도로 하수산업배수 등의 재생수나 우수를 비롯해, 수도수와 비교해서 저 수질의 물을 사용하는 것)으로 사용을 권장하고 있다.

일본의 하수 고도처리는 2002년 현재, 전국에 231개 시설에서 도입되어, 재이용 수량은 년 간 약 1.4억 m^3으로 전국의 생활용수의 약 1∼1.5% 정도에 불과하다. 그 용도로서 가장 많이 이용되고 있는 것은 수세식 화장실 용수이며, 그 외 청소, 세차, 도로의 살수 등에 사용하고 있다.

토쿄도의 신주쿠 부도심 지역에서는 인근의 오치아이 처리장의 하수고도 처리수(2차 처리수의 모래 여과수)를 냉각수로서 재이용하고 있다. 고도처리 된 물은 재이용할 뿐만 아니라, 하천이나 바다로 방류되어 수량이 늘어나 정서적인 환경을 만들어 수질보전에 역할을 다하고 있다.

이러한 용도로 사용되는 물을 환경용수라 하고, 최근에는 공원, 광장 등의 연못이나 작은 하천을 만들어, 재생수를 흘려보내, 휴식 장소를 제공하는 자치단체도 증가하고 있다.

중수도라 하는 방식(잡용수도라고도 함)은 1978년 후쿠오카 갈수를 계기로 물 부족으로 핍박당한 지역을 중심으로 도입되었다.

토쿄나 후쿠오카 등의 대도시에서는 개별 대규모 빌딩의 세면장, 목욕

탕, 주방 등에서 사용한 배수를 하수도로 흘려보내지 않고, 지하의 처리 시설에 모아 하수처리와 같도록 정화 처리한다. 그 다음 색, 유기물이나 냄새를 제거하여, 살균한 후, 주로 수세식 화장실 용수로서 이용하는 방식으로 보급하고 있다.

이 경우, 상수와 별도로 중수 전용의 급수관이 필요하며, 2중배관을 설치해야 한다. 처리설비는 활성오니처리와 정밀여과막 또는 한외여과막을 조합한 방식이 있지만, 처리 규모로서는 작은 것이었다. 당시, 대용량으로 하기에는 아직 개선해야 할 점도 많고, 본격적인 시설까지는 도달하지 않았다.

초기 단계에서 고도의 수질 요구 단계까지, 종래의 처리법에는 수질면에서 충분히 만족할 수 없고, 용도를 넓히기에는 새로운 기술이 필요하게 되었다. 최근에, 진보가 현저한 정밀여과막이나, 막분리 활성오니법을 이용한 하수의 고도처리가 개발되어, 건수, 처리량과 함께 증대하는 경향을 볼 수 있었다. 특히 해외에서 본격적인 대규모 하수 재생 플랜트가 수없이 많이 건설되어 세계에서 주목을 받고 있다.

2.3.2 산업배수의 회수 재이용

물은 「산업의 혈액」이라고 하듯이, 어떤 산업이라도 제품을 생산하기 위해 대량의 물을 사용한다. 용도별로 보면 냉각용 70%, 세정용 12%, 제품처리용 7%, 온도습도 조절용 6%, 원료용과 보일러용을 합쳐서 2%이며, 냉각용수로서 가장 많이 사용되고 있다. 산업별로는, 화학공업 35%, 철강업 26%, 펄프 · 제지공업 10%로 이처럼 물 사용이 많은 산업을 「용수형 산업」이라 하며, 이것만으로 전체의 70%를 넘고 있다.

2.3.3 철 1 m^3 생산에 물 100 m^3 필요

제품 1톤을 만드는데 필요한 공업용 수량의 사용량을 나타내는 지표로서 원단위가 사용된다. 강철 1 m^3을 생산하기 위해 100 m^3, 알루미늄 1 m^3에 190 m^3, 신문지 1 m^3에 220 m^3의 물을 사용한다. 예로 비교적 물 사용량이 적은 자동차 제조업에서도, 승용차 1대를 제조하기 위해 120 m^3의 물을 소비한다(표 2.3). 고도 성장기에는 공업용수의 사용량도 증가했지만, 그 후 용수형 산업으로 바뀌어 전기, 자동차 등 비교적 물 사용량이 적은 산업이 증가했기 때문에 사용량도 변동이 없는 경향이다.

표 2.3 제품1톤을 만드는데 필요한 수량

제품명	사용 수량(m^3)
강철	100
고급 종이	310
신문지	220
석유(1 kL 당)	10
석유화학(에틸렌 환산)	1010
알루미늄	190
레이욘	1800
아세테이트	3160
판 유리	12
글루타민산 소다	1680

최근 물의 재이용이 권장되어, 1965년의 물 회수율은 36%였지만, 1975년에는 69%로 큰 폭으로 향상하여 2002년에는 79%에 달하고 있다.

물 회수율이 가장 높은 부문은 수송기계 제조업, 철강업, 석유제품 제조업 등으로, 90%를 넘고 있다. 다음이 화학공업 85%, 전기기계공업 70%, 펄프·제지공업에서는 45% 정도로 낮다.

2.3.4 배수 재이용

배수의 회수에는 2가지의 목적을 들 수 있다. 하나는 공업용수나 수돗물의 취수량 제한과 지하수의 사용 제한으로부터 사용 수량을 이 이상 증가하지 않도록 하기위한 대책으로서 배수를 회수하여 재이용을 한다.

또 하나는 공장의 합리화, 비용 대책이다. 높은 가격의 수돗물을 사용하여, 배수를 하수도로 방류해서 하수도 요금을 지불하면, 공장 내의 물 사용 비용이 높게 된다. 공장 경비 절감이나 합리화의 일환으로서 배수 회수를 행하여 공장 밖으로의 배수 방류를 적극적으로 억제한다. 이것은 회사, 공장의 환경보전에 대한 진지한 자세를 나타내는 행위로서, 깨끗한 환경 만들기로 사회로부터 많은 환영을 받아, 회사나 공장의 평가를 높이게 된다.

일반 공장에서는, 우선 공업용수를 받아, 공장 내에서 각각의 목적에 맞는 처리를 행하여, 프로세스 용수, 냉각용수, 보일러용수, 음료수 등 각종의 용도로 사용한다. 통상 공업용수는 탁도 15도, SS 10ppm, BOD 2~5ppm, COD 2~10ppm, 염분농도 100~200ppm 정도이다. 이들 불순물은 각종의 장해를 일으키기 때문에 통상, 공업용수를 처리해서 각각의 목적에 이용한다. 여기에 대해, 배수의 수질은 공업용수에 비해 오탁물질이 수십~수천 배가 되는 것이 많다. 이러한 오탁물질이 많은 물을 이용하면, 당연히 부식, 스케일, 슬라임, 제품에의 불순물 혼입, 취기, 발포 등의 문제가 발생하기 쉽다.

배수의 회수 이용에는, 한번 사용한 물을 처리해서 다른 목적으로 사용하는 경우와, 사용 후의 일부를 처리해서 회수하여, 보급수로 혼합하여 순환 재이용하는 경우가 있다.

또 하나의 사용 형태로서 Closed System(배수나 폐기물을 공장 밖으로 내보내지 않고 공장 안에서 처리하는 기술시스템)은 수자원, 환경보전의 입장에서 이상적인 것이라 할 수 있다. 이것은 배수의 무 방류이며, 완전 재이용이다. 물을 사용 후, 전량 처리해서 회수 재이용하며, 사용 중에 비산 증발한 손실 수량만을 보급하여 계 외로는 일절 배출하지 않는다.

공장의 프로세스 배수에 관해서는 우선 배수원, 배수량, 수질, 시간 변동을 종합적으로 검토하는 것이 중요하다. 또 재이용에 따른 사용 요구 수질이나 수량의 관련도 고려하지 않으면 안 된다. 검토사항을 열거하면 다음과 같다.

① 각 공정에 요구되는 수량과 수질

② 각 공정으로부터 배출되는 수량과 수질

③ 각 공정의 물의 비산, 증발 손실량

④ 물, 물질, 열의 각 밸런스

⑤ 계외 폐기물의 종류와 양

물의 재이용 순환계에는, 현탁 물질이나 탁도 성분을 미리 제거하는 것이 필요하지만, BOD나 COD 등으로 표시되는 용존 유기물의 양을 적게 하는 프로세스를 조합하는 것도 그 축적을 방지하기 위해 중요하다. 또 Closed System이 되면 더욱 용존 염류의 제거는 요구수질에 맞도록 하기 위해 당연히 필요하게 된다.

배수재생 시스템은, 기본적으로 배수를 농후한 오탁수와 비교적 오탁이 적은 배수로, 또는 고염류 농도수로 분류한다.

우선 제거하기 쉬운 현탁물질, 탁도 성분의 제거, 다음으로 용존 유기물의 제거, 염류의 제거 순으로 처리하는 것이 일반적이다.

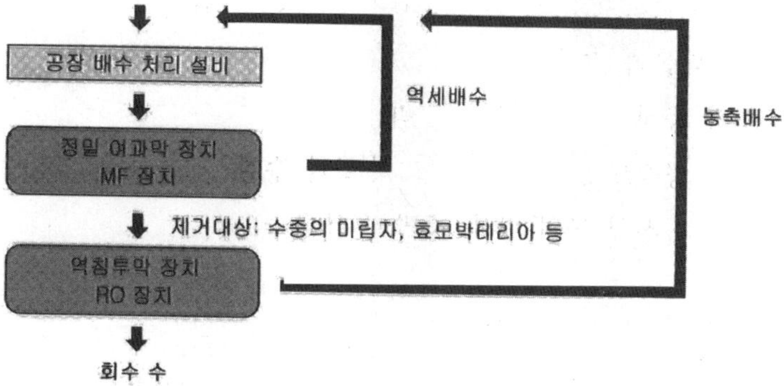

그림 2.4 막여과의 배수재이용 시스템의 Flow

그림 2.4와 같이 막여과 처리 시스템에 의한 배수회수 재이용의 장점은

① 절수: 보급수량이 줄고, 상수, 공업용수의 사용량이 적게 되어 비용을 삭감할 수 있다.

② 안정조업: 물 부족, 수질변동의 영향이 적으며, 조업정지나 원료에 대한 제품 비율, 품질저하를 방지한다(표 2.4).

③ 환경보전: 배수의 배출량이 적게 된다.

막을 이용한 배수 회수 처리의 물 비용은, 물 1톤당 약 100엔(¥) 전후이며, 비싼 가격의 수도수 사용이 줄어들어, 배수 회수설비를 새롭게 설치해도 3~5년 정도로 설비 비용을 회수할 수 있다.

표 2.4 막처리 시스템에 의한 배수처리 수질(예)

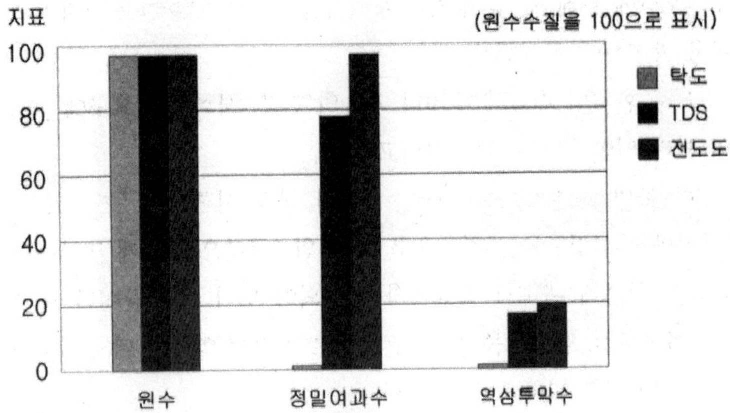

배수와 회수수의 수질비교(예)

항목	원수 (처리배수)	회수수
SS	100 mg/L	≒ 0
전도도	500 ms/cm	< 50

2.3.5 수원의 오염방지와 수환경의 보전

일본은 수원의 오염방지와 물환경 보전을 목표로서 1971년 공공용 수역의 수질오탁에 관계되는 환경기준이 사람들의 건강 보호와 관련하여 26항목을 제정하여 공시했다.

그 후 환경의 변화나 수처리 기술의 진보, 사회적인 요구에 대응하여 보다 엄한 기준으로 개정되고 있다.

수돗물의 수질기준은 2004년 4월에 개정 시행되어 「기준항목」과 「관리목표 설정항목」 「검토요구 항목」의 3구분으로 합계 50항목이며, 각각의 항목에 관해서 목표치가 설정되어 있다. 병원균이나 중금속, 유기화학물질, 발암성물질, 농약 등으로 건강에 영향을 미치는 유해물질을 제한하고 있다.

우리나라 먹는물 수질기준(2018년)은 미생물에 관한기준 등으로 6기준, 총 66항목이 설정되어 있다.

이처럼 엄한 수질기준을 준수하기 위해 자치단체나 산업계가 같이 노력하고 있으며, 여기에 협력하는 주민의 힘도 막강하여, 환경의 보전은 착실하게 진행되고 있다.

하천에서는 수질환경기준 달성률이 80%를 넘어 수질개선이 진행되고 있지만, 호소에서는 달성률이 40% 정도로 미약한 상태로서 개선이 진행되지 않고 있다. 또, 도시 내에서의 하천을 중심으로 물이 고갈되거나 혼탁한 물에서 악취를 발생하는 경우도 여전히 적지 않다.

2008년도 말 우리나라는 전국 하수도 보급률은 88.6%를 넘었으며, 2013년은 92.1%까지 보급률이 확대 되었다. 광역시의 보급률은 서울 100%를 포함하여 대부분 97.4%를 넘고 있다. 하수처리에서 포함되고 있는 문제는 보급률의 향상만 아니라 처리수의 수질을 보다 양호하게 하는 것이다.

표준적인 하수처리장에서의 처리수 수질은 공공용 수역의 수질보전이나 수도수원의 수질확보에 있어 반드시 충분하지 않으며, 유기물이나 질소, 인 등을 더욱더 제거하는 고도처리의 필요가 요구되고 있다.

2002년도 말에는 231개소의 처리장에서 고도처리가 실시되어, 그 보급률은 11.3%에 달하고 있다. 2007년에는 17%로 올릴 계획으로 되어 있지만, 스웨덴 85%, 독일 48%, 미국 30%등 유럽 여러 나라에 비해 보급률이 훨씬 뒤떨어지고 있다(그림 2.5).

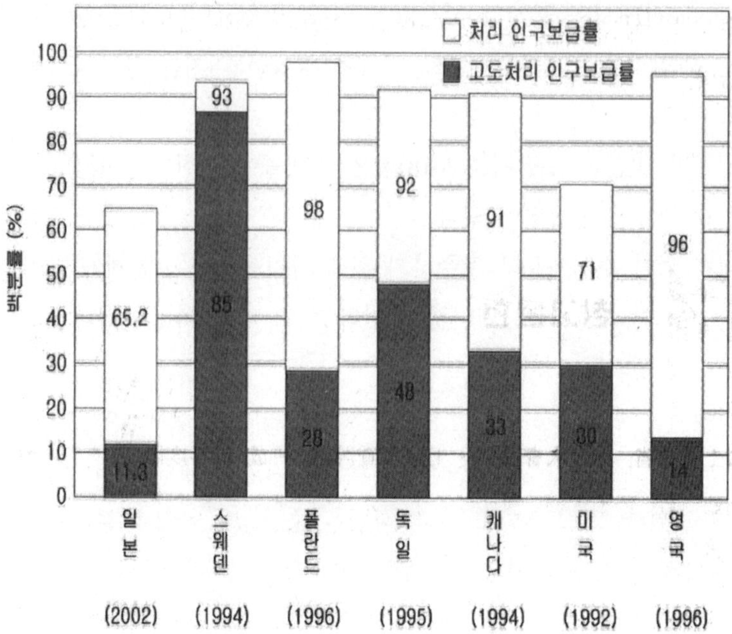

주) 제외국 데이터는 OECD ENVIRONMENTAL DATE COMPENDIUM 1999년부터 인용. 일본은 2002년도 말(2003년 3월 말 Data)

그림 2.5 각국의 고도처리 실시 상황

생활하수, 산업폐수, 비료나 농약 등이 하천이나 호소에 흘러들어가, 유기물, 질소, 인 등이 물속에 축적되면, 생물의 영양원이 되어 조류나 플랑크톤이 증식하여 여러 가지 문제를 일으킨다. 이것을 부영양화라고 한다. 이 현상은 여름에 호소나 저수지 등에서 볼 수 있으며, 수면을 녹색으로 바꾸거나 현탁물도 증가하며, 악취를 발생시키기도 한다. 수처리 막은 하수처리수의 고도처리나 부영양화 대책의 요구에 대응할 수 있는 성능을 가지고 있으며, 그 적용은 점점 넓어진다고 기대하고 있다.

참고문헌

1) Thematic Document Frame work Theme 1, Water for Growth and Development, 4th World Water Forum, Mexico City, March 2006/05/25, p 122-123
2) 國土交通省, 土地水資源局 · 土地水資源部, 平成17年度版 日本의 水資源
3) 沖 大幹, 'Virtual Waterと水のLCA',水の特性と新しい利用技術, (株)NTS, 2004
4) 國土交通省, 土地水資源局・土地水資源部; 平成 17年度版 日本の水資源
5) 岡崎 稔, 鈴木宏明: 調べてみよう暮らしの水・社会の水, 岩波ジュニア新書, 2003

제2편

수처리 막여과

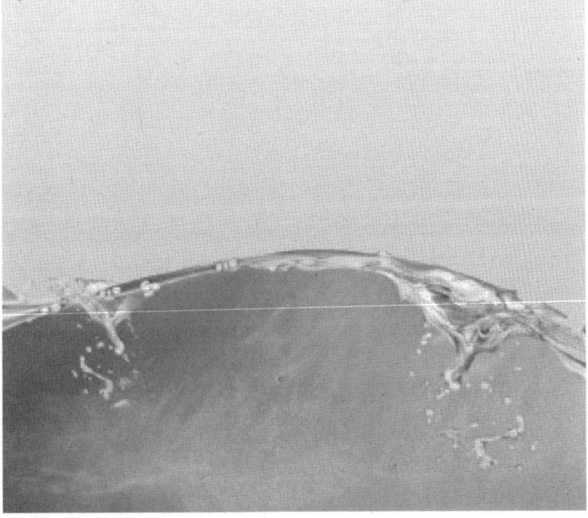

Chapter 3

개 론

수중의 불순물에는 현탁성, 콜로이드상 및 용해성의 세 형태가 있으며, 이들은 각각 무기계, 유기계 그리고 양자의 혼합계가 있다.

침전이나 모래 여과법에 의해 이들의 불순물을 분리하는 것은 무기 응집제, 중화제 및 고분자 응집제 등의 화학계 약품의 적용이 불가피하다. 현재 음료수를 만드는 정수 기술은 전 염소처리, 응집 · 침전, 여과, 살균을 기본 프로세스로 하고 있다.

지금까지 국내 수돗물의 수질 기준은 수원 유역에 의심되는 특별한 오염원이 존재하지 않는 것을 전제로 정해져 있으며, 이 정수 기술은 100년 전에 확립되었다. 최근에는 도시 주변에 인구 집중으로 인해 생활 배수의 증대, 산업발전에 따른 공장 배수의 증가 및 하수처리장 배수 등에 의해 수역의 유기물 오탁 및 암모니아성 질소 등이 증가했다.

정수 처리에서는 이들의 유해물을 제거하기 위해 염소를 이용한 처리가 불가피 하지만, 수원에 포함되어 있는 난분해성 유기물군이 과잉의 염소에 의해 정수 공정에는 의도하지 않았던 트리할로메탄이나 변이원성 물질 등, 인체에 영향을 미치는 물질군으로 변화되는 것으로 알려졌다. 수원의 오탁이 진행하고 있지 않을 때는 정수 기술에 의한 대응으로 안전한 음용수를 확보할 수 있었다.

그러나 알루미늄 염에 의한 응집·침전과 염소 산화에 의한 살균을 골자로 하는 현재의 정수 기술로서는 현탁물은 제거할 수 있어도 클로로포름을 비롯하여 트리할로메탄이나 변이원성 물질(MX)*로 대표되는 염소처리 부생성물의 발생은 피할 수 없다.

따라서 이들의 정수 기술로서는 수원의 오탁 방지에 노력하는 것은 물론, 처리 약품을 사용하지 않는 고액 분리 기술의 확립, 염소를 사용하지 않는 살균방법의 연구 개발이 기대된다.

막여과는 처리 약품을 전혀 사용하지 않고 현탁 물질을 제거 할 수 있으며, 또한 물의 상변환을 수반하는 일없이 해수로부터 음료수를 분리할 수 있기 때문에 물의 정화 기술로서는 장래 발전이 기대되는 분야이다.

[주 MX : 3-chloro-4-dichloromethyl-5-hydroxy-2(5H)-furanone]

3.1 막여과의 정의

막여과(Membrane filtration)는 막(Membrane)을 여재로 하여 물을 통과시켜, 수중에 존재하는 오염 물질이나 불순물을 여과하는 기술이다. 모래 여과에서 모래 층 두께는 수백 mm의 상태로 되어 있는데 비해, 막의 두께는 1 mm 이하의 상태로 되어 있기 때문에 여재의 두께는 모래 여과에 비해 극히 얇다.

이것이 여과 장치의 규모를 작게 하고 소형화할 수 있다. 반면, 두께가 없는 여과일 뿐 일단 막 파손 등의 사고가 생기면 바로 처리수의 악화로 이어질 위험성을 가지고 있다.

막여과와 비슷한 용어로 막 분리가 있다. 막 여과는 물(용매)의 이동에 의해 제거하고 싶은 물질(용질 또는 고형물)을 압력 차를 이용하여 여과하는 기술로 한정해서 사용되고 있다. 정밀여과(Micro-filtration), 한외여과(Ultra-filtration), 역삼투(Reverse osmosis)가 이 범위에 들어 있다.

한편, 막 분리는 여기에 한정하지 않고 막에 의한 분리 · 농축 기술의 일반적인 것으로, 보다 광범위한 개념을 나타낸다. 예를 들면, 농도 차를 이용한 확산 투석(dialysis)과 전장을 이용한 전기투석(electro-dialysis) 등, 막을 통해 용질의 이동에 의한 분리 · 농축 기술, 물은 통과하지 않지만 기체는 통과하는 막에 의한 기체 분리, 또는 액체의 혼합물(예를 들면 물과 알콜)을 막의 한쪽 측에서 계속 침투시켜 막의 반대 측을 흡인하여 기화시켜 막 중에서 확산 속도의 차이나 증발 속도의 차이를 이용하여 한쪽의 액체(예를 들면 알콜)를 분리하는 pervaporation등이 포함된다.

[주 pervaporation은 permeation(침투)과 evaporation(증발)을 합성한 조어이다. 역어로서 침투기화 또는 투과기화라고도 하지만 pervaporation이 일반적이다.]

3.2 막여과의 분류

막여과는 전항에서 기술한 것처럼, 압력 차를 구동력으로 하는 막분리이며, 대별하면 정밀여과(micro-filtration, MF), 한외여과(ultra-filtration, UF), 역삼투압(reverse osmosis, RO)으로 나누어진다. 여과라고 하는 점을 강조하여 역삼투를 초 여과(hyperfiltration, HF)라고 말하기도 한다. 이들은 제거 가능한 대상 물질의 차이에 의해 분류한다.

정밀 여과로는 micron 단위의 혼탁 물질과 세균과 같은 미립자를, 한외여과로는 sub-micron 단위의 분자량으로 표현되고 있는 콜로이드나 고분자 물질을, 각각 주된 여과 대상 물질로서 제거한다. 즉 입자 계의 여과가 정밀여과이며, 용존 고분자 계의 여과가 한외여과로 분류할 수 있다.

따라서 정밀여과 막은 공경의 크기(μm로 표시)를 사용하여 막의 분리 성능이 표시된다. 한외여과 막의 경우는 이전부터, 단백질 등의 고분자 물질의 저지 성능을 조사하여, 통상은 저지율 90%되는 고분자 물질의 분자량을 분획 분자량으로서 나타내는 것이 일반적이다.

그림 3.1에 물질의 크기와 분리 막의 관계 예를 나타냈다.

역삼투에서는 용존 염류를 배제하여 탈염한다. 따라서 용존염(일반적

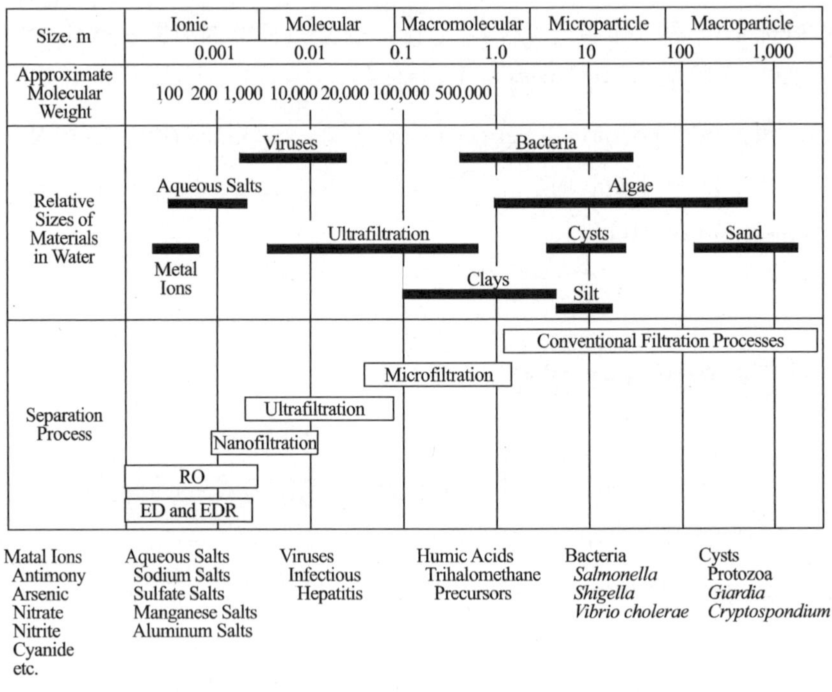

그림 3.1 물질의 크기와 분리막

으로는 NaCl을 사용)의 저지율(탈염율)을 표시하여 막의 분리 성능을 나타낸다. 탈염수를 얻는 것은 동시에 염류가 농축된 용액이 생기는 것을 의미한다.

농축되면 용액의 삼투압은 상승하고 더욱이 탈염 · 농축을 진행시키기 위해서는, 용액의 삼투압에 견뎌내도록 역으로 압력을 가하여 탈수시킬 필요가 있다. 이것이 역삼투법 명칭의 유래이다. 여과라는 개념으로 바꾸어 말하면, 정밀여과, 한외여과, 역삼투의 순으로 막 공경이 큰 여과에서 공경이 작은 여과가 된다.

입경이 작게 됨에 따라, 동일 압력 하에서는 투수 성능이 저하되고 또 투수 성능을 유지하기 위해 압력을 높일 필요가 있다. 따라서 정밀여과, 한외여과, 역삼투의 순으로 조작 압력이 높아진다.

특히, 수처리로서 정수와 각종 배수 처리에서의 정밀여과 막이나 한외여과 막의 적용에 관해서는 후술한 것처럼 적용 범위, 처리 목적, 운전 방식, 조작 조건이 거의 비슷하며, 특별하게 구별할 필요가 없다. 한외여과 막과 역삼투 막의 중간에 위치하는 것으로는, 저압 역삼투(low pressure type reverse osmosis, LPRO) 막이 있다. 이것은 분자량 수백에서 수천의 물질을 저지하는 것을 주목적으로 개발되어, 저 탈염율을 가지고 있지만, 종래의 해수 담수화에 사용되는 역삼투 막이 50기압 정도의 고 압력을 가할 필요가 있는 것에 비해, 10기압 이하의 압력으로 운전할 수 있다고 하는 특징이 있다. Nano-filtration(NF)막 혹은 Loose RO 막이라고도 한다.

이들 각각의 막에 대한 여과 기술은 다음 장에 자세하게 후술하기로 한다.

3.3 여과 · 분리의 원리

압력(정압 또는 부압)을 가해서 막을 통해 물을 밀어내기 때문에, 막에 작은 구멍(세공, pore)이 있는 것으로 개념을 잡는 것이 이해하기 쉽다. 전항에서 서술한 막의 공경 크기도 이와 같은 개념이다.

정밀여과 막은 예를 들면 공경 0.1 μm의 막으로 표시되는 것처럼, 세공의 존재에 의문의 여지는 없다. 한외여과 막의 경우도 막 표면의 세공의 존재가 명확하게 되어 있다. 역삼투 막의 경우는 막 표면 세공의 존재 유무를 포함해 구체적인 분리 기구는 명확하지 않지만, 세공이라는 개념을 사용한 막 투과 모델도 몇 가지 제시되고 있다.

고 탈염율의 역삼투 막에서는 세공이 완전히 존재하지 않는 고분자 균질 막에, 용질 및 물과 함께 용해하여 확산에 의해 이동함으로써 취급하는 막 투과 모델도 이용되고 있다.

세공이라는 개념을 이용하면, 세공의 크기에 의해 큰 입자를 저지하고 작은 입자만 통과하게 된다. 이것을 스크린 효과라고 하며, 막여과에 있어 분리의 제1원리가 된다.

그러나 세공이 작아지게 되면, 세공 내벽과 통과하려고 하는 입자의 거리가 근접하여, 이들 상호 작용이 분리의 정도를 결정하는 지배 기구가 된다. 이처럼 막과의 상호 작용이 분리의 제2원리가 된다. 정밀여과 막과 한외여과 막에서는 스크린 효과가 지배인자가 되며, 역삼투 막에서는 막과 용질 · 용매의 상호작용이 지배인자가 된다. 한외여과 막에서도 막 표면에 술폰산기와 아민기 등이 수식된 전하를 가진 하전 막에서는, 막과 용질 분자의 전기 화학적 상호작용이 지배적이 된다. 표 3.1에 막여과의 특징을 나타냈다.

표 3.1 막의 종류와 분리의 구조

막의 종류	역삼투 막　　한외여과 막　　정밀여과 막 (하전막 ↔ 비하전막)
분리 기구	막과 용질 · 용매 와의 상호작용　　막 세공에 의한 Screening 효과

3.4 막여과 방식

막을 여과 장치로서 사용할 수 있는 형태가 막 모듈(그림 3.2a)이라고 한다. 대부분의 경우는 막을 집적하여 수납 용기(casing 또는 housing)(그림 3.2b)에 넣는 용기 수납 방식이며, 용기에 원수의 유입부와 여과수의

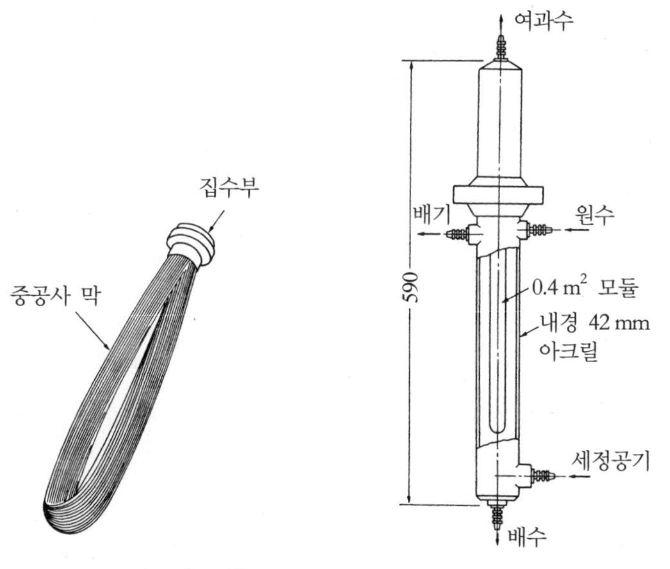

(a) 막 모듈　　(b) 수납용기

그림 3.2 막 모듈과 수납용기의 예

유출부가 부착되어 있다.

막 모듈 내에 단위가 되는 막(단일 또는 집적체)을 막 엘리멘트(element)라고 한다. 또 수납용기를 사용하지 않고, 막의 집적체를 그대로 압력개방 수조에 침지하여 사용하는 조침지 방식도 있으며, 이 경우 막 집적체가 막 모듈이 된다.

막 모듈의 통수 방식에는 여과 방향이 막의 외측에서 내측으로 향하는 외압식과, 내측에서 외측으로 향하는 내압식이 있다. 외압식 여과에는 원액측을 가압하는 경우와 여과측을 흡인하는 경우가 있다. 대표적인 막 모듈의 형식을 표 3.2에 나타냈다.

표 3.2 막 모듈 형식과 특징

모듈 형식	특 징
평막 (Plate & Frame)	• 난류 촉진 용이(농도 분극 영향 적음) • 고농축 혼탁액의 여과 가능 • 막 집적도 작음
회전 평막	• 고 점성액의 여과에 적합 • 집적도 작음
나선형 (Sprial Wound)	• 막 집적도 큼 • 고형물의 혼입 불가 • 농도 분극 영향 큼
주름형 (Pleated)	• 막 집적도 큼 • 고형물의 혼입 불가
관상 (Tubular)	• 고유속 용이(농도 분극 영향 적음) • 물리적 세정용이 • 고농도 혼탁액의 여과 가능 • 막 집적도 작음
중공사 (Hollow fiber)	• 막 집적도 큼(막 지지체 불필요) • 고농도 현탁액의 여과 가능(외압식) • 여과수 체류부분 작음(외압식) • 농도 분극 영향 큼

여과 방식에는 그림 3.3에 나타낸 것처럼, 순환 여과(cross-flow filtration)와 전량 여과(dead-end filtration)가 있다.

순환여과는 막 면에 평행한 흐름을 만들어 소류력으로 막 표면의 오염을 세정하면서 여과를 하는 것이다. 여과 방향의 흐름과 여기에 대한 직각인 흐름이 존재하기 때문에 십자류(cross-flow)라고도 말한다. 역삼투 및 한외여과에서는 이 방식을 채용하는 것이 일반적이다. 정상적인

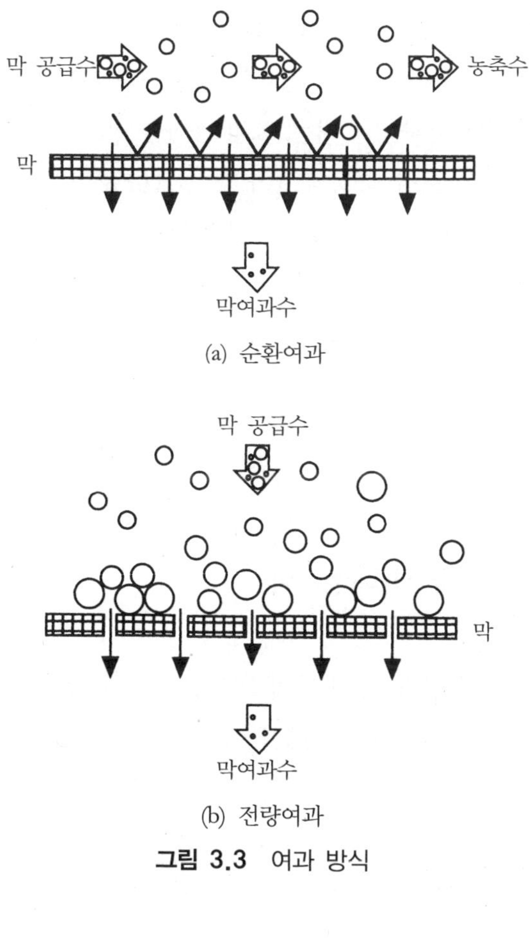

그림 3.3 여과 방식

연속 여과를 용이하게 달성할 수 있고 또한 여과 속도를 높게 유지할 수 있는 반면, 충분한 평행류를 만들기 위해 여과 유량에 대해서 원액측의 유량이 크게 되어 이 때문에 여과 유량 당의 에너지 소비량이 크게 되는 단점이 있다.

전량 여과는 공급된 원수의 전부가 막면을 향해 흐름을 형성하여 여과된다.

막에 의해 저지된 물질이 막 오염을 형성하여 여과와 함께 오염이 누적되기 때문에, 일반적으로 여과를 계속하게 되면 여과 유량이 급속하게 저하되어, 어떤 시점에서는 반드시 여과를 중지시키지 않으면 안 된다.

수처리에서 실제로 사용할 때는, 세정 공정을 정기적으로 포함시켜 운전할 필요가 있다. 세정 공정의 연구가 필요하겠지만, 순환여과(cross-flow)를 유지하는 에너지가 필요하지 않기 때문에 에너지를 쉽게 절약할 수 있는 이점이 있다. 정밀여과에서 제균 등의 목적에는, 원래 전량여과가 일반적이지만 최근에는 여기에 국한하지 않고 한외여과에서도 에너지 절감 운전을 위해 전량여과 또는 여기에 가까운 순환여과 방식의 채용이 많이 검토되고 있다.

3.5 대칭 막과 비대칭 막

막의 단면구조에 따라, 대칭 막과 비대칭 막으로 분류된다. 대칭 막은 막에 앞뒤가 없으며, 막 단면 내에서 여과 방향으로 세공 구조가 균일하게 보이는 막이다. 비대칭 막은 여과 방향에 이방성인 막 구조를 가지고 있다. 다공질인 막지지층(약 100 μm 정도의 두께)의 표면에 분리 기능을 결정하는 스킨(skin)층이라는 상당히 얇은 활성층(두께 1 μm 미만)을

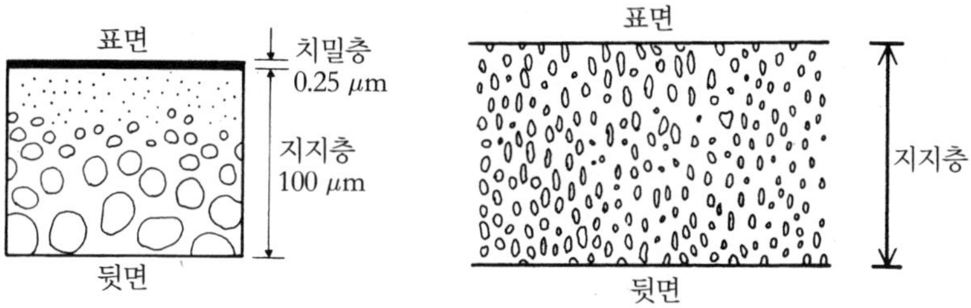

(a) 비대칭 막의 모식도　　(b) 대칭 막의 모식도

그림 3.4 비대칭 막과 대칭 막의 모식도

가진 막이 전형적인 비대칭 막이다.

한외여과 막과 역삼투 막은 모두 이러한 비대칭 구조를 가지고 있다. 그림 3.4에 비대칭 막과 대칭 막의 모식도를 나타냈다.

비대칭 구조가 투수 성능의 향상에 얼마나 큰 의미를 갖는가는 아래의 사고 실험에서 간단하게 설명할 수 있다.

청정한 물(순수)을 여과하는 경우에서 막 세공 내의 물의 유동을 생각한다. 세공을 원 관으로서 관 길이를 L, 관경을 d로 한다. 세공 내가 유동이기 때문에 층류로서 포아즈이유(poiseuille) 흐름이 적용된다.

그러면 투과 유속[막 단위 면적당의 여과 유량으로, 간단히 유속(flux) 또는 체적유속(volume flux)라고 함] J_v는 아래와 같이 나타낼 수 있다.

$$J_v = \frac{a_p d^2}{32\mu L}\Delta P \tag{3.1}$$

여기서, a_p : 단위 막 면적당 세공 단면적(개공비)

μ : 물의 점성계수

ΔP : 구동력으로서 압력차

식 (3.1)에서 분명한 것처럼, 투과 유속 J_v는 관 길이 L에 반비례하고 관경의 2승에 비례한다. 예를 들면, 다른 함수를 일정하게 하고 관경이 1/10이 되면 투과 유속은 1/100이 된다.

이 경우 투과 유속을 유지하기 위해서는 관 길이 L을 1/100이 되도록 해야 한다. 세공경이 작은 한외여과 막 등에서는 이것이 가장 중요한 의미를 갖는다. 역삼투 막에서는 세공 내가 아닌 고분자 막 내부를 물이 확산으로 이동하는 경우도 동일하며, 이동 저항은 이동 거리에 비례하기 때문에 확산층 부분의 두께가 투과 유속에 대해 결정적으로 영향을 미친다.

실제로 상당히 얇은 스킨(skin)층을 갖는 비대칭 막의 발명에 의해, 투수 성능이 비약적으로 향상하여 역삼투 막, 한외여과 막의 공업적 이용이 시작되었다.

정밀여과 막의 대부분은 균질한 대칭 막이다. 한외여과 막의 skin층 여과에 비하면, 두께가 있는 여과가 특징이다. 이 경우, 표면 세공을 통한 입자 중 일부는 막 내부에서도 포착되어, 이것이 여과 성능에 영향을 미친다. 용도에 따라서는 막 내부에서 입자의 포착을 적극적으로 이용하는 관점에서 내부여과 막(depth filter)이라고 하는 경우도 있다.

정밀여과 막에서 비대칭 막의 경우, 공경이 미세한 조밀층을 원액 측으로 해서 여과하여, 될 수 있는 한 막 표면에서 입자를 포착하여, 막 내부에서의 막힘을 방지하는 표면여과 막(screen filter)과, 조밀층을 역으로 투과액 측으로 하여 입자의 포착율을 높이는 내부여과 막으로서 사용하는 방법이 있다.

실제 수처리에 있어서는 원수중 입자의 크기는 다양하며, 분포도 폭넓기 때문에 표면여과와 내부여과가 동시에 생기는 경우가 많다.

또 세정의 용이함에서 보면, 막 표면에서 입자를 포착하는 표면여과 쪽이, 막 내부에서 막힘이 진행하는 내부여과보다 좋다.

(주 원형 관 흐름의 단면 평균유속을 u, 물의 동점성 계수를 v라 하면 원형 관 흐름의 레이놀즈수 Re는 다음 식으로 나타낼 수 있다.

$$Re = \frac{ud}{v}$$

20℃ 물의 동점성 계수의 값은 $v = 10^{-6}\ \mathrm{m^2/s}$이다. 정밀여과 막에서 가장 큰 세공경의 부류의 것을 생각해 세공 직경 10 μm 즉 $d = 10^{-5}$으로 한다. 평균 유속은 상식적으로 생각해 1 m/s보다 극히 작기 때문에 $u \ll 1$ m/s이다. 이들의 수치를 이용하여 계산하면, $Re \ll 10$으로 극히 작은 값밖에 되지 않는다. 원형 관 흐름의 한계 레이놀즈 수는, 약 2000이기 때문에 막 공경을 통한 물의 흐름은 완전한 층류이다.)

3.6 막의 재질과 제막법

막을 재료로 분류하면, 유기 막과 무기 막으로 나눌 수 있다. 유기 막은 초산셀룰로오스(cellulose acetate, CA), 폴리술폰(polysulfone, PS), 폴리아크릴로니트릴(polyacrylonitrile, PAN), 폴리에틸렌(polyethylene, PE), 폴리프로필렌(polypropylene, PP) 등의 폴리머를 소재로 막이 만들어진다.

무기 막에는 세라믹 막, 다공질 글라스 막, 금속 막 등이 있지만 막여과로서 중심이 되는 것은 세라믹 막이다. 세라믹 막은 내열성, 내약품성, 긴 수명 등을 특징으로 한다. 표 3.3에 수처리에 사용되는 막의 소재와 대표적 제법의 예를 정리하여 나타냈다.

제막된 막의 형태로 유기 막에는 평 막, 중공사 막, 관상 막 등이 있다.

표 3.3 막의 대표적 제법과 소재

유기막	
주조(cast) 법	
막의 종류	RO, UF, MF
주요 소재	초산셀룰로오스, 폴리술폰, 폴리아크릴아미드
제법	폴리머 용매 첨가제] 용해 · 탈포 – 캐스트 · 증발 – 응고 – 세정 – (열처리) – 검사
연신법	
막의 종류	MF
주요 소재	폴리에틸렌, 폴리프로필렌
제법	폴리머 – 용융 – 방사 – (열처리) – 연신 – 열셋트 – 검사
계면중합법	
막의 종류	LPRO
주요 소재	(스킨층) 폴리비닐알콜, 방향족 폴리아미드
제법	다공막 – 스킨층박층도포 – 가교제 – (접촉) – (가열) – 검사
무기막	
소결법	
막의 종류	MF
주요 소재	알루미나, 지르코니아, 티타니아, 탄화규소
제법	골재 입자 개공재] Ball meal혼합 – 건조 – 혼련 – 성형 – 소성 – 절단 – 검사
Sol-Gel법	
막의 종류	UF
주요 소재	알루미나, 지르코니아, 티타니아, 탄화규소
제법	다공질 지지체 – 코팅액 침지 – 건조 – 소성 – 검사

평막은 시트상의 막으로, 중공사(hollow fiber)는 중공의 원형 관이 길고 가는 실 모양으로 되어 있다. 중공사 입경이 수 mm 정도보다 약간 큰

것을 모세관(capillary)막 이라고 하는 경우가 있다. 더욱이 내경이 큰 1 cm 정도가 되면 관상(tubular) 막이라 한다. 관상 유기 막의 경우, 부직포 등의 관상 수지체 위에 아래에 서술한 주조(cast)법 등으로 제막하는 방법이 대표적이다. 무기 막에는 평막, 관상 막 및 연근상에 구멍이 몇 개씩이나 비어있는 모놀리스(monolith)막 등이 있다.

유기 평막의 대표적인 제법에 주조(cast)법이 있다. 막 소재가 되는 폴리머와 그 용매를 주성분으로 하는 용액을 부직포 등의 지지체 위에 주조하여 용매 증발 등의 조작에 의해, 폴리머가 농후한 부분과 희박한 부분으로 나누어지도록 상 분리시켜, 그 구조(희박한 부분이 구멍이 된다)를 고정화시켜 제막한다.

연신법은 폴리머를 결정화시킨 후 인장력(연신)을 걸어 결정 구조가 약한 부분을 개열시켜서 구멍을 만드는 것으로 중공사 정밀여과 막의 제조 등에 사용된다.

계면 중화법은 저압 역삼투 막을 중심으로 한 복합 막의 제법으로서 이용되어 지고 있다. 이 제막법에 의해 한외여과 막과 역삼투 막인 비대칭 막이 만들어진다.

복합 막은 폴리술폰 등의 비대칭 막(한외여과 막) 위에 더욱이 초박막이라 불리는 활성층을 가진 복합소재의 막이다.

세라믹 막에는 정밀여과용(세공경 0.1 μm 정도 이상)의 것이 많다. 이 경우 원료가 되는 골재 입자(알루미나, 지루코니아, 티탄 등)의 입도를 조절하여 소결해서 제작한다. 한외여과용의 비대칭 세라믹 막의 경우는 다공질 세라믹 지지체에 알루미나 등의 졸 입자를 코팅해서 이것을 소결하여 활성층을 만든다.

나노여과(NF) 막으로서 무기 막의 표면을 유기 재료로 코팅한 복합 막도 만들어지고 있다.

막의 제법은 다양하며, 또 개별의 제막 법에도 각각의 노하우가 있다. 이들에 관한 몇 가지 구체적인 예가 관련 서적에, 정리되어 있기 때문에 참고하기 바란다.

Chapter 4

막여과의 종류

4.1 정밀여과(Micro Filtration)

정밀여과는 처리 약품을 사용하지 않고 또한 통상의 모래 여과로 제거할 수 없는 미세한 현탁 물질, 즉 0.01～10 μm 정도의 입자를 포착하여 분리할 수 있다.

이 여과는 통상 1.0～3 kgf/cm^2 정도의 펌프 압력으로 원수를 공급하여 수중의 현탁 물질을 분리한다. 정밀여과는 여과 엘리멘트(element)에 직접 원수를 통과시켜 여과하는 스크린방식 여과이며, 그 개요를 그림 4.1에 나타냈다. 여과를 계속하면 여과 엘리멘트는 현탁질로 폐색되어, 현탁질의 퇴적에 따른 압력 손실이 상승한다.

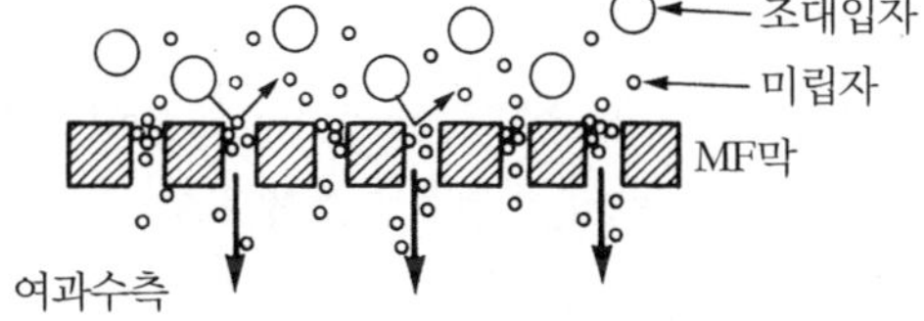

그림 4.1 MF 여과기구

4.1.1 중공사 정밀여과 막

내경이 0.1～0.35 mm 정도의 중공사 상태로 분리 특성이 0.01～0.2 μm 정도로 1본의 엘리멘트(element) 중공사가 끼워져 있으며, 수납용기 내에 다수의 엘리멘트(element)를 수납할 수 있기 때문에 소형화 하면서 큰 여과 면적을 가질 수 있다.

중공사 막 모듈에는, 내압식과 외압식이 있으며 모듈의 형태도 다양하다(그림 4.2, 4.3, 4.4). 막의 지지체가 필요 없기 때문에, 집적도가 상당히 높으며, 막 단위 면적당의 여과 유량(투과 유속)을 작게 해도, 모듈 단위 용적당의 여과 유량을 크게 할 수 있다는 것이 최대의 특징이다.

내압식은 적은 유량으로 높은 순환여과의 유속을 얻을 수 있는 반면, 상당히 가는 중공사에서는 압력 손실도 크며, 또 막내부의 유로 폐색을 일으키기 쉽기 때문에, 여과 원액의 성상에 따라 다르지만 내경이 1 mm

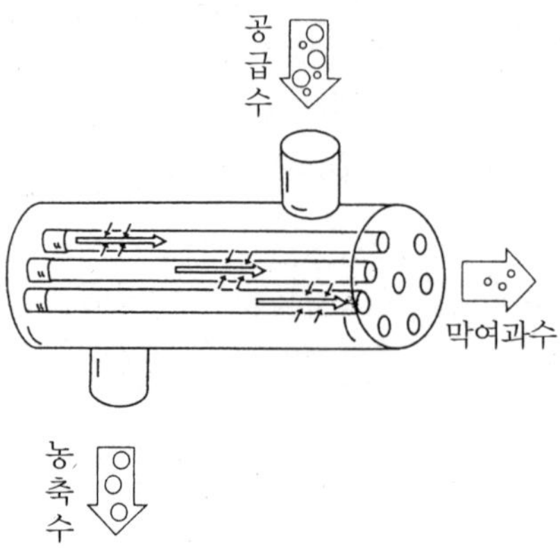

그림 4.2 중공사형 모듈(T형)

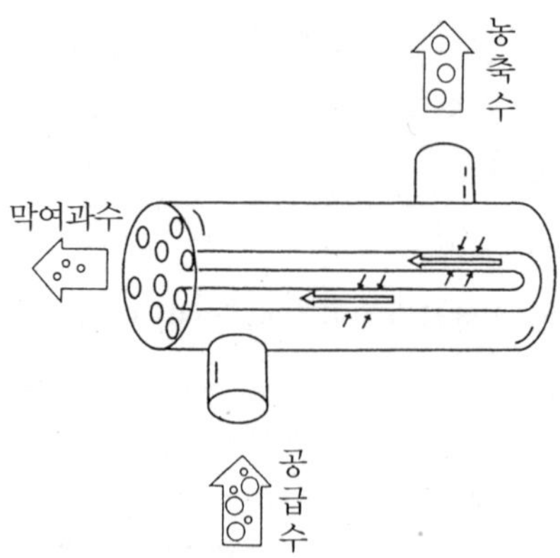

그림 4.3 중공사형 모듈(U형)

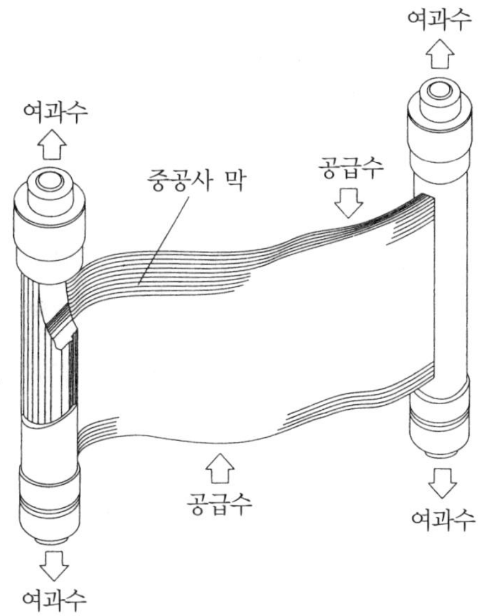

그림 4.4 중공사형 모듈(흡인 침지식)

정도 혹은 그 이상의 비교적 굵은 중공사 막(정밀여과 막이나 한외여과 막)의 경우에 제한적으로 사용된다.

외압식에는, 용기 수납 방식과 조침지 방식이 있다. 용기 수납 외압식에는, 내경 수십 μm의 극세 중공사 막을 이용한 역삼투 막 모듈이나 내경 수백 μm의 중공사 막을 사용한 정밀여과 막 모듈이 있다. 외압식은, 여과수의 체류부분이 작고, 그만큼 여과수 측의 오염 가능성도 적다고하는 이점도 있다.

조침지 방식은, 활성슬러지 등의 고농도 현탁성 물질의 여과에도 사용되고 있지만, 이 경우 중공사 막 사이의 오니의 퇴적을 제어할 필요가 있으며, 막 충진 밀도도 크게 영향을 미친다.

4.1.2 정밀여과 막 폐색 모델

그림 4.5에 여과 막면에 있어서 원수의 흐름과 입자의 폐색 모델을 나타냈다. 정밀여과 막은 막면에 작은 구멍이 무수히 많이 뚫려 있으며, 현탁물을 포함한 원수가 막면을 흐를 때 세공에 막힘(R_p)을 일으키며, 막면에 엷은 케이크(cake)층(R_c)이 생긴다. 막 자체 저항을 R_m이라 하면, 막여과의 저항 $R = R_p + R_c + R_m$으로 표현할 수 있다.

따라서 일정 압력(P)과 점도(η)에 있어서 막 투과 유속(J_v)은 다음과 같은 관계로 나타낼 수 있다.

$$J_v = \frac{P}{\eta}(R_p + R_c + R_m) \tag{4.1}$$

현탁물을 포함한 물을 정밀여과 막으로 일정시간(3~60분 정도) 여과하면 오탁의 정도에 따라 막면의 세공은 세공보다 작은 입자에 의해 막힘이 시작되어 R_p가 상승하며 계속해서 케이크(cake)층(R_c)이 형성되어, 투과 유속(J_v)이 저하한다.

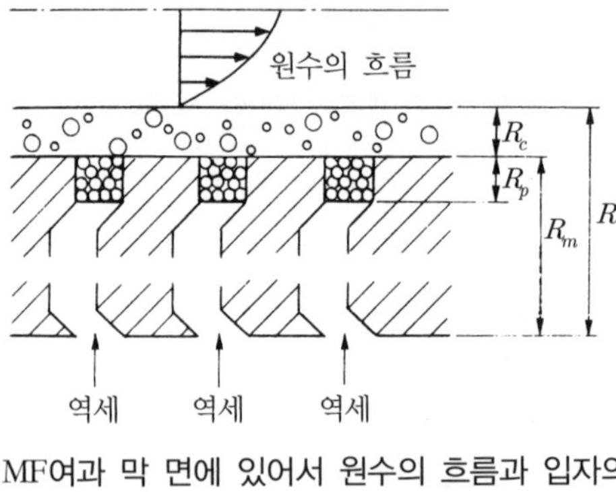

그림 4.5 MF여과 막 면에 있어서 원수의 흐름과 입자의 폐색 모델

정밀여과에서는 통상 투과 유속의 회복을 기할 목적으로 일정 간격으로 투과수를 막의 2차 측에서 압입하여 역세정을 행하지만, 적어도 30분에 1회 정도 역세가 필요하다.

정밀여과에 있어서 현탁물의 막힘은, 필연적으로 발생하기 때문에 막힘 물질을 역세정에 의한 여과기능 회복 조작은 불가결하다. 막의 세공경을 0.01～2.0 μm까지 바꾸어 여과 저항을 측정한 결과를 그림 4.6에 나타냈다.

결과에 의하면 세공경이 작은 0.01 μm 부분에서는 R_m이 R을 증가시켜 여과 저항을 지배하며, 세공경이 0.05～0.2 μm의 범위에서는 여과 저항 R이 최소가 되며, 이 영역에서는 R_c가 대부분을 차지하여 케이크 포착량이 많은 것을 나타낸다.

또한 $R_m + R_p$의 증감을 R_c가 조정하여 여과 저항 R을 일정하게 유지하고 있다. 이것은 정밀여과 막에 있어서 0.05～0.2 μm의 세공에 의한 여과가 여과 저항을 최소로 유지하고 있는 것을 나타내며, 그 중에서도 정밀여과에는 0.2 μm 세공 필터가 실제로 많이 사용되고 있으며, 상기 실험 결과가 이들을 뒷받침하고 있다.

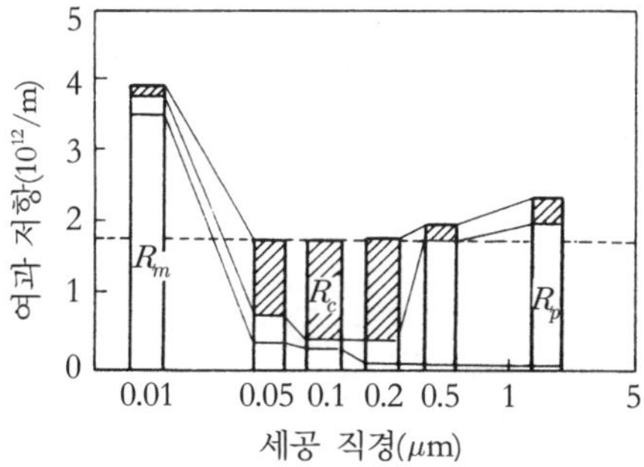

그림 4.6 여과 저항 성분에 대해 세공경의 효과

순환여과에 있어서 순환액의 막면 유속이 작게 되면 R_c지배의 영역이 대부분을 차지하며 이 영역 내에서 여과 저항 R은 막면 유속에 의해 결정되어 진다.

4.1.3 정밀여과 막의 기본 공정도

정밀여과 막에 대한 여과의 기본 공정도는 그림 4.7과 같다. 이 방법의 특징을 열거하면 다음과 같다.

① 순환여과, 전량여과의 선택이 가능

원수의 성상에 따라 자동 밸브의 개폐 조작을 바꾸면 순환여과 혹은 전량여과 방식 중 어느 한쪽을 선택할 수 있다.

② 약품 세정이 가능

공기 역세나 물 역세를 행하여도 여과 성능이 회복하지 않는 경우는 약품에 의한 막 세정을 행한다. 막의 적용 pH범위는 1～14이기 때문에 알칼리는 수산화나트륨, 산은 구연산, 인산 등을 사용하며, 계면활성제는

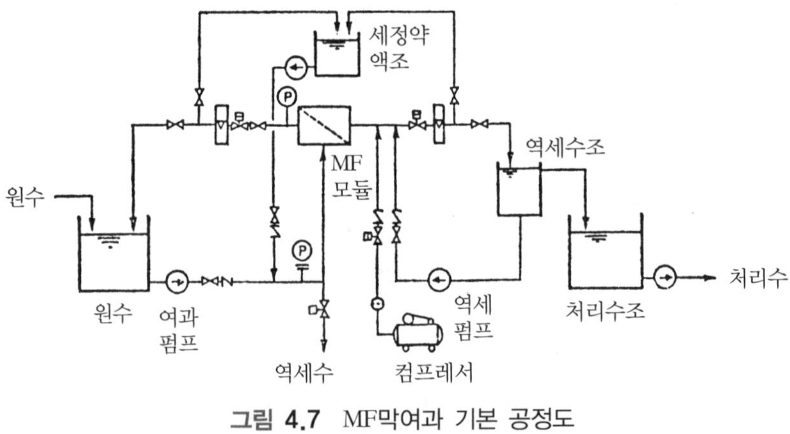

그림 4.7 MF막여과 기본 공정도

라우릴 황산나트륨 등을 이용할 수 있다.

박테리아 생성에 대해서는 과산화수소나 포르말린을 사용하지만, 차아염소산나트륨 등의 염소계 살균제의 사용은, 막 소재를 손상시킬 수 있다.

③ 역세정 가능

여과의 진행에 따른 막의 여과 능력은 서서히 저하한다. 여과 능력을 회복시키기 위해서는 역세를 행하지만, 공기 역세와 투과액에 의한 역세정이 가능하다. 역세 시에 0.2 μm 이하의 중공사 막은 물은 통과하지만 공기는 거의 통과하지 않는다. 따라서 역세는 물을 사용하며, 공기압(1~5 kgf/cm^2)을 순간적으로 가해 한번에 씻어 흘려보내면 높은 역세 효과를 얻을 수 있다. 현탁질이 많은 원수를 처리할 때는, 역세 시간과 원수 중의 현탁질 농도 관리에 주의해야 한다.

역세 간격이 너무 길거나 원수중의 현탁질 농도가 너무 높으면, 중공사 모듈의 투과 수량이 많은 부분에 현탁질이 집중적으로 퇴적하여 부하가 걸린다. 그 결과, 원수 유입부 부근의 부하가 걸리는 부분만이 현탁질 퇴적에 의해 굵게 되거나, 국부적인 인장력에 의해 중공사가 절단될 수 있다.

이러한 경우는 응급적으로 절단된 중공사의 투과수 측에 눈막음을 하여 현탁질의 누출을 방지한다. 따라서 중공사 정밀여과(MF)막을 현탁질이 많은 원수에 적용할 때에는, 역세 방법을 잘 검토하여야 하며, 현탁질 농도가 그다지 높지 않도록 하는 것이 중요하다.

4.1.4 세라믹 정밀여과 막

세라믹 정밀여과 막은 1950년대 프랑스 및 미국에서 우라늄 농축을 목적으로 개발된 것이 처음이며, 식품, 바이오, 의약품 제조에 관한 여과를 비롯하여 용·배수 처리 분야 까지 적용 범위가 확대되고 있다.

세라믹의 조성 성분은 알루미나(Al_2O_3)이며, 유기 막과 비교하면 내열성, 내식성, 강도 내마모성 등의 점에서 뛰어나며(내열성 : 800°C, 내식성 : pH 0~14, 강도로는 유기 막을 훨씬 능가하며, 막 파손의 가능성이 없으므로 불순물 없는 청정도가 높은 처리액의 정밀여과에 적합), 특히 재질면, 강도 면에 큰 특징이 있기 때문에

① 고온 상태에서의 여과 장치

② 고온 증기 살균이 필요한 여과 장치

③ 강산, 강알칼리 세정에 필요한 여과 장치

등의 여과 장치에 적용된다.

여과 진행에 따른 막 표면에는 엷은 케이크(cake)층이 형성되며 막면의 막힘에 의해 여과 저항은 서서히 증가한다. 여과하려는 원수에 현탁질이 포함되어 있는 경우는, 그림 4.7이 기본 공정도이며 순환여과(cross flow)방식을 채용하는 것이 많다.

세라믹 정밀여과 막의 모듈 단면은 단공식(파이프 상태)과 다공식이 있다. 다공식은 단공식에 비해 같은 크기라도 여과 단면적을 2배로 하면 여과 유량, 케이크 포착량도 많다.

원수는 통상 구멍 내측을 통과하기 때문에 현탁질은 당연히 구멍의 내측에 퇴적한다. 퇴적한 구멍 내면의 케이크 층은 여과수 혹은 공기의 역세압에 의해 제거된다. 이때 단공식은 거의 균등하게 모듈 외측에서 압력이 가해지며, 다공식의 경우는 모듈의 외주에 따라 구멍의 내면으로 외압이 걸리기 쉬우며, 중심부의 구멍에는 역세용 수압 또는 공기압이 도달하기 어렵다.

따라서 다공식 모듈의 경우는 외압만의 역세로는 내면 케이크 층의

박리 제거가 어려울 것으로 예측된다. 이러한 경우에는 모듈 세공 내면에 역세수를 균등하게 통수하면서, 동시에 공기를 압입하여 기포로 세정하면, 내면 케이크 부착층에 전단력이 작용하여 높은 역세 효과를 얻을 수 있다. 이와 동시에 모듈의 외측(여과수측)에서도 병행하여 물 세정을 행한다.

역세는 투과수를 이용하여 2차 측에서 1~7 kgf/cm^{2}정도의 수압으로 한번에 단시간 행하는 방법이 효과적이다. 압력원은 펌프 압력 만으로 충분하지만, 공기압 쪽에서 급격한 충격을 미칠 수 있기 때문에 역세 효과가 더 높을 수 있다.

물의 현탁물 제거에 있어서 정밀여과 막의 이용은, 효과적인 역세 방법의 선택이 정밀여과 막을 활용하는 결정 수단이 된다.

4.2 한외여과(Ultra Filtration)

물의 재 이용 분야에 사용하는 한외여과 막의 처리 대상은, 분자량으로 약 5,000~300,000정도의 세균, 콜로이드, 에멀션, 단백질이나 고분자 성분 등이며, 입자 경으로 환산하여 10~500Å 영역이다. 한외여과법에서는 분자 영역의 크기나 분자량을 여과 대상으로 하고 있으며, 고분자 막을 사용하여 분자를 분리하며 분획한다. 따라서 사용하는 막이 저지할 수 있는 분자의 가장 작은 크기(분자량)를 그 막의 분획분자량(molecular weight cut off)이라 한다. 분리의 조작 압력은 1~5 kgf/cm^{2}의 범위이다.

한외여과법에서는, 콜로이드 성분이나 고분자 성분을 포함한 물을, 그대로 막면에 접촉시켜 펌프 압력으로 여과 분리하는 것이 일반적이다. 따라서 현탁 물질이나 유기물을 포함한 물은, 어떤 일정의 여과 압력 이

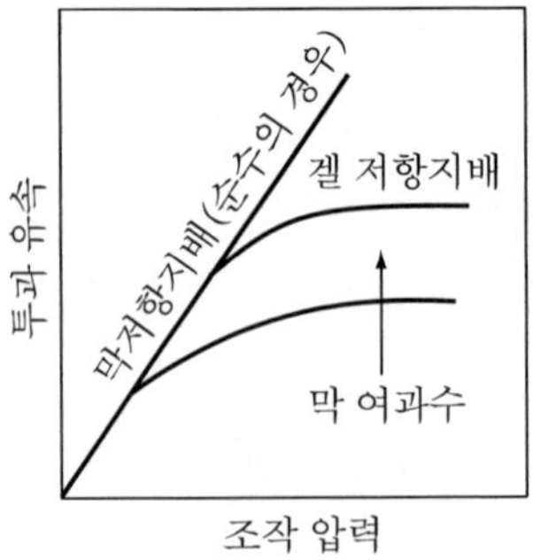

그림 4.8 조작 압력과 투과 유속

상으로 투과 유속을 올려도, 막면에 고분자 물질의 겔층이 형성되어 농축현상이 일어나 막면을 폐색시키기 때문에, 투과 유속은 증가하지 않고 조작 압력만 상승한다. 한외여과 막에 있어서 조작 압력과 투과 유속의 관계를 그림 4.8에 나타냈다.

한외여과 막으로 여과하는 경우, 불순물이나 현탁물이 관여하지 않기 때문에 막 투과 속도는 조작 압력에 비례하여 증가한다.

겔층을 형성하는 성분이 포함된 원수를 한외여과에서는, 막 사이를 흐르는 원수는 난류를 일으키는 교반 효과를 미치게 하면, 막면의 전단력이 크게 되어 겔층을 긁어내어 투과 유속을 크게 유지할 수 있다. 이 막면의 전단력을 크게 하기 위해, 순환여과(cross flow) 방식을 채용하거나, 막과 막 간격을 얇게 하거나, 관경이 가는 중공사 형태로 해서 막면 유속의 상승과 교반 효과의 향상을 기하고 있다.

순환여과 방식에서는 막 투과 유속(여과 선속도)에 대해 통상 한자리 수 이상 높은 선속도로 막면에 통수시킬 필요가 있기 때문에, 전량여과 방식에 비하면, 순환여과 방식에서는 설비비(펌프의 대형화)가 높게 될 수 있는 결점이 있다.

그러나 이런 결점이 있어도 물 투과량의 안정성 및 막의 긴 수명화의 이점을 얻을 수 있기 때문에, 순환여과 방식의 적용 범위는 확대되고 있다.

겔층의 형성으로부터 투과 유속이 평형에 달한 막면은 약품에 의한 세정에 의해 투과 유속의 회복을 기하고 있다. 따라서 겔층을 형성하기 쉬운 성분을 포함한 재 이용 분야의 한외여과 장치에는, 막의 약품 세정 시스템이 반드시 필요하다. 불순물을 포함하지 않은 순수의 한외여과에서는 조작 압력과 투과 유속은 비례 관계에 있으며, 수온이 높을수록 투과 유속은 높다.

한외여과 막은 투과 유속과 수온에 상관성이 있으며, 수온이 상승함에 따라 투과 계수도 증가한다.

4.2.1 한외여과(UF) 막의 형상

한외여과 막은 역삼투법과 같이 원수를 막면에 대해 평행하게 흐르는 순환여과(cross flow) 방식을 채용하고 있다.

한외여과법에서는 순환여과를 효율 높게 행할 수 있도록 하기 위해 막의 형상에는, 평막형(plate & frame), 중공사형(hollow fiber), 관형(tubular) 및 나선형(spiral) 등이 있다.

(1) 평막형(plate & frame)

평막상의 고분자 막을 겹쳐 수납한 것으로 평막 모듈상의 예를 그림 4.9에 나타냈다. 통상 평판(plate)상 지지판의 양면에 평막을 붙인 것을 일정 간격(스페이스 등으로 조정한다)으로 나열하여 모듈화 하고 있다.

외압식으로 평막 plate의 사이가 원액 측의 유로가 되며, 평판 내부의 집수부를 통하여 여과수를 얻을 수 있다. 막의 집적도는 그다지 높지 않

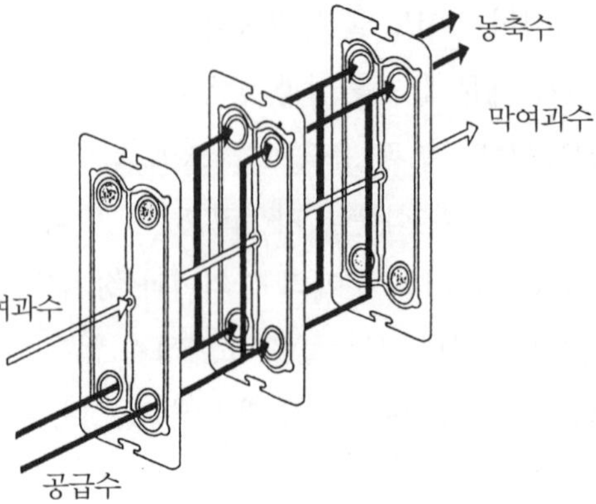

그림 4.9 평막형 모듈 형상

지만, 그만큼 유로 폐색이 생기기 어렵다.

따라서 일반적으로는 고농도 현탁질이나 점성이 높은 원수의 여과에 적용되고 있다. 평판 지지판과 스페이스 구조의 고안에 따라, 용이하게 난류를 촉진시킬 수 있는 특징이 있다. 더욱이 막 세정시 평판 간격을 넓혀, 막면의 분류 세정이 가능 한 모듈도 있어, 식품부문, 함유 에멀션 배수 처리, 중수도에서의 활성오니 분리 농축, 분뇨 처리 등에 사용되고 있다.

(2) 중공사형(hollow fiber)

중공사형은 내경이 0.3~1.0 mm 정도의 중공사 형상의 막을, 수지로 만든 하우징에 수납하고 있다(그림 4.10). 그림에서 원수는 중공사의 내측을 통과하는 방식을 채용하고 있으며, 원수의 입구, 출구의 차압이 증대하거나 겔층이 부착했을 때는 간헐적인 역세를 행하며, 필요에 따라 약품 세정도 한다. 함유 배수 처리나 무균수 제조 부분에서 많이 사용되고 있다.

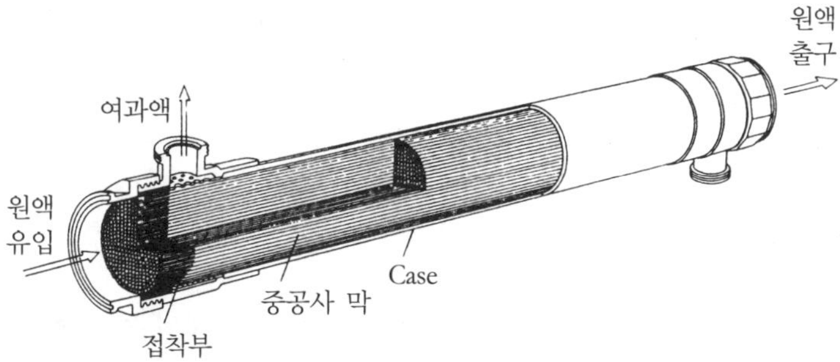

그림 4.10 중공사 UF 막 형상

(3) 관형(tubular)

관형은, 내경 10~20 mm의 세관을, 하우징 내에 수납한 것이다(그림 4.11). 중공사형에 비교해서 관경이 크기 때문에 막 면적은 크지 않지만, 현탁물을 포함한 상태로 모듈에 통수할 수 있다.

관내 유속을 일정한 값 이상으로 유지하여 겔층 부착 방지를 기하는 것이 필요하며, 관내의 세정은 스펀지 볼 세정 혹은 약품 세정을 적용할 수 있다. 배수 처리가 어려운 양 이온 전착 도료의 회수 이용이 가능한

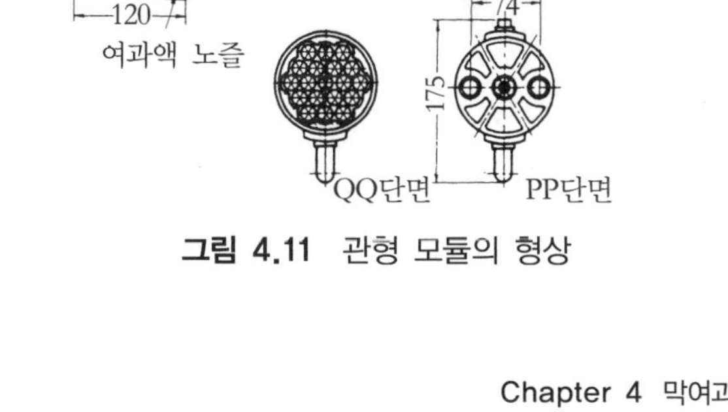

그림 4.11 관형 모듈의 형상

것은 한외여과 막 개발에 의한 것이 크지만, amin계(R-NH_2) 양 이온 도료의 회수는, 공공 수역의 질소 성분에 의한 부영양화 방지에도 크게 기여하고 있다.

(4) 나선형(spiral)

나선(spiral)형은, 현탁물에 의해 막면이나 유로가 폐색 될 가능성이 높다. 이것은 원수에 현탁 물질 성분을 포함한 채로 막면에 통수하기 때문이다. 따라서 나선형 한외여과 막을 사용할 때는 정밀한 전 처리를 해야 한다(그림 4.12). 이 형태는 현탁 물질 성분이 적은 전착 도장, 순수, 초순수의 여과 분야에 채용되고 있다.

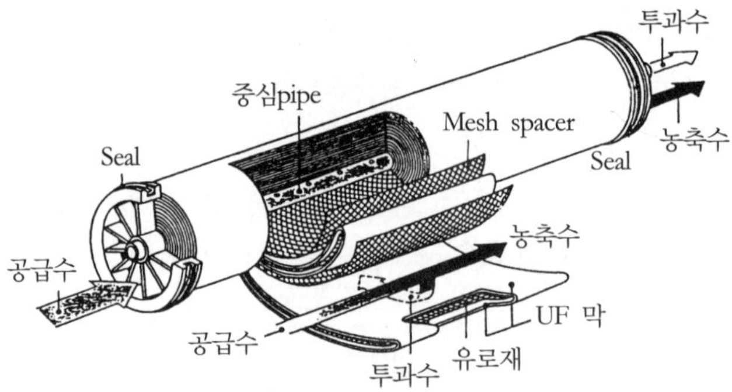

그림 4.12 나선(spiral)형 모듈 형상

4.2.2 한외여과의 기본 공정도

한외여과의 기본 공정도 예를 그림 4.13에 나타냈다. 본 공정도는 함유에멀션 배수, 연마 배수의 재 이용, 정제수 제조 등에 응용할 수 있다.

물의 재 이용 분야에 사용하는 UF 장치의 설계에서 중요한 것은, 취

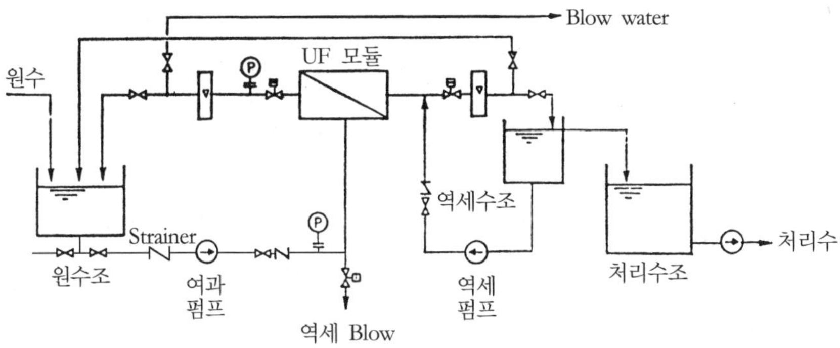

그림 4.13 UF 막여과의 기본 공정도

급하는 원수는 순수와 같은 순도가 높은 물이 아닌 어느 정도 현탁 물질을 포함하고 있기 때문에, 막 면의 오염이 따른다. 따라서 일정시간 마다 행하는 역세나, 약품 세정을 고려한 설계를 하지 않으면 안 된다.

그림 4.13은 일정 시간마다 투과수로 역세를 행하거나, 원수조가 필요에 따라 약품 세정조를 겸할 수 있도록 되어 있다. 막의 세정제로서는 다음과 같은 것이 있다.

① oil계 오염

수산화나트륨(0.5%), 라우릴, 유분, 오일, 기름(0.1%)

② 금속 오염

EDTA · 2Na(1%), 구연산 모노 암모늄(2%), 구연산(0.5%), 염산(0.1%), 황산(0.1%), 슬파민산(0.2%)

③ 박테리아 오염

수산화나트륨(0.5%), 차아염소산나트륨(0.1%), 과산화수소(0.5%), 과붕산나트륨(0.5%)

막의 세정제는, 단독 사용보다 조합하여 사용하는 편이, 세정 효과가 높다. 운전 정지시의 막 모듈이나 배관 계통의 침지 보관 조작으로, 단기의 경우에는 차아염소나트륨(NaOCl) 1 mg/L(as Cl_2) 이하, 장기의 경우에는 포르마린(HCHO) 0.5% 혹은 아황산수소나트륨($NaHSO_3$) 0.5%를 봉입하는 것이 보통이다.

세정 혹은 보관을 종료하여 사용을 재개할 때는, 계통 내의 잔류 약품을 전부 빼내고 물로 잘 씻어서, 세정 약품이나 봉입 약품의 잔류가 없는 것을 확인한 후, 재 이용하는 것이 중요하다.

4.2.3 한외여과의 새로운 전개

한외여과는 통상의 침전 분리나 정밀여과에서는 분리할 수 없는 콜로이드 입자, 분자량 5,000～300,000정도의 고분자 물질을 1～3 kgf/cm^{2}정도의 압력으로 분리할 수 있는 것이 특징이다.

개량해야 할 점으로서는 막의 강도, 내열성, 내오염성, 내약품성 등이 있지만, 현재로는 내열 95℃의 중공사 막까지 제조되어 있으며, 다음과 같은 용·배수 처리 분야에 적용되고 있다.

① **순수 여과** : 반도체용 초순수, 의약용 정제수, 보일러 용수의 제조.

② **유가물 회수** : 전착 도장 라인의 도료 회수와 물의 분리.

③ **공장 배수 처리** : 함유 배수의 처리, 연마 배수의 여과 재 이용, 현탁 배수의 여과 재 이용, kraft pulp(KP)폐액의 처리.

④ **생활 배수의 재 이용** : 생활 배수의 정밀여과와 재 이용, 빌딩 잡배수의 여과와 재 이용.

특히, 생활 배수나 빌딩의 잡배수 처리에는 그림 4.14에 나타낸 것처럼 UF 장치를 채용함으로써 지금까지의 침전, 모래 여과를 생략하고 고

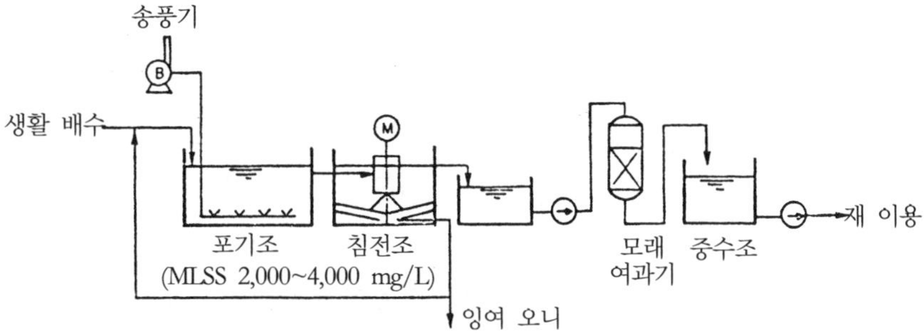

(a) 침전조, 모래 여과기를 이용한 재 이용 설비(종래법)

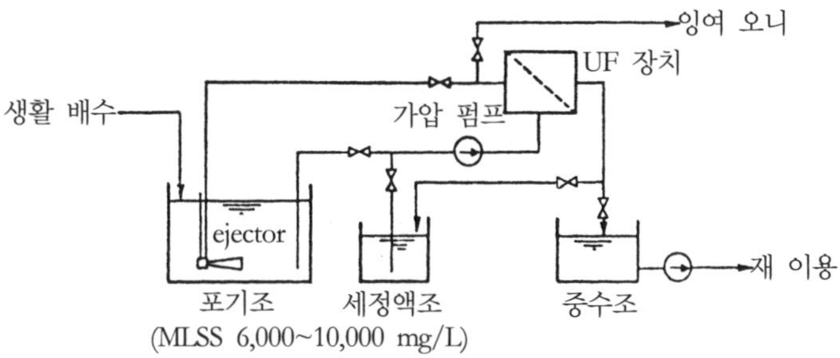

(b) UF 장치를 이용한 재 이용 설비

그림 4.14 생활 배수의 재 이용 설비 공정도

부하의 활성슬러지 처리(MLSS : 6,000～10,000 mg/L)를 행할 수 있다.

이 UF 장치를 사용하는 시스템은 공간 이용 극대화 및 고효율적인 점으로부터 주로 빌딩의 중수도 설비에 도입되며 이 분야의 적용이 확대되고 있다.

그림 4.14(b)의 UF 장치에 사용되는 가압 펌프는 통상 원심 펌프보다도 오니를 파괴하지 않는 내슬러지형의 스내이크식 펌프가 좋다. 포기에는 송풍기를 사용하지 않고 UF 막으로 되돌아오는 물의 순환 에너지를 사용하며, 이젝터(ejector)에 의해 포기조에 공기를 불어 넣는다. 따라서

송풍기와 같은 소음은 없다.

MLSS와 상등수의 분리는 침전조와 같은 중력 분리식이 아니기 때문에 고농도의 MLSS농도가 확보된다. 따라서 (a)의 종래법에 비해 2배 정도 높은 MLSS부하가 확보되기 때문에 (b)의 포기조 용량은 약 1/2로 할 수 있다.

오탁수의 여과에 따른 UF 막 처리는, 필연적으로 막면의 오염이 따르기 때문에 항상 세정 약액조를 준비해 두어, 일정 기간마다 정기세정을 행하여 막의 능력회복을 기할 수 있도록 되어 있다.

상수도 분야에서 국토가 좁은 우리나라에서는, 100년 전부터 사용해 온 넓은 면적을 필요로 하는 중력식 침전지나 모래에 의한 여과 대신에 소형이며 고효율의 UF, MF 막을 이용한 고-액분리 시스템의 정수 처리가 도입되어, 지금은 상당히 많은 정수 처리에 적용되고 있다. 이로부터 토지의 유효 이용, 미량 유해물의 제거, 맛있는 물의 확보, 배수의 유효 이용을 기할 수 있게 되었다. 이처럼 신소재로서 등장한 UF, MF 막의 용·배수 처리 분야에 대한 적용은 앞으로 새로운 전개를 보이며 우리들의 생활에 도움이 될 것이다.

4.3 역삼투(Reverse Osmosis, RO) 막

물은 통과시키지만, 물에 용해한 용질(이온이나 분자)을 거의 통과시키지 않는 성질을 가진 반투막을 사이에 두고 그림 4.15(a)와 같이 염수와 담수가 접하면, 그림 4.15(b)와 같이 담수는 염수측으로 이동해서 염수를 희석하려고 한다. 이것은 자연 현상이며 삼투작용(osmosis)이라 한다. 이 희석은 삼투압과 액면 차의 압력이 균형을 이룰 때까지 계속된다.

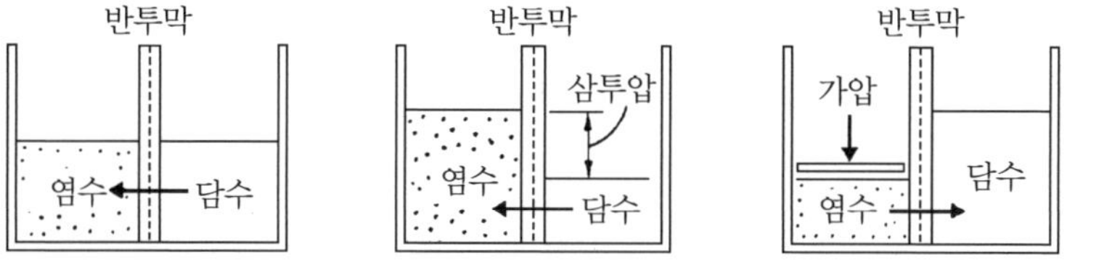

(a) 삼투(Osmosis) (b) 삼투+평형 (c) 역삼투(Reverse Osmosis)

그림 4.15 역삼투(reverse osmosis)의 원리

(우리들의 가까운 예로서 생 야채를 소금물에 담구어 두면 야채 속의 수분이 염수측으로 용출하는 것을 체험했을 것이다. 이것과 같은 원리이다.)

삼투압은 용해하고 있는 염분 농도에 거의 비례하며※ 용질 1,000 mg/L당 0.6～0.8 kg/cm^{2}정도가 되며, 해수(TDS≒35,000 mg/L)에서는 약 25 kg/cm^{2}이다.

[※ 식염수의 경우는 다음 식으로 나타낸다.

$$\pi = \frac{0.0385c(T+273)}{(1000-c/1000)} \times 0.07$$

단 π : 삼투압(kg/cm^2), c : 농도(mg/L), T : 수온(°C)]

역삼투(reverse osmosis)라고 하는 것은, 이 관계와 역으로 염수측에 삼투압 이상의 압력을 가하면[그림 4.15(c)], 염수측에서 담수측으로 물만이 투과하는 것을 말한다.

역삼투 막 분리법(이하 RO 법이라 한다)을 채용한 실제 장치에서는, 삼투압의 2배 이상의 압력을 염수측에 가하면 염수로부터 담수를 얻을 수 있다. 해수 담수화용 RO 막에서는 압력을 서서히 올려 가면, 42 kgf/cm^{2}부근에서 투과수가 분리되기 시작하며, 56 kgf/cm^2(800 psi)정도에서 정상운전을 행한다.

따라서 배치(batch)식에서 가압 되는 측의 염수는, 수량이 감소해도 염 분량은 줄지 않으며, 염 농도는 서서히 높게 되기 때문에 농축되는 염수 측의 농도 관리에 신중을 기해야 한다. 이것은 연속식에 통수하는 RO 장치에도 같으며, RO 막법의 조작상의 중요 포인트이다.

RO 막여과는 0.001 μm(10Å)정도의 물질 분리를 취급한다. RO 막은 1960년대에 초산셀룰로오스 막이 완성되어, 그 후 방향족 폴리아미드, 셀룰로오스트리아세테이트, 폴리술폰, 가교폴리에텔, 폴리피페라진아미드 등의 합성 복합 막이 개발되어 지금에 이르고 있다.

RO 막은 염의 투과를 저지하는 얇고 치밀한 활성층이 표면에 있으며, 이것을 다공질의 지지층으로 지지하고 있다. 셀룰로오스 막과 복합 막의 단면을 그림 4.16에 나타냈다.

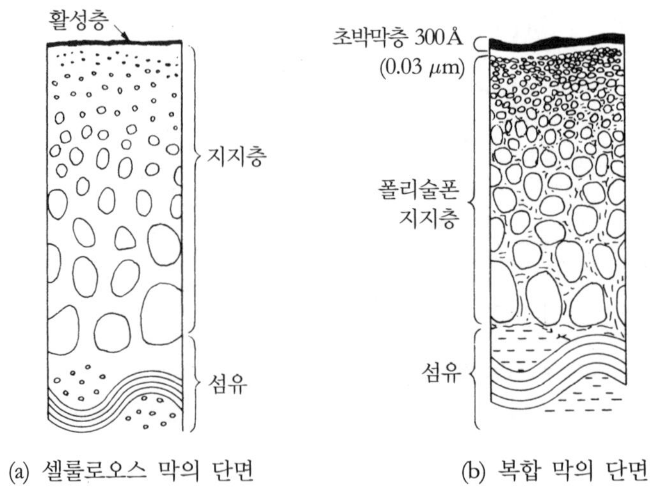

그림 4.16 RO 막의 단면

4.3.1 RO 모듈의 형상

RO 모듈의 형상은 나선형, 중공사형의 것이 실용 장치로 사용되고 있다. 그림 4.17은 가장 널리 사용되고 있는 나선(spiral)형 엘리멘트(element)의 구조이다. I형 엘리멘트(element)라고 하며, 공급수는 좌단에서 들어가 중심 파이프에 평행하게 직진으로 흐르며, 우단의 중심 파이프에서 투과수가 채수된다.

공급수는, 막면 간격이 1 mm 이하의 좁은 틈 사이를 흐르기 때문에, 현탁물이 포함되어 있으면 입구 단면의 틈을 폐색시킨다. 석출하기 쉬운 물질이 포함되어 있으면, 농축수 출구측에 용질이 결정화하여 막면을 폐색시킨다. 따라서 RO 막 처리에 있어서 현탁물 제거를 위해 전처리와 농축수측의 농도 관리가 중요하다.

나선형 구성요소는 그림 4.18에 나타낸 베셀에 충전하여 사용한다. 베셀에는 통상 1~6본의 엘리멘트가 충전된다.

그림 4.19는 중공사형 엘리멘트 구조이다. 원수는 좌측 끝으로 들어가

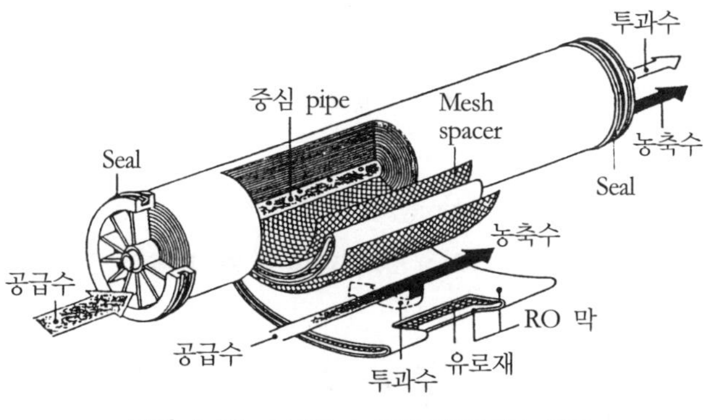

그림 4.17 나선(spiral)형 엘리멘트 구조

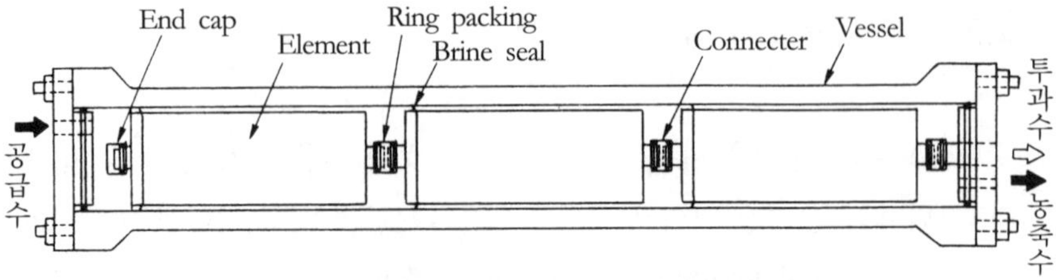

그림 4.18 엘리멘트를 충전한 베셀

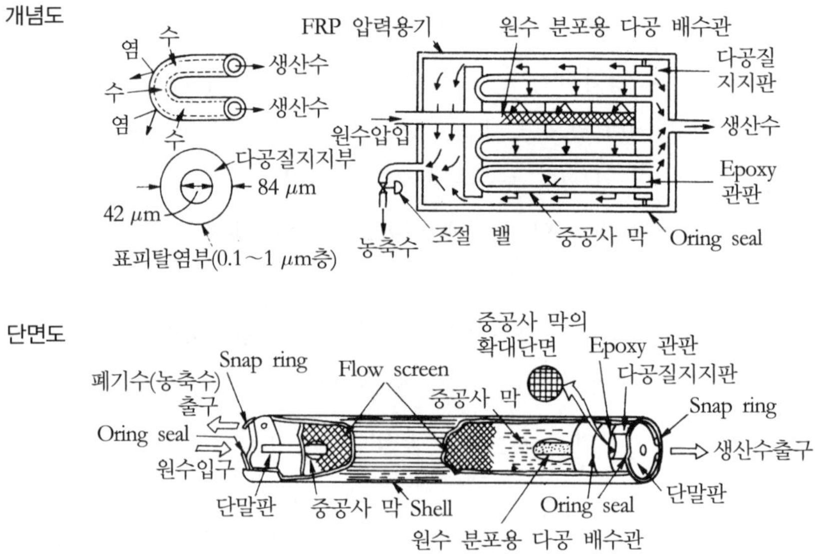

그림 4.19 중공사 엘리멘트

중공사 막의 외측을 통과하는 중에, 물이 RO 막을 투과하여 중공사의 내측으로 들어가, 투과수로서 에폭시 관판을 거쳐 우측 끝으로 생산수가 나온다.

중공사 막 모듈의 특징은, RO 막의 지지체나 메시 스페이서(mesh spacer)가 필요 없으며, 중공사 입경을 작게 함으로써 한 구성 요소당의 막 면적이 크기 때문에 한 요소당의 투과 수량도 크게 할 수 있다.

4.3.2 RO 막의 제거 대상

배수 재 이용에서의 RO 막에 대한 급수 조건은 상당히 엄격하며, 막 면에서의 탁질의 부착 및 퇴적을 방지하기 위해 확실한 전처리(전처리에는 응집 · 침전, 모래 여과, 활성탄 처리, MF여과, UF여과 등을 조합한다.)를 행하여 탁질을 제거할 필요가 있다.

RO 막에서의 제거 대상은 무기성 이온류나 저분자 유기물질 등으로 한정되며, 염류 농도로 환산해서 1,000～10,000 mg/L의 범위의 것이 많다.

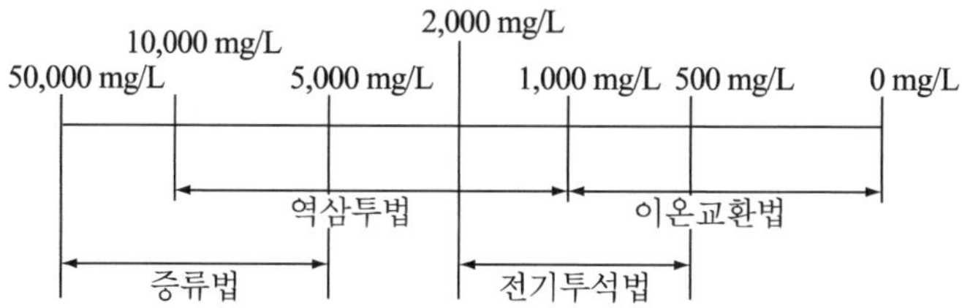

그림 4.20 염류 농도와 각 처리법의 경제적 범위

RO 막의 불순물 제거 기구에 관해서는 여러 가지 설이 발표되고 있다. 그림 4.21은 아세틸셀룰로오스 막이 물의 존재 하에 아세테이트 분자쇄와 수소 결합을 형성하여 아세틸셀룰로오스가 가교되고 있는 모식도이다.

물 분자는 수소 결합에 의해 막의 활성층에 우선 흡착하여 수소 결합이 형성된 부분을 압력 구배에 의해 차례차례 확산 이동하며, 결국에는 막의 반대 측으로 통과할 수 있다.

여기에 대해 수소 결합을 하지 않는 무기 이온이나 저분자 유기물은 막 면에 흡착하지 않기 때문에 물 분자만의 결합으로 투과할 수 없다고 하는 설이 일반적인 생각 방법이다.

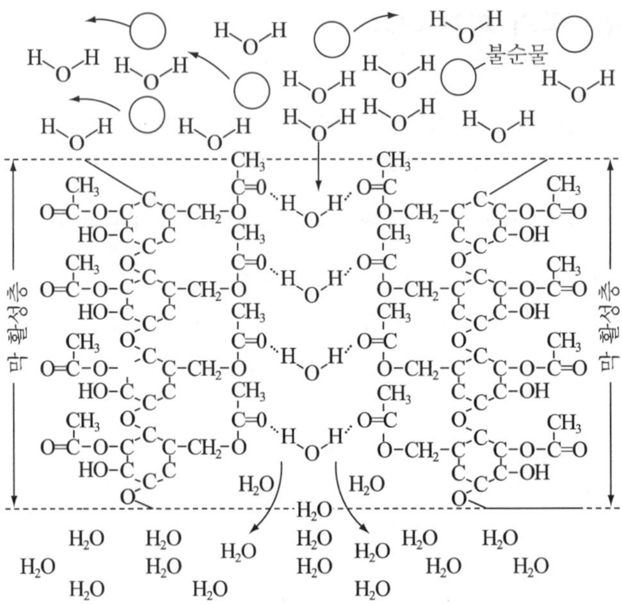

그림 4.21 H_2O의 막 활성층 확산 모델

따라서 RO 막의 제거 대상을 생각하기에는 수소 결합이 중요한 인자가 된다. 물과 같이 수소 결합을 하는 알콜류, 삭산류, 수소 결합을 파괴하는 요소 등은 막을 통과하는 비율이 높지만, 필연적으로 제거율은 낮다. 표 4.1은 일본 제품의 고탈염 RO 막에 관해서 NaCl과 유기물 제거율의 예를 나타냈다.

불화나트륨(NaF)처럼 제거율이 pH에 크게 의존하는 것도 있으며, 그림 4.22처럼 pH 7에서는 제거율 98%일지라도 pH 3에서는 제거율은 0이 된다.

표 4.1 고 탈염 성능 역삼투 막의 유기물 제거율

제작회사	日東電工		TOREY	—
막 종류	NTR-7199	NTR-7197	PEC-1000	삭산 셀룰로오스
NaCl	99.3	98.5	99.7	97
메탄올	21	19	41	8
에탄올	59	51	97	23
이소프로필알콜	93	90	99.5	45
글리세린	98	95	99.8	-
삭산	40	34	86	5
요소	64	52	85	-
N-메틸피로리돈	98	96	-	66
글루코오스	99.9	99.6	-	-
자당	99.9	99.9	-	99
라피노스	99.9	99.9	-	-
평가압력(kgf/cm^2)	42	30	56	42
농도	0.5	0.2	1~6	0.5

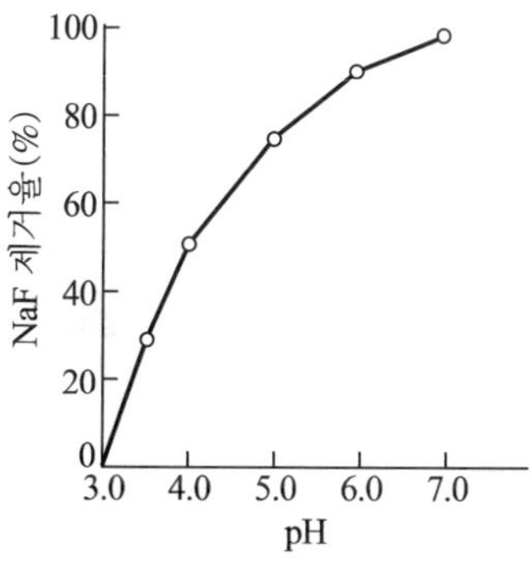

그림 4.22 RO 급수 pH와 NaF 제거율

4.3.3 RO 막 면의 오염

RO 막 면의 농도 분극의 개념을 그림 4.23에 나타냈다. 나선형 RO 막 사이에는 메시 스페이서(mesh spacer)가 끼워져 있으며, 공급수가 막 표면에서 난류를 발생시키면서 농축 계면을 파괴하여, 현탁 물질의 침착

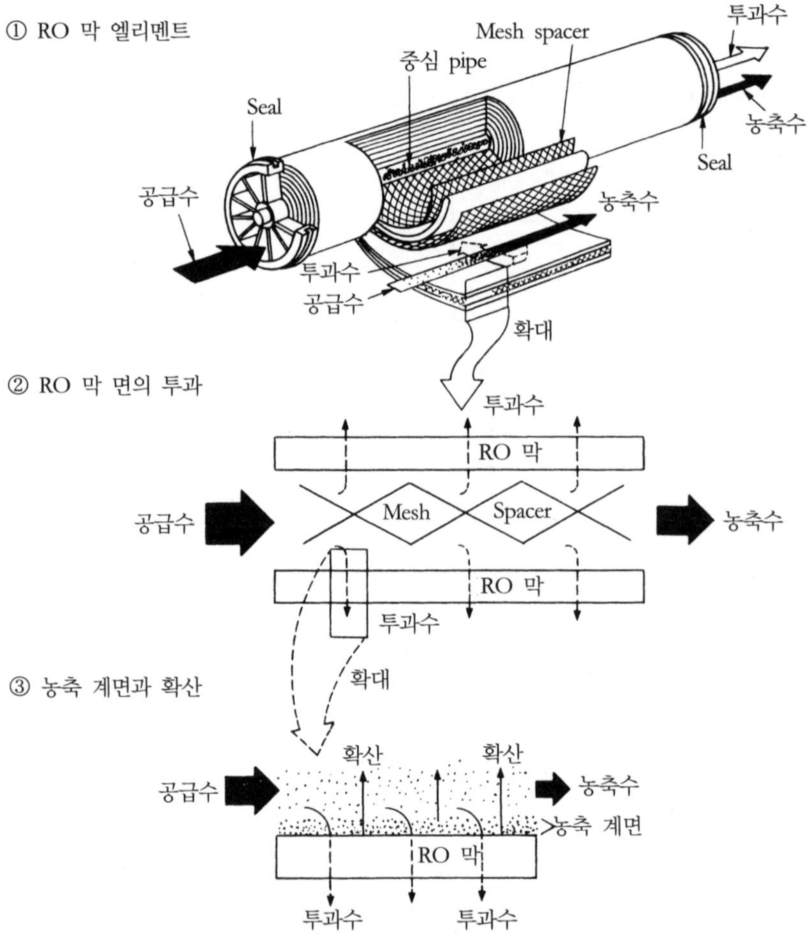

그림 4.23 RO 막 면의 농도 분극

이나 용질의 석출이 일어나지 않도록 고안되어 있다.

그림 4.23의 ③은 RO 막의 농축 계면과 확산의 상황을 나타내고 있다. 농축 계면에서는 공급수보다 수배~수십배로 생각되어지는 농도의 농축 계면이 발생하기 때문에 농축 계면으로부터 공급수 측에 대한 확산 현상도 일어난다.

또, RO 장치의 운전을 단시간 정지하여 운전을 재개하면, 투과수의 전기전도율이 급격히 상승하거나 염류 농도가 증가하는 것을 경험하지만, 이들의 현상은 그림 4.23 ③의 농축 계면의 형성이 하나의 원인이다.

RO 막 면의 농도 분극에 따른 농축 계면의 형성은 피할 수가 없다. 그림 4.24에 RO 막 면의 오염의 진행에 관해 나타냈다.

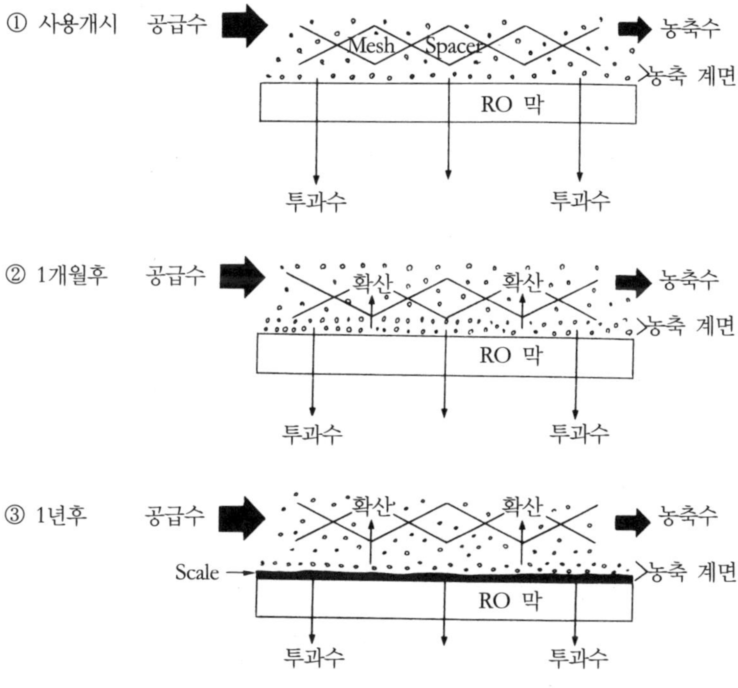

그림 4.24 RO 막 오염의 경시 변화

①의 사용개시 직후는, 농축 계면은 있어도 콜로이드 물질이나 박테리아가 침착해 있지 않기 때문에 투과 수량은 많다.

②의 1개월 후는, 농축 계면에 석출물이 퇴적하기 시작하기 때문에 이 경우는 간헐적으로 공급수로 고속류 세정을 행하면 세정 효과가 있다.

③의 1년 후의 예는, 농축 계면에 스케일이 석출하여 투과 수량이 저하하고 있는 상황을 나타내고 있다. 이 상태가 되면 원수에 의한 고속류 세정으로는 스케일이 제거 될 수 없기 때문에 화학 약품에 의한 세정이 필요하다.

4.3.4 RO장치의 기본 공정도와 운전 방법

RO 장치의 기본이 되는 공정도를 그림 4.25에 나타냈다. 장치 재료에는 SUS, 플라스틱 재질(FRP, PP, PE, PVC, PCDF 등)을 사용하지만, 초순수, 제약 용수에는 특히 위생사양 배관, 탈지처리, 금유처리를 실시한 재료를 사용한다. 그림의 RO 장치의 기동, 정지, 세정의 수순은 개략 다음과 같다.

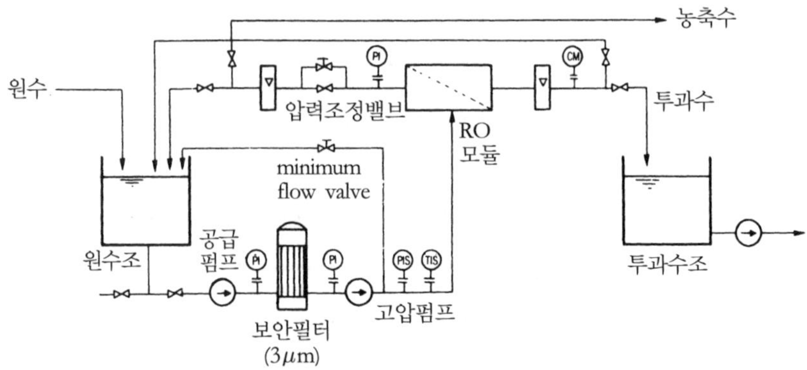

그림 4.25 RO 장치 기본 공정도

① 기동

원수조→공급 펌프→보안 필터→고압펌프→RO 모듈→압력조정밸브→원수조의 순환 경로로 조합되어 있다. 여기서 농축수, 투과수 측의 출구 밸브는 모두 잠가둔다. 원수조를 만수로 한 후 공급 펌프(2~3kgf/cm^2)를 기동시켜 3~5초 후, 고압펌프(10~60 kgf/cm^2)의 순으로 기동시킨다. 압력조절밸브는 처음부터 완전히 열어두어, RO 모듈에 급격한 충격이 미치지 않도록 RO 막 출구 측의 압력계를 보면서 서서히 압력 조정 밸브를 조절하여 소정의 압력, 투과 유량, 수질에 달한 것을 확인하여 투과수조 측으로 통수하여 채수한다.

② 정지

운전을 정지할 때는 반드시 고압펌프를 먼저 정지하고, 공급 펌프는 잠시 운전을 계속한다. 이것은 압력 베셀 내의 농축수를 원수로 치환시킬 필요가 있기 때문이다. 이것을 주의하지 않으면, 다음 기동할 때 예상 밖의 고농도의 투과수가 나올 수가 있다.

③ 세정

그림 4.25의 원수조는 RO 막 세정시의 세정조로 전용할 수 있다. 일정시간 운전하여 막 면이 오염되면, 이 그림의 공정도와 같이 원수조를 약품 세정조로 전용하여 농축수, 투과수 모두를 원수조에 되돌리는 라인으로 바꾸어, 공급 펌프만을 운전하여 RO 막의 순환 세정을 행한다. 배수 재 이용에 RO 장치를 사용하는 경우에는, 본 그림처럼 세정조에도 전용 가능한 원수조를 설치해 두는 것도 편리하다. RO 막 세정에는 막의 1차 측을 저압의 공급 펌프만으로 고 유속 세정하기 때문에 고압펌프는 운전하지 않는다.

RO 막에 통수하는 원수는 UF 막의 경우와 다른 현탁 물질이나 콜로이드 성분을 포함하고 있어서는 안 된다. RO 막의 여과 기구는 UF 막이나 MF 막의 체분리식 여과와 다르며, 그림 4.21에 나타낸 물 분자의 수소 결합으로 시작되는 분자 흡착, 확산 여과라고 해야 할 것이며, 투과 시의 압력은 원수의 삼투압에 크게 좌우된다.

RO 막에서는 UF 막이나 MF 막처럼 역세를 행하지 않기 때문에 막 면의 오염원인이 되는 탁질 성분, 콜로이드 성분은 응집·침전, 여과 등의 전처리로 충분히 제거하는 것이 필수 조건이다.

4.3.5 RO 처리 계획의 유의점

(1) RO 막의 선정 조건

RO에서는 막 면에서 이온농축, 분자농축이라고 해야 할 농축조작을 행하여 투과수를 얻기 때문에 공급수의 수질 조건은 엄격하며, 막 면에의 탁질 유입이나 스케일의 요인이 되는 석출하기 쉬운 성분의 혼입에는 엄중한 관리가 필요하다.

RO 막을 대별하면, 셀룰로오스 막과 복합 막이 있다. 이중, 셀룰로오스 막은, 내염소성은 있지만, 박테리아에 약하며, 또 적용 pH범위가 4~7.5정도로 좁기 때문에 막 세정 약품의 사용도 한정된다.

여기에 대해 복합 막은, 내염소성은 없지만, 박테리아 오염에 강하며, 적용 pH 범위도 4~11로 폭넓으며, 단시간의 세정이라면 pH 2~12의 범위에도 견딜 수 있는 막이 만들어져 있다.

최근은 복합 막이면서 내염소성의 막도 만들어지고 있다. 이들의 특징을 살려 막을 선정한다면 셀룰로오스 막은 오염이 수반되지 않는 상수도의 정제, 초순수 제조에 적합하며, 복합 막은 오염을 수반하는 배수의 재 이용, 공업 용수의 제조, 해수의 담수화 등에 적합하다.

(2) 전 처리

RO 막에 공급하는 원수는 소정의 농도까지 농축해도 용질이 석출하지 않는 것이 필수 조건이다. RO 막의 형상은 그림 4.17에 나타냈듯이 내부의 구조가 치밀하게 되어 있기 때문에 원수의 탁도 성분 제거는 중요하다.

RO 막에 공급하는 원수의 제탁은 응집 · 침전 → 모래 여과 → 활성탄 여과 → 정밀여과(3～10 μm)의 전 처리를 거쳐 행해지는 것이 일반적이며, FI(fouling index)값을 4 이하로 하여 공급한다.

FI는 수중의 콜로이드상 탁질의 양을 나타내는 지표로 0.45 μm의 멤브레인 필터(membrane filter)를 사용하여 2.1 kgf/cm^{2}의 가압 하에 500 ml의 용액이 통과하는 최초의 시간 t_0를 측정하고 그 상태대로 가압여과를 계속하여 15분 경과했을 때 재차 500 ml이 통과하는 시간 t_{15}를 측정하여 다음 식으로부터 구한다.

$$FI = \left(1 - \frac{t_0}{t_{15}}\right) \times \frac{100}{15} \tag{4.2}$$

RO 막에 공급하는 물은 탁도=0, $FI=4.0$ 이하가 바람직하지만, 단시간이면 $FI=4\sim5$정도라도 실질적으로 문제는 없다.(일반적으로 수도수의 FI값은 5.0～6.0, 청정한 해수의 FI값은 5.0～6.5이다.)

식 (4.2)에서 시험수의 오탁 정도가 크면, t_{15}는 무한대로 측정 불가능하며, 이때의 FI가 최대치이며, $FI=6.67$이 되기 때문에 이 이상의 FI 값은 존재하지 않는다.

(3) 유기 물질의 제거

막면에 유해한 유지류, 용제, 유기물은 전 처리에서 제거한다. RO 막은 통상, 음으로 체전하고 있기 때문에 양이온계의 계면활성제나 양이온성의 유기 억제물이 막면에 접촉하게 되면, 전기적으로 표면 흡착하기 때문에 투과 수량의 저하 원인이 된다.

유기물의 제거는 전항(2)의 전 처리에 따라 대부분 제거 되지만, 배수의 재 이용 분야에서 모래 여과 활성탄 여과는 필수적이며, RO 공급수의 COD값은 적어도 10 mg/L 이하로 하지 않으면 계통 내에 박테리아 오염의 원인이 될 수 있다.

(4) 멸균

셀룰로오스계의 막은 내염소(Cl_2)성이라도 박테리아에 약하다. 따라서 셀룰로오스계의 막에 공급하는 원수에는 항상 잔류 염소가 0.5~1.0 mg/L이 존재하도록 농도 조정하여 균이 증식하지 않도록 하면, 박테리아의 발생을 방지할 수 있다. 셀룰로오스 막을 사용한 소형 RO 장치에서 장기간 사용을 정지하면, 잔류 염소(Cl_2)가 소실되어 박테리아가 증식하여 셀룰로오스 막에 손상을 미친 예가 흔히 있다. 박테리아에 의해 막표면이 침범되면 부식한 것처럼 표면이 변하며, 동시에 막면의 아세틸화도 감소하여 탈염율이 극단적으로 저하한다(그림 4.26).

따라서 셀룰로오스 막을 장기(1개월 이상)에 걸쳐 사용을 정지하는 경우에는 슬라임 발생을 방지하기위해 포르마린(0.5%) 봉입에 의한 보관을 추천한다.

또 동결의 우려가 있을 경우에는 더욱이 글리세린을 가하여 글리세린 10~20% 용액으로 한다.

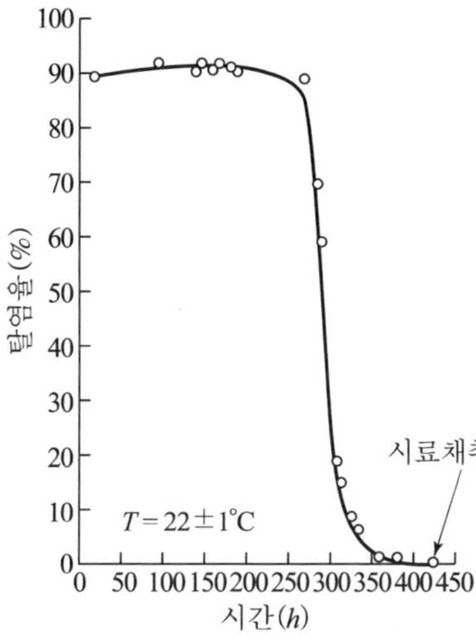

그림 4.26 박테리아에 의한 초산 셀룰로오스 막의 탈염율 변화

복합 막은 내염소성이 없기 때문에 공급수 및 농축수 출구에서 잔류 염소(Cl_2)와 용존 산소(O_2)가 검출되지 않아야 한다. 원수중에 염소가 있는 경우에는 이것을 제거하기 위해 활성탄 처리를 행하든가 아황산수소나트륨($NaHSO_3$, Sodium Bisulfite, 이하 SBS)에 의한 환원처리를 행한다.

SBS에 의한 염소와 산소의 제거 반응을 식 (4.3)과 (4.4)에 나타냈다.

$$Cl_2 + NaHSO_3 + H_2O \rightarrow NaHSO_4 + 2HCl \tag{4.3}$$

$$0.5O_2 + NaHSO_3 \rightarrow NaHSO_4 \tag{4.4}$$

식 (4.3)에 의해 Cl_2가 1 mg/L 수중에 잔류하고 있으면, 이 환원에 요하는 SBS량은 1 mg/L×104/71≒1.5 mg/L이며, 잔류 염소의 1.5배양의 SBS가 필요하며, 같이 식 (4.4)에서 6.5 mg/L의 SBS가 필요하다.

예로서 25°C에 있어서 수중의 잔류 염소를 0.5 mg/L로 하고 용존 산소가 6.0 mg/L이라 하면 잔류 염소와 산소의 제거에 요하는 SBS의 양은 식 (4.3), (4.4)으로부터 다음과 같이 된다.

$$(0.5\ mg/L \times Cl_2 \times 1.5) + (6.0\ mg/L \times O_2 \times 6.5) = 39.75\ mg/L \quad (4.5)$$

잔류 염소와 SBS의 반응은 순간적이며, 용존 산소와 SBS의 반응은 5~10분이 필요하기 때문에 용존 산소를 제거하는 경우는 5~10분 정도의 반응 시간을 가진 탱크가 필요하다.

복합 막을 사용한 RO 장치를 장기(1개월 이상)에 걸쳐 정지하는 경우에는 SBS 0.5~1.0% 수용액에 보관하는 것이 바람직하다.

또 동결의 우려가 있을 경우에는 더욱이 글리세린을 가하여 글리세린 10~20% 용액에 보관한다.

(5) 온도 조절

일반적으로 RO 막은 수온이 1°C 상승함에 따라 투과 수량은 3% 증가하기 때문에 고온이면 고온일수록 투과 효율이 좋다고 생각된다.

그러나 막에는 고유의 적용온도 범위가 있기 때문에 40°C 이하에서 운전이 바람직하다. 표 4.2는 25°C를 기준 1로 하여 1~50°C 범위의 투과 유속 보정 계수의 예이다. 이 계수는 물의 점성과 상관성이 있으며, 막 메이커의 막 재질, 형상, 투과 압력에 의해 다소의 차이는 있지만 어떤 막이라도 거의 같은 경향을 나타낸다.

원수 온도가 낮으면 열 교환기 등을 사용하여 가온해서 소정의 공급수 온도로 하든지 가온이 불가능할 때는 다음 표 4.2를 참고로 막 면적을 증가시킬 필요가 있다.

표 4.2 온도 보정 계수(25°C=1)

°C	보정 계수	°C	보정 계수	°C	보정 계수	°C	보정 계수
1	3.64	14	1.54	27	0.94	39	0.65
2	3.23	15	1.47	28	0.91	40	0.63
3	3.03	16	1.39	29	0.88	41	0.61
4	2.78	17	1.34	30	0.85	42	0.60
5	2.58	18	1.29	31	0.83	43	0.58
6	2.38	19	1.24	32	0.80	44	0.56
7	2.22	20	1.19	33	0.77	45	0.54
8	2.11	21	1.15	34	0.75	46	0.53
9	2.00	22	1.11	35	0.73	47	0.51
10	1.89	23	1.08	36	0.71	48	0.49
11	1.78	24	1.04	37	0.69	49	0.47
12	1.68	25	1.00	38	0.67	50	0.46
13	1.61	26	0.97				

주) 수온 25°C를 1로 하면, 수온 7°C에서는 2.22가 되며, 가온하지 않고 동일의 투과 수량을 얻기 위해서는 2.22배의 막 면적이 필요하다.

(6) pH 조정(scale 방지)

RO 막에는 사용 pH의 허용 범위가 있으며, 일반적으로 셀룰로오스 막에는 pH 4.0~7.5, 복합 막에서는 pH 4.0~11.0이다.

실제의 장치에 있어서 RO 공급수의 pH는 약산성의 pH 6.0±0.5로 조정하여 운전하는 것이 좋다. pH 조정용의 산성은 막분리 성능의 점에서 황산이 바람직하지만 침전물이나 스케일을 생성하기 쉬운 원수의 경우는 염산 쪽이 좋다.

RO 막 면에서 가장 발생하기 쉬운 스케일은 칼슘 스케일과 실리카 스케일이다. 원수에 경도 성분이 많으면 막 면에 탄산 칼슘의 스케일이 발생하기 쉽다. 이러한 경우는 원수의 연화처리를 하든지, pH를 조정하지 않으면 안 된다.

그림 4.27은 칼슘 스케일 생성에 있어서 pH와 칼슘 경도의 관계를 나타낸 것이다. 원수의 pH를 7.0 이하로 하면 칼슘 스케일 생성의 안전 지역이 넓어지며, 예로서 pH 6.0에서는 칼슘 경도 660 mg/L정도까지 예비처리가 필요 없다. (해수의 칼슘 경도는 약 440 mg/L이다. 이것을 회수율 40%까지 RO 막 처리하면 막 면에서의 농축율은 100/(100－40)＝1.67배가 된다. 따라서 400 mg/L의 칼슘 이온은 약 670 mg/L이 되어 석출한계에 달하게 된다.)

그림 4.28에 pH의 변화와 총탄산 존재비와의 관계를 나타냈다.

수중에 있어서 탄산이온(CO_3^{2-}), 중탄산이온(HCO_3^-)은 pH값에 의해 존재비가 다르다. 그림에 의하면 pH가 7 이상이 되면 곡선 a의 CO_3^{2-}가 서서히 증가하기 시작하여 pH가 13 이상에서는 CO_3^{2-}가 100%가 되며, 수중에 Ca^{2+}이 있으면, $CaCO_3$의 스케일이 될 가능성이 높다.

$$Ca^{2+} + CO_3^{2-} \rightarrow CaCO_3\ (\text{Scale}) \tag{4.6}$$

또, pH가 7 이하의 5.5가 된 경우에는

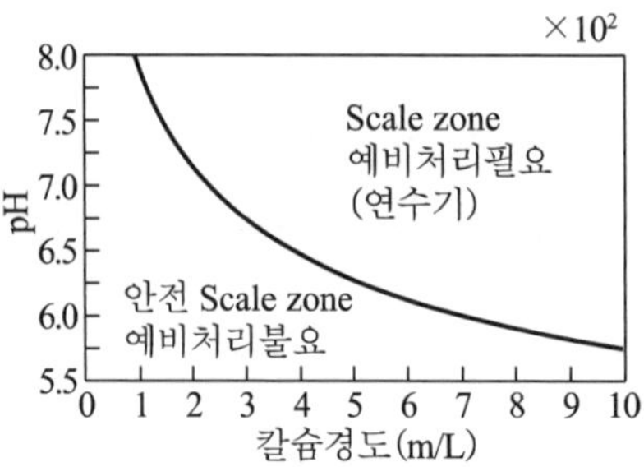

그림 4.27 Scale생성에 있어서 pH와 칼슘 경도의 관계

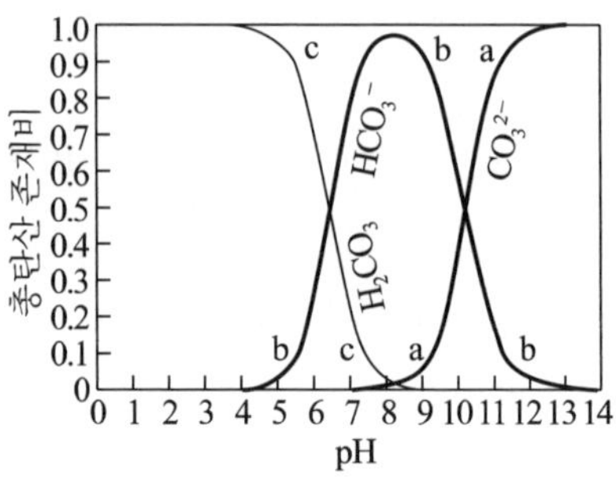

그림 4.28 pH의 변화와 CO_3^{2-}, HCO_3^-, H_2CO_3의 관계

$$HCO_3^- = 10\% \qquad \text{(at pH 5.5)}$$
$$H_2CO_3 = 90\%$$

가 되어 대부분 탄산(H_2CO_3)으로 변화하며 CO_3^{2-}는 대기 중으로 방산하고[청량 음료수는 구연산과 탄산가스(CO_3)를 함유하며 pH 2~3의 산성을 나타낸다. 이 청량음료수의 뚜껑을 급히 열면 탄산가스(CO_3)가 거품과 함께 대기 중으로 분출한다. 이 현상과 같은 원리이다.], Ca^{2+}는 결합상대를 잃어 단순한 Ca 콜로이드가 된다. 그래도 소량으로 남아있는 HCO_3^-이온은 Ca^{2+}이온과 결합하여 중탄산 칼슘 $Ca(HCO_3)_2$로 되지만, 생성하는 양은 소량이며 RO공급수의 약 산성화(pH 5.5 정도)는 탄산 칼슘 생성의 방지에 도움이 된다.

$$Ca^{2+} + 2HCO_3 \rightarrow Ca(HCO_3)_2 \tag{4.7}$$

탄산 칼슘의 석출은 pH 조절에 의해 상당히 방지할 수 있지만, 황산 칼슘($CaSO_4$)에는 이것을 적용할 수 없다.

황산 칼슘에 대해서는 원수의 황산 이온과 칼슘 이온을 측정하여 그 측정치로부터 황산 칼슘 생성량을 예측하여 그림 4.29에 나타낸 $CaCO_3$의 물에 대한 용해도로부터 농축배열을 조정할 수 있도록 대책을 세운다.

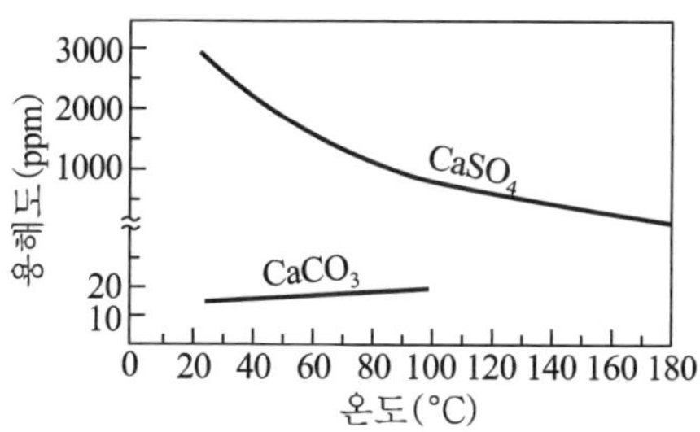

그림 4.29 $CaSO_4$와 $CaCO_3$의 물에 대한 용해도

황산 칼슘은 탄산 칼슘에 비해 용해도가 훨씬 높고 25°C에 있어서 $CaCO_3$의 용해도 15 mg/L에 대해 $CaSO_4$는 3,000 mg/L이다.

탄산 칼슘 석출방지로서 행해지는 RO 공급수의 약산성화는 다른 중금속 이온(Fe, Cu, Ni, Zn 등)의 수산화물 침전생성 방지에도 직결되며, 보안 필터의 폐색 방지에도 도움이 된다.

(7) 실리카(SiO_2)

실리카는 불용성의 것과 가용성의 것이 있다. 실리카는 pH 12에서는 $HSiO_3^-$, pH 9에서는 H_2SiO_3(SiO_3^{2-})의 형태로 존재한다. pH 9 이하에서는 주로 $Si(OH)_4(H_2O)_2$의 형태로 존재한다고 생각되며 복잡한 형태를 나타내고 있다. 불용성의 실리카는, 현탁성 혹은 콜로이드상이기 때문에 응집 · 침전이나 정밀여과(MF, UF 등)에 의해 제거 할 수 있다. 가용성의 실리카는 여과로서 제거할 수 없다.

그림 4.30은 pH 7에 있어서 실리카(SiO_2)의 용해도와 수온의 관계를 나타낸 것이다. 이 그림에서 수온 25°C에 있어서 SiO_2의 용해도는 pH 7에서 100 mg/L이지만, RO 모듈에 통수했을 때 160 mg/L 정도까지 농도가 높게 되어도 지장이 없는 것을 나타내고 있다.

그림 4.31은 농축수(brine)의 pH 보정 계수의 예이다. pH 7.0~7.8사이의 보정 계수는 1.0이지만 pH 5.0에서는 1.25, pH 9.0에서는 2.0이 되며 pH값이 상승할수록 보정 계수가 높게 된다.

수돗물중의 실리카는 10~30 mg/L정도 포함되어 있지만, 지역에 따라 40~100 mg/L정도 되는 곳도 있다.

RO 공급수 중에 실리카가 50 mg/L정도 포함되어 있다면, 2배 농축에 의해 농축수 측은, 포화농도의 100 mg/L에 달해 실리카 스케일 석출의 우려가 있기 때문에, 이러한 경우는 2배 이상의 농축은 피하는 것이

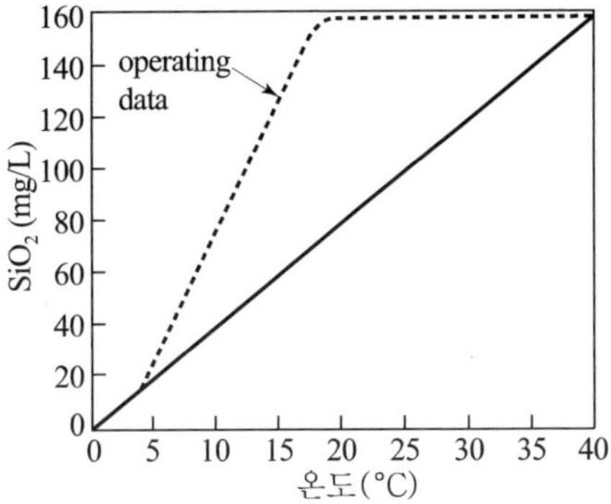

그림 4.30 SiO_2 용해도와 수온의 관계

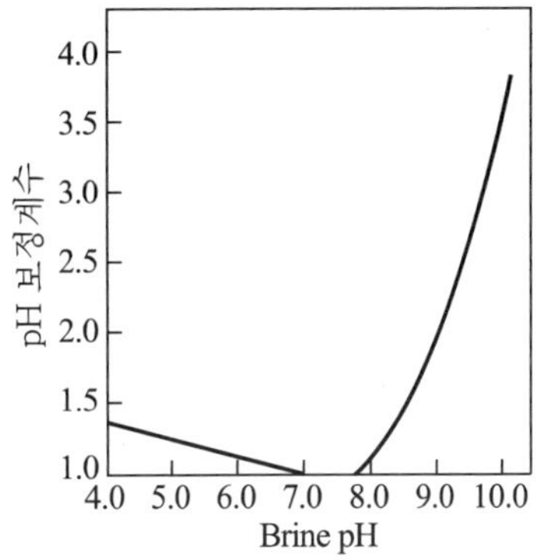

그림 4.31 SiO_2 pH보정 계수

좋다.

공장 배수 재 이용에 RO법을 적용할 때 실리카에는 주의를 기울리지 않으면 안 된다. 생산 공정의 알칼리 세정제 중에 올트(ortho) 혹은 메타 규산나트륨(meta sodium silicate)으로서 SiO_2성분이 들어있거나 글라스 표면처리 배수 중에 SiO_2가 혼재하고 있는 경우가 있다. 이들 가용성 실리카는 황산알루미늄, PAC 등의 알루미늄염에 의해 응집 처리를 행하면, 같이 침전 제거할 수 있다.

수중에 용해하고 있는 실리카와 거의 같은 양의 알루미늄 이온(Al^{3+})을 첨가하여 pH≒8.0으로 조정하면, 그림 4.32와 같이 실리카는 90 mg/L있어도 10 mg/L 이하가 된다.

그림 4.33은 실리카를 포함한 물에 황산알루미늄과 수산화나트륨을 가해 $Al(OH)_3$ 현탁액의 탈 실리카에 대해 조사한 것이다.

pH 8~9에서 실리카 제거는 최대가 되지만, pH 8 이상이 되면 알루미늄이 용해하기 때문에 실리카의 제거 효과는 저하한다. 실리카 성분이 많은 지하수 등을 원수로서 RO 막 처리하여 초순수를 제조할 경우는

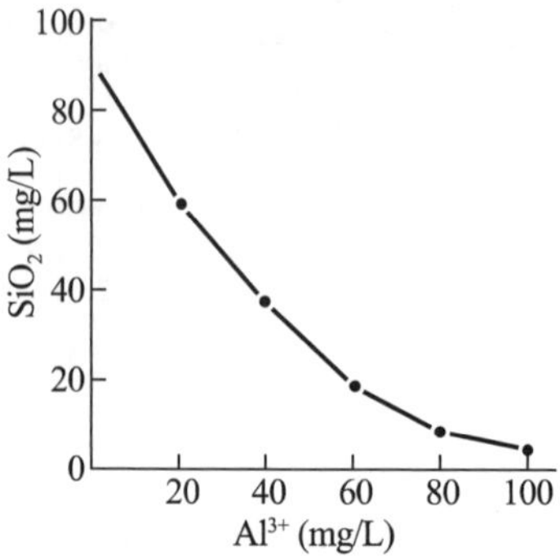

그림 4.32 SiO_2의 불용화와 Al^{3+}의 관계

주) pH : 8.0, 황산알루미늄 $Al_2(SO_4)\cdot 18H_2O$를 이용하여 NaOH로서 pH=8.0으로 했다.

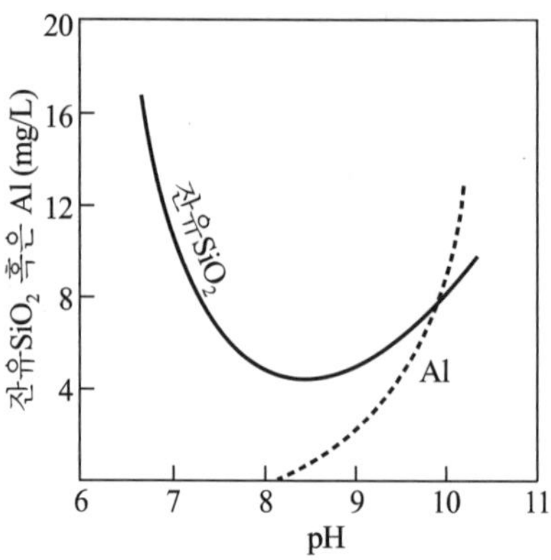

그림 4.33 수산화알루미늄의 탈 실리카(SiO_2)와 pH의 관계

RO 막 처리의 전단에 이온교환처리를 하고 실리카 제거를 한 후 RO 막 처리하는 것도 있다.

(8) 베셀 구성과 운전 조건

모듈 본수, 베셀 수, 배열은 원수의 수질, 수온, 회수율, 조작 압력에 의해 결정된다. 그림 4.34에 모듈 배열의 예를 나타냈다.

병렬(parallel) 배열은 가장 단순한 배열이다. 회수율은 크게 얻을 수 없으며, 공급수를 균등하게 흐르도록 하는 주의가 필요하지만, 전 모듈의 사용조건은 동일하다. 해수 담수화에는 이 배열을 사용하는 것이 많다.

직렬(series type) 배열은 소량의 공급수로 다량의 투과수를 얻을 수 있지만, 전체의 차압이 크게 되며, 후단으로 감에 따라 농축수 농도가 높게 되어 생산수 수질은 악화한다.

크리스마스 트리(christmas tree) 배열은 공급수의 감소에 따라 모듈수를 줄이며, 적절한 선 유속을 유지하도록 배열되어 있기 때문에, 농도 분극을 억제할 수 있어 실용 장치에 많이 채용되고 있다. 대량의 투과수를 얻는 데는 대부분 이 방식을 취하고 있다.

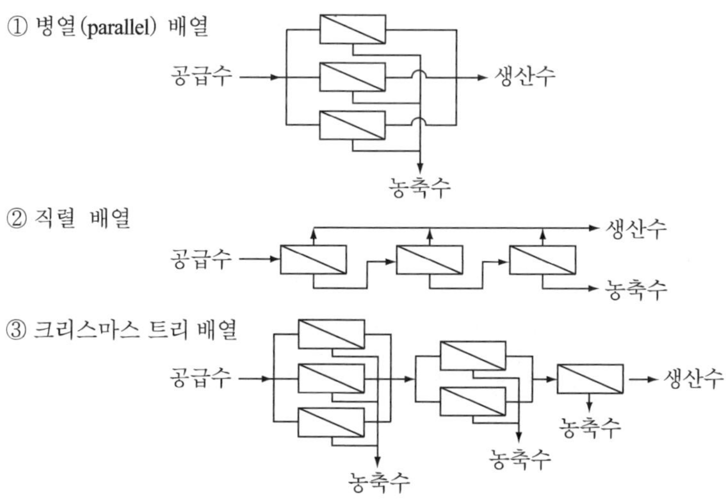

그림 4.34 모듈 배열

회수율과 베셀 배치의 예를 들면, 회수율은 원수중의 스케일 성분 농도와 용해도와의 관계 및 생산수량으로부터 결정되지만 표준적인 회수율은 60～80%이다.

셀룰로오스 막을 사용하고 있는 경우, 잔류 염소량은 농축수 출구에서 0.5 mg/L 이상이 되도록 염소 농도 조절을 행하며, 공급수 입구에서만 농도 조절해서는 안 된다. (공급수 입구측에서 예로 0.5 mg/L일지라도 농축수 출구측에서 0.5 mg/L잔류하고 있다는 보증은 없기 때문에 입구, 출구의 양측에서 잔류 염소 농도를 측정하여 주입량을 결정한다.)

이와 반대로 탈염소나 탈 산소 반응에 사용하는 환원제의 SBS ($NaHSO_3$) 농도 및 효과는, RO 막의 입구측에서 결정하여 효과를 확인하지만 동시에 농축수 출구측에도 수질을 확인하여 효과의 지속성을 확인하면 좋다.

(9) 막의 세정

배수의 재 이용에 사용하는 RO 장치에서는, 반드시라고 해도 좋을 만큼 막면의 오염이 따르기 때문에, 막면의 약품 세정이 필요하게 된다. 설계 계획시 발생하는 스케일이나, 오염의 정도를 예측해 두어 막 세정용의 약품 용해조, 교반기, pH 미터 등을 미리 장치에 조합해 두면 좋다. 표 4.3에 스케일 성분과 복합 막 세정용 약품의 조합 예를 나타냈다. 세정시간은 1～3시간 정도의 순환 세정을 기본으로 하지만, 오염이 현저한 경우는 10～15시간 침지 후, 순환 세정을 하면 효과가 상승한다. 세정이 종료되면, 세정 약품의 흐름과 물 세정이 치환될 수 있도록 철저히 세정할 필요가 있기 때문에, RO 장치 설계 시에는 수세용 상수도 배관, 배수 중화, 배수 처리 시설의 설치도 고려해 둔다. 세정 약품의 종류나 조합은 막 제조사 및 막 재질에 의해 다소 차이가 있기 때문에 선정에 있어서는 막 제조사와 상담하는 것도 좋을 것이다.

표 4.3 복합막 면의 스케일 세정 약품 예

스케일 성분	세정용 약품
$CaCO_3$, $CaSO_4$	0.2% HCL, 0.2% H_3PO_4, 2.0% 슬파민산, 2.0% 구연산 암모늄
녹슨 철, 금속수산화물	0.2% H_3PO_4, 0.2% 슬파민산, 0.2% 염산
SiO_2	2% 구연산+2% 산성불화암모늄
박테리아 오염물	0.1% NaOH+0.1% EDTA, 0.5% 라우릴황산나트륨, 1.0% 인산3나트륨+1.0% EDTA
유기오염	0.1% NaOH+0.1% 라우릴황산나트륨, 1.0% 인산3나트륨+1.0% EDTA
	① 세정시의 압력 : 1.5~3.0 kg/cm^2 ② 단위압력 수납용기에 대한 공급량 4 inch : 1.8~2.3 m^3/h 8 inch : 6.8~9.1 m^3/h ③ 최대 온도 : 30°C

4.3.6 RO 장치의 보수 · 관리

RO 막은 보수 관리를 적절하게 행하면 3~5년은 사용에 견디지만, 적정하게 관리를 하지 못하면, 1년을 경과하지 못하고 사용할 수 없기 때문에 보수 관리는 중요하다. 보수 관리상 중요한 요점은 다음과 같다.

(1) 막의 관리

막 엘리멘트는 항상 습윤 상태로 보관하며 결코 건조시켜서는 안 된다. 장기적으로 보관하는 경우에는 0.5% 포르말린(HCHO)용액이나

0.5% SBS(sodium bisulfite : $NaHSO_3$)용액을 봉입하며, 동결의 우려가 있는 경우에는 20% 정도의 글리세린 용액으로 봉입한다. 글리세린은 계통내의 물의 빙점을 강화시키는 역할을 한다.

운전 재개시의 초기 투과수는 상기의 약품 성분의 잔류가 예상되기 때문에 농축수와 같이 계외로 배출하여 수질이 소정의 값에 달한 것을 확인한 후 채수하도록 한다.

(2) 기동

고압펌프 기동 시에는, 농축 배수 측의 밸브를 완전히 열어 두고, 고압펌프 토출 압력을 확인하면서, 서서히 농축수 측의 압력 조정 밸브를 조절하여, 모듈에 급격한 충격이 미치지 않도록 한다. 모듈에 급격한 압력충격이 미치면 모듈 본체나 압력 베셀이 파손될 수 있다.

(3) 정지

RO 장치의 펌프 정지는 반드시 고압펌프부터 먼저 정지한다. 고압펌프를 정지해도 잠시 동안은 공급 펌프 또는 급수 펌프의 운전을 계속해서 압력 베셀 내의 농축수를 완전히 압출하여, 막면의 농축수가 공급수로 치환된 것을 확인할 수 있을 때까지 계속 운전한다.

(4) 세정

막의 오염 정도는 막의 입구, 출구의 차압의 증가, 투과 수량의 저하 또는 수질(전기전도도 등)의 악화로 나타난다. (입구, 출구의 차압 증가는 RO 모듈에 현탁 물질이나 콜로이드 성분이 퇴적한 것을 나타내며, 투과 수량, 수질의 악화는 막면에 슬라임이나 스케일이 부착, 생성한 것을 나타내고 있다.)

일반적으로 공급수에 의한 저압, 고압수 플러싱(flushing)을 정기적으로 행하며, 그렇게 해도 상기의 현상이 회복하지 않는 경우는 약품 세정을 행한다. 막 엘리멘트의 약품 세정을 행하는 눈 짐작은

① 막의 입구, 출구의 차압이 운전개시 초기의 20% 이상이 되었을 때
② 투과 수량이 정상시의 10% 이하로 되었을 때
③ 투과수 수질(전도도 염분 농도 등)의 값 상승을 쉽게 알 수 있게 되었을 때

등이다. 수온이 저하하여 공급수 온도가 내려가면 당연 투과 수량도 저하하지만, 이것은 막 오염과 관계없다.

(5) 모듈의 교환

RO 막은 관리가 적정해도 성능은 조금씩 저하한다. 상류측은 콜로이드나 탁질 성분에 의한 폐색, 하류측은 고염 농도 석출에 의한 스케일 생성 등의 장해가 있으며, 사용기간 3~5년 동안에 일부의 막은 20%/year 정도를 목표로 교환한다.

모듈 교환 시에는, 일반적으로 오링(Oring)이나 패킹(packing)부에 와셀린(vaselin)을 도포하지만, 초순수 장치의 경우는 절대로 와셀린을 사용해서는 안 된다.

4.4 NF(Nano Filtration) 막

RO 막에 비해 표면층의 구조가 느슨하고 저농도의 염류에 대해 높은 저지율을 가지며 동시에 저압으로 높은 투과 유속을 가진 막이 실용화

되고 있다. 이들 막을 나노여과 막이라 부르며 저압 역삼투 막 혹은 Loose 역삼투 막이라 한다.

분획 분자량은 RO 막과 UF 막의 중간적인 성질을 나타내고 있으며, 조작 압력은 최대라도 20 kgf/cm^{2}이며, 통상 10 kgf/cm^2 이하에서 탈염이 가능하다.

수도 수원의 오탁 물질로서 새로운 문제가 되고 있는 것은 트리할로메탄 및 트리할로메탄 전구물질이 있다.

휴민산(humic acid)은 트리할로메탄의 전구물질이지만, 이것은 종래 처리법의 응집·침전에는 제거할 수 없기 때문에, 이 후의 살균 공정을 가하면 염소와 반응해서 트리할로메탄으로 변한다.

염소 소독에 의해 트리할로메탄류를 생성시켜 이것을 후 공정에서 제거하기보다는, 소독공정 전에 전구물질을 제거하는 편이 트리할로메탄류 부생성의 가능성이 낮다.

나노여과 막을 이용하여 휴민산, 트리할로메탄 전구물질의 저지율을 실험한 결과, 공급 액의 휴민산 농도 5 mg/L, 조작 압력 0.6 MPa(6 kgf/cm^2)에서 처리하면, 막분리 공정이 없는 경우, 클로로포름 생성량 0.11 mg/L에 대해 0.01 mg/L 이하가 되며, 휴민산 저지율로서 거의 90% 이상이었다.

나노여과 막은, 탈염성으로는 RO 막에 미칠 수 없지만 염류 농도가 낮은 물이나 트리할로메탄 함유수에 적용하면, UF 막에는 볼 수 없는 성능을 얻을 수 있기 때문에 상수도용으로는 실용성이 있다.

앞으로 종래의 정수방법을 대신하여 나노여과 막을 적용한 막여과형 정수 처리가 실용화 될 수 있을 것이다.

막여과형 정수 처리는 장치의 소형화, 운전 조작의 자동화 및 유지 관리의 간편화를 기할 수 있을 뿐만 아니라, 보다 안전한 음용수를 만들 수 있다.

막여과 정수 처리 시스템은 여러 가지 공정으로 조합할 수 있다. 한 예로서 MF 막, UF 막 및 NF 막의 단독 처리, 응집+MF 막, 오존처리+활성탄 처리+UF 여과 등이 생각되어지며 수원의 수질변화에 대응한 막여과형 정수 처리 시스템이 실현될 것이다.

4.5 전기투석 막

이온교환 막은 입상의 이온교환 수지가 막상으로 되어있는 고분자 막으로 생각해도 좋으며, 화학 구조상으로는 이온교환 수지와 본질적으로 동일한 것이다. 그러나 형상의 차이에서 양자의 기능은 전혀 다르다. 그림 4.35는 이온교환수지와 이온교환 막의 차이를 나타낸 것이다.

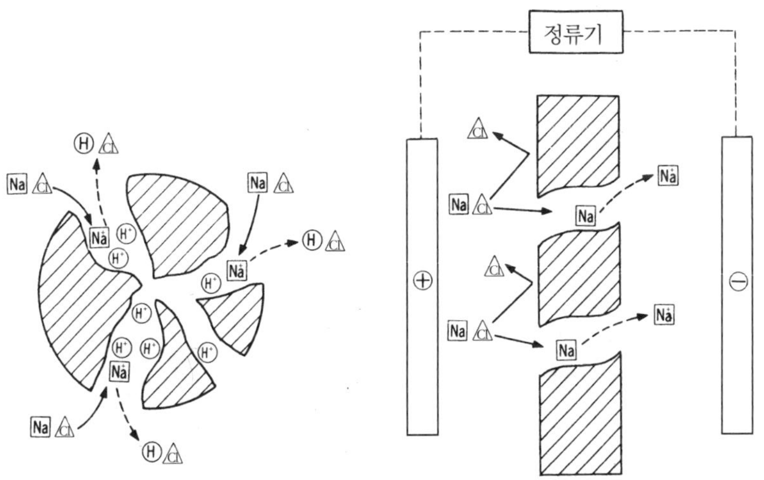

① 양이온교환수지(H형)　　② 양이온교환막

그림 4.35 이온교환수지와 이온교환 막의 차이

양이온교환수지는 NaCl 중 Na^+이온을 흡착하며, 그 대신 수지가 가지고 있는 H^+이온을 교환 방출하기 때문에 NaCl은 HCl로 변화한다. 양이온교환 막은 양극 측에 있는 NaCl중 Na^+만이 막을 통과할 수 있기 때문에 양극 측에는 Cl^-, 이온이 남으며 음극 측에는 Na^+이온이 증가한다.

이처럼 이온교환 막은 이온 선택투과라고 하는 기능에 의해 탈염, 농축, 분석 등의 조작을 행할 수 있다.

이온교환 수지법에는 수지의 재생이 필수의 공정이지만 이온교환 막법에서는 재생조작은 불필요하며 유지 관리 면에 시간이 걸리지 않는 장점이 있다.

4.5.1 전기투석법의 원리

이온교환 막을 이용한 전기투석법의 원리를 그림 4.36에 나타냈다.

양이온을 선택적으로 투과하는 양이온교환 막과 음이온을 선택적으로 투과하는 음이온교환 막을 서로 배열하여 그 양단에 전류를 흐르게 하면

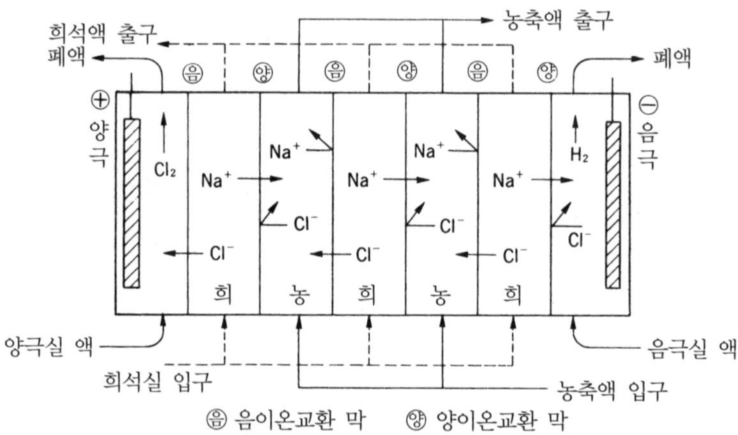

그림 4.36 전기투석법의 원리

막에서 떨어진 각 실에서 양이온과 음이온의 농축 및 희석이 일어난다.

탈염을 목적으로 할 경우는 희석실의 액을 모은다. 농축이 목적일 경우는 농축액을 모으면 된다. 이 원리를 응용하면, 무기염의 탈염, 농축이 가능하다.

이온교환 막의 기본 특성은, 양이온 또는 음이온교환막에 대해 수율로 나타낸다.

수율이라고 하는 것은, 막에 흐르는 전류의 얼마만큼의 비율이 그 이온을 운반하는가를 나타내는 수치이다. 예로서 양이온에 대한 수율이 0.98이라고 하는 것은 그 막을 흐르는 전류의 98%를 양이온이 운반하며, 나머지 2%를 음이온이 운반하는 것을 나타낸다. 즉, 그 막을 양이온이 음이온보다도 50배 통과하기 쉬운 것을 나타내고 있다.

이온교환 막을 전기투석법으로 사용할 경우는 전기 밀도를 올리면 올릴수록 장치의 능력은 증가하지만 무제한으로 전기 밀도를 올릴 수는 없다. 이것은 용액상에서 막상의 이온 수율이 크기 때문에, 전기 밀도를 올리면 막계면 근방의 이온농도가 거의 제로가 되며 계면에 전류를 운반하는 이온이 없어지며, 막-액계면에 있어 물의 전기분해가 일어나 H^+나 OH^- 이온이 발생한다. 그림 4.37 막-액계면에 있어 물 분해를 나타냈다.

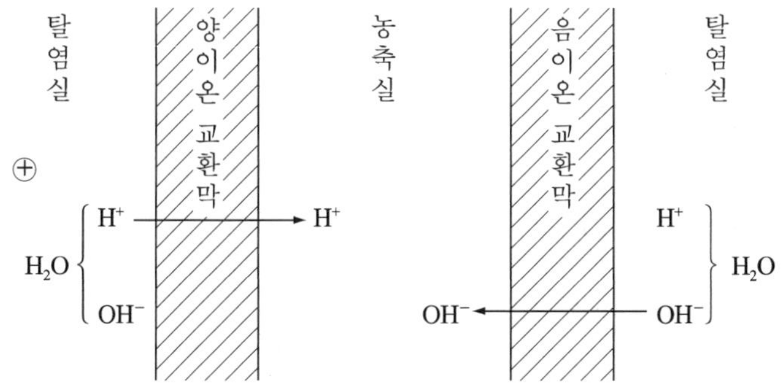

그림 4.37 막-액체 계면에 있어 물 분해

이 물 분해 현상이 일어나면, 수소이온(H^+)과 수산화이온(OH^-)이 전류를 운반하게 된다. 물 분해가 양이온교환 막의 탈염측 계면에서 일어나면 농축실이 산성으로, 탈염실이 알칼리성이 된다. 음이온교환막의 탈염측 계면에서 일어나면 농축실이 알칼리성으로, 탈염실이 산성으로 된다.

물 분해는 염 농축의 전류 효율을 낮출 뿐만 아니라 액의 중성을 혼란시켜 수산화물 스케일을 생성하는 등의 장해를 일으키기 때문에 극력 피하도록 해야 한다. 이 현상은 중성 교란현상이라 부르며, 이 때의 전류 밀도를 한계전류 밀도라 한다.

표 4.4에 각종 전해질 용액의 한계 전류밀도의 값을 나타냈다.

표 4.4 한계 전류밀도(전해질 용액 : 0.005N)

	전해질	NaCl	KCl	$CaCl_2$	$BaCl_2$	HCl	NaOH
한계전류밀도 I_{lim}[mA/cm^2]	양이온교환 막	4.5	6.1	3.7	4.0	19.0	3.7
	음이온교환 막	7.5	–	5.1	6.1	4.5	14.1

한계 전류밀도 이상으로 전류가 흐르면 물 분해로 발생한 OH^-이온과 양이온(Ca^{2+}, Mg^{2+}, Fe^{3+}등)이 수산화물이나 탄산염이 되어 막면에 침착하여 이온교환 막에 손상을 미치기 때문에 항상 한계 전류밀도 이내의 전류로 전기투석을 행하는 것이 중요하다. 한계 전류 밀도는 일반적으로 1～200 A/dm^2 정도이다.

4.5.2 전기투석 장치

전기투석은 그림 4.38과 같이 sheet flow형이 일반적으로 많이 이용된다.

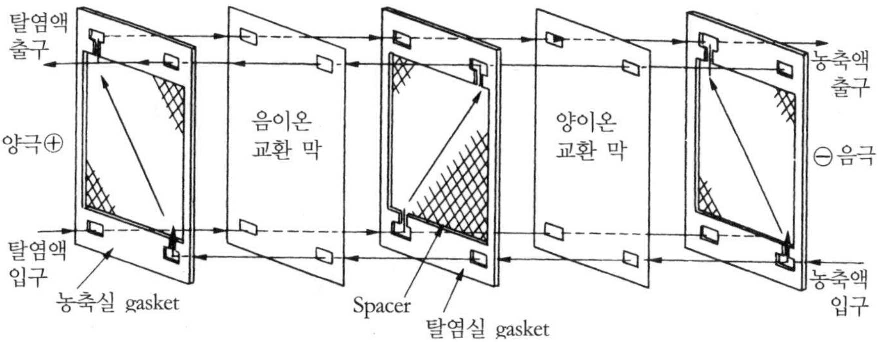

그림 4.38 전기투석 장치의 개요

양이온교환막과 음이온교환막을 서로 교대로 희석실 가스켓(gasket)과 농축실 가스켓(gasket)에 스페이스를 겹쳐 끼어 양단에 전극을 장착하여 형틀로 조여 전기투석 실을 구성한다.

가스켓(gasket)은 두께가 균일하며 어느 정도 탄력성을 가진 고무, 폴리염화비닐, 폴리에틸렌 등의 재질이 이용되어 진다. 스페이스는 RO 막과 같이 막면 사이를 정상적으로 유지하는 것과, 급액을 균일하게 흘려보내기 위해(0.3 m/sec정도) 사용되며 사교망이 이용되고 있다.

양극에는 탄소, 백금 도금 티탄, 자성 산화철 등을 이용한다. 음극에는 철, SUS등이 이용되어 진다.

전기투석 장치가 성능을 충분히 발휘하기 위해서는 다음 조건을 만족할 필요가 있다.

① 전 처리가 충분할 것

전기투석법의 전처리는 RO 막법처럼 엄밀하지는 않지만, 막면 간격은 1~2 mm로 좁은 막면에서 농축에 의해 콜로이드 입자나 현탁 물질의 폐색, 염류석출 등의 장해가 발생하기 때문에 탁질 제거나 염의 농도 관리가 필요하다.

원수가 청정하다면 모래 여과 정도의 전 처리를 행하면 된다. 그러나 배수의 재 이용 등에는 오탁의 정도에 의해 응집·침전, 정밀여과, 활성탄 처리 등이 필요하다.

② 막 간격이 좁고 균일한 것

전기투석 장치는, 수십 개에서 수백(막 면적은 수십~수백 m^2)개의 투석실을 가지고 있기 때문에, 막 간격이 불필요하게 크면 장치가 대형화하며, 투석 전력 및 펌프 동력이 증가하여 비경제적이다.

막 간격이 불균일하면, 액의 흐름에 농담 부분 혹은 한계 전류밀도를 넘는 부분이 발생하여 효율이 저하한다.

③ 전류의 교란이 좋을 것

전기투석 장치에는 막 간격을 일정하게 유지하기 위해 플라스틱제의 스페이스를 이용한다. 스페이스는 RO 막의 경우와 같이 액을 교란하여 막면 농도를 균일화하는 효과를 가지고 있다.

④ 해체, 세정이 용이할 것

전기투석 막은 RO 막과 다르며 막을 해체하여 한 장씩 기계적으로 세정할 수 있다. 따라서 투석 장치로부터 막을 쉽게 분해할 수 있고 조립이 용이해야 한다.

⑤ 액과 전류의 누설이 없을 것

투석 장치에서 액의 누출은 바람직하지 않다. 또 농축액과 희석액이 새어 혼합되면 전기투석의 성능이 저하한다.

전기투석 장치의 급액관이나 배액관을 통해서 전류가 누설되면 투석 전류가 크게 되어 비경제적이다.

4.5.2 전기투석 장치의 공정도

그림 4.39에 전기투석 장치의 공정도를 나타냈다.

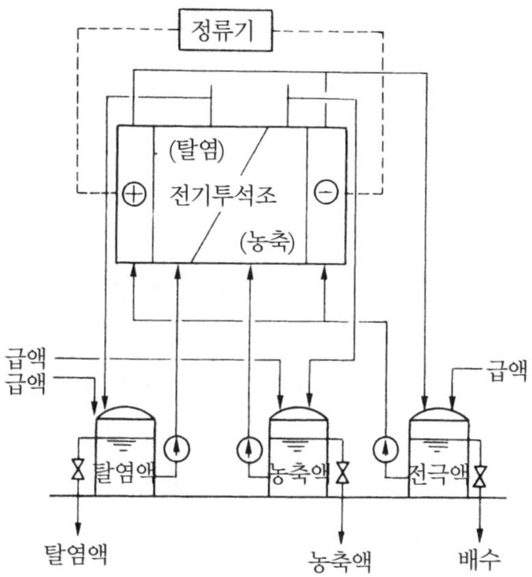

그림 4.39 전기투석 장치의 기본 공정도

주된 기기는 전기투석조, 탈염액조, 농축액조, 전극액조와 여기에 부대하는 펌프 배관이 있으며 직류 전류를 공급하기 위해 정류기가 조립되어 있다.

운전 방법은 그림 4.40에 나타낸바와 같이 대별하면 회분식과 연속식, 부분 순환식으로 나눌 수 있다.

① 회분식은 원액조의 액이 소정의 농도가 될 때까지 순환을 계속하는 방식이다.

② 연속식은 다단으로 배열된 전기투석조에 막차로 원액을 통과시켜

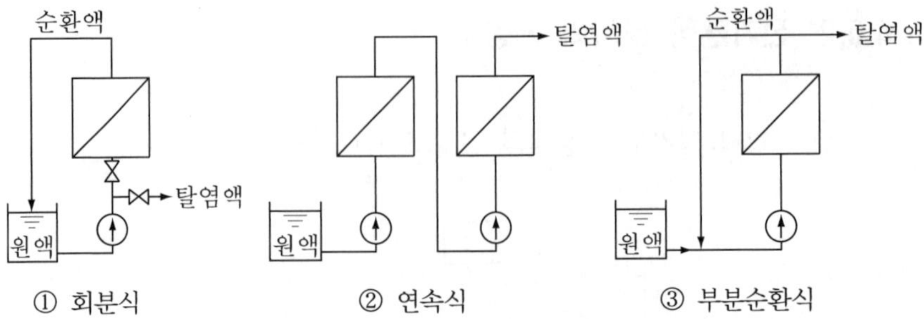

그림 4.40 전기투석의 운전 방식

최종단에서 탈염액을 얻는 것이다.

③ 부분 순환식은 양자의 중간적 성격의 공정이다.

회분식은 배치(batch) 교환할 때마다 전력 수요가 증감하는 결점이 있다. 연속식은 전력 소모도 적고 대형 플랜트에 적합하지만, 원수농도 온도 등의 변동에 대해 흡수력이 작다.

Chapter 5

막여과 운전 제어 방법

5.1 운전 제어 방식

막여과 공정의 운전 제어 방법에는 정유량 제어와 정압 제어가 있다. 그림 5.1은 정유량 제어의 예로 여과수 측에 정유량 밸브를 설치하여 제어한다.

기타, 여과 유량을 상시 계측하여 피드백으로 하고, 원수 펌프의 회전수를 제어하여 일정 유량을 유지하는 방식과 유량 조절 밸브를 제어하는 방법이 있다.

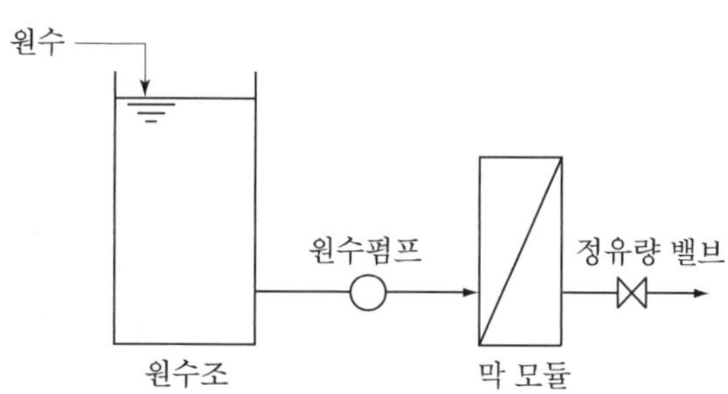

그림 5.1 정유량 제어의 예

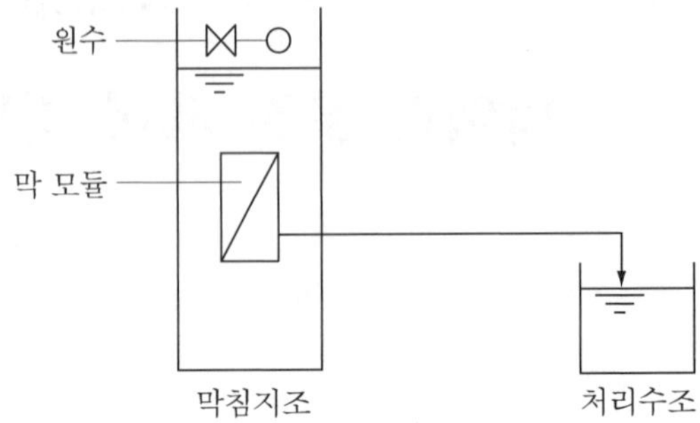

그림 5.2 정압 제어의 예

정수에 있어 항상 일정의 수량 확보가 요구되어지는 경우나 처리규모가 커서 유량 조정조(원수조, 처리수조)에 대해 충분한 여유를 갖고 설치할 수 없는 경우 등은 정유량 제어로 한다.

그림 5.2는 정압 제어의 예이다. 이 경우는 조침지형으로 수위 차를 이용한 여과이기 때문에 조의 수위 제어만 행해도 좋다.

기타, 정유량 제어의 경우와 같이 펌프 회전수 제어 방식이나 조절 밸브 방식이 있다. (이 경우는 압력계로 여과 압력을 계측하여 피드백으로 한다.)

또, 펌프와 막 모듈 사이에 receive tank를 설치하고 조를 일정 압력으로 유지하기 위해 펌프를 on-off하는 방법도 있다.

어느 경우라도 특히 적극적인 제어를 하지 않고 여과 유량, 여과 압력을 거의 일정하게 유지할 수 있는 경우를 제외하고서는 세정 공정을 정기적으로 실시하여 여과 성능을 유지할 필요가 있다.

5.2 막의 성능 변화

막여과 공정의 운전에 있어서, 막의 성능 변화에 대한 대책이 가장 기본적인 것이다. 막의 성능 변화에는 열화와 파울링(fouling)이 있다. 열화는 막 그 자체가 변화하여 생기는 불가역적인 막의 성능 변화를 말하며, 파울링은 열화 이외의 막의 겉보기 상 성능 변화를 말한다. 파울링은 막의 오염과 거의 같은 뜻이지만, 상술한 정의에서 파울링에는 막 모듈의 유로 폐색도 포함된다.

파울링에 의한 성능 변화는, 막의 세정조작에 의해 회복되는 경우가 많다. 표 5.1에 열화와 파울링의 내용을 정리했다.

막 파울링의 원인 물질로서는 탄산 칼슘, 황산 칼슘 등의 무기염류, 실리카, 수산화철 등의 무기성 콜로이드, 단백질 등의 유기성 콜로이드, 용해성 유기물질, 부착성 미생물, 현탁 물질 등 여러 가지가 있지만 실제로 수 처리장에서는 원인 물질이 다종다양하여 지배적인 물질을 동정하는 것은 너무 어려운 일이다.

실제로 막여과를 수처리에 적용한 경우, 특히 고농도로 오염된 배수 처리에 있어서는 파울링 중에도 cake · gel층에 의한 소위 다이나믹 막의 형성에 의한 투수 성능의 저하나 분리 특성의 변화가 현저하다. 예를 들면 막분리와 생물 처리와의 조합은 오니 입자가 여과되면 케이크 층을 형성한다. 오니 농도가 어느 한계를 초과하면 점성이 급격하게 상승하여 이에 대응해서 투과 유속도 급격하게 저하한다. 또, 오니 혼합액 중의 오니 농도로서 계량되지 않은 콜로이드성 혹은 용해성 물질이 겔층을 형성하여 파울링을 진행시킨다.

표 5.1 막의 열화와 파울링

구분	요인		적요
열 화	물리적 열화	압밀	압력(고압)에 의한 막 구조의 파괴.
		손상	고형물 등에 의한 찰과나 파손, 진동 등의 반복 응력에 의한 피로파괴.
		건조	수축 등에 의한 구조변화, 막 재질에 의존.
	화학적 열화	가수분해	막 재질에 의함, 온도 · pH에 크게 의존.
		산화	염소 등의 산화제에 의한 물성변화, 막 재질에 의존
	생물적 열화		생물에 의한 자화, 대사산물 등에 의한 화학적 변화, 막 재질에 크게 의존.
파울링 (fouling)	막의 오염	케이크	현탁입자의 막면에의 퇴적
		겔	용해성 고분자 물질의 막면에서의 겔화(농도 분극현상에 의함), 점착성(겔상) 물질의 부착.
		스케일	농축에 의한 용해도를 초과한 물질의 석출
		흡착	막에의 흡착에 의한 층형성
		폐색	막 세공내부에서의 흡착, 석출, 폐색, 기포에 의한 세공의 폐색.
	유로 폐색		모듈 내 원액측 유로에 있어서 고형물 등에 의한 폐색

운전 조작 면에서 파울링 경감책으로는, 평행류 유속을 높여 난류 효과를 크게 하는 것은 잘 알려져 있다. 난류 촉진을 기하는 구조상의 방안이나 반전류, 맥동류 혹은 입자 첨가에 의한 물리적인 난류도 같은 모양이다.

여과가 막 면상의 케이크 층에서 지배되고 있는 경우는, 케이크 층의 압밀화를 방지하는 것이 중요하다. 이러한 수단으로 저압여과나 간결여과가 유효할 것이다. 정수 처리에서는 오존이나 적외선 병용에 의한 파울링 경감이 검토되고 있다.

5.3 세정 과정

막여과에 있어서 막 파손 등의 사고 이외에는 처리 수질이 악화되는 요인은 거의 없다. 일반적으로 여과를 계속하면 파울링이 진행하지만, 저지 성능은 파울링에 의해 많이 향상된다.

그러나 파울링은 확실히 투수 성능을 악화시킨다. 따라서 운전관리상 투수 성능을 어떻게 유지할까? 즉 어떻게 파울링을 방지할까? 혹은 제어할까가 중요하다.

해수 담수화 등에서의 역삼투는 통상 전처리를 충분하게 행하여 막 오염을 될 수 있는 한 방지하고 있다. 충분한 전처리를 행하지 않을 경우(정밀여과, 한외여과 일부의 역삼투), 파울링의 진행은 피할 수 없다.

파울링은 여과에 따라 저지되는 각종 물질들이 원인이 되기 때문이다. 따라서 여과 능력을 어떤 일정 수준 이상으로 유지하기 위해서는, 빈도와 정도의 차는 있지만 막의 세정이 필요하다.

또한 누적 여과량과 막의 오염량과의 사이에는 비례의 상관이 있기 때문에, 투과 유속을 낮게 억제하여 운전할 수 있다면, 오염의 진행도 늦게 된다. 이러한 경우에 특별한 세정을 하여도 필요한 수준까지 여과 능력이 떨어지기 전에 막의 수명이 끝난다면, 실질적으로는 특별한 세정을 행하지 않는 운전도 가능하다.

파울링 대책으로 막의 세정 방법에는 물리적 세정과 화학적 세정이 있다. 통상은 그림 5.3에 나타낸 것처럼 물리적 세정을 정기적으로 실시

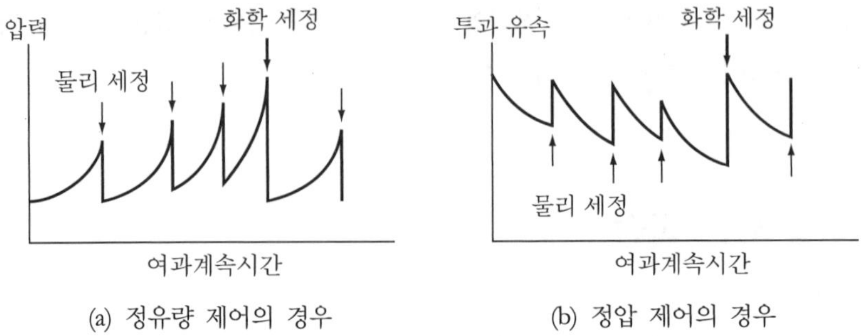

그림 5.3 세정에 의한 막 성능의 유지

하여 여과를 계속하며 장기적인 성능저하에 대해서는 화학적 세정을 실시한다.

(1) 물리적 세정

물리적 세정에는 스펀지볼 세정, 역압수 세정, 막면의 수류에 의한 세정, 혹은 초음파나 공기를 이용한 세정 등 여러 가지 방법이 있다.

스펀지볼 세정은 관상 막 모듈에 있어 특징적인 세정 방법이며, 막면 부착층을 벗겨내는 효과를 발휘한다.

정수나 배수 처리에는 막 모듈에 따라 다르지만, 여과수를 사용한 역압수 세정이 흔히 이용되고 있다. 단 여과된 처리수라도 막에 있어서 파울링 원인 물질(일단 막을 통과한 것, 처리수 측에 공기 중에서 혼입된 미립자 혹은 처리수 측에 증식한 미생물 등)이 많이 포함되어 있는 경우가 있고, 역압수 세정에 의해 오히려 막 내부의 오염을 일으킬 경우가 있기 때문에 주의를 요한다.

중공사 막 등을 이용한 침지형 막 모듈에는, 공기(포기)에 의한 막 진동 세정이 효과적이다.

세정 시간은 1～3시간 정도 순환 세정을 기본으로 하지만, 오염이 심한 경우는 10～15시간 침지한 후 순환 세정을 하면 효과가 있다. 세정이 종료되면, 약품 세정의 공정도에 대해 물로 치환하는 세정을 엄밀하게 진행할 필요가 있기 때문에, RO 장치 설계 시에는 수세용 상수도 배관, 배수중화, 배수 처리 시설의 설치도 고려해 둔다.

(2) 화학적 세정

화학적 세정에 사용하는 약품은, 파울링 원인 물질과 막의 내약품성을 잘 고려하여 선정할 필요가 있다. 세정제로서 유기계 오염에 차아염소산소다가 많이 사용되지만, 유기막 중에는 산화제에 약한 막이 있기 때문에 주의를 요한다. 표 5.2에 스케일 성분과 복합 막 세정용 약품의 조합 예를 나타냈다.

세정 빈도는 막 모듈 형식, 처리 대상에 크게 의존한다. 따라서 각각의 경우 실제로 사용하여 결정하는 것이 필요하다.

표 5.2 주요 약품 세정제와 그 용도

	세정용 약품	용 도
산화제	차아염소산 소다, 과산화수소, 오존 등	미생물 오염이나 유기계 오염 등
철	수산(옥살산), 구연산, 염산, 초산, 인산 등	산화철 부착물이나 칼슘 스케일 등
알칼리	수산화나트륨 등	실리카 스케일이나 유기계 오염 등
킬레이트화제	EDTA 등	칼슘 스케일 등
계면활성제		오일 성분에 의한 파울링 등
효소세제		유기계 오염

예를 들면, 분뇨 처리에 관상 막을 사용한 예로, 생물 처리와 조합한 제1단의 막 모듈에는, 대략 1～2개월에 1회 비율로 차아염소산 소다를 중심으로 한 약품 세정을 행하며, 철염을 사용한 응집 처리와 조합된 제2단 막에는, 수산(옥살산)과 구연산을 사용하여 대략 2～3주간에 1회의 빈도로 약품 세정을 행하고 있는 곳이 많다.

빌딩 중수도의 경우에도, 활성오니 혼합액의 고액 분리에 관상 막이나 평막을 사용하고 있는 곳에서는, 수개월에 1회의 빈도로 차아염소산에 의한 약품 세정을 행하고 있는 곳이 많다.

일반적으로 칼슘, 철, 금속 수산화물계의 스케일에는 무기산이나 유기산을 사용하며, 실리카계의 스케일에는 산과 불화물의 혼합이 이용 되어진다. 박테리아나 유기물 오염에는 수산화나트륨과 라우릴황산나트륨의 혼합 세정제가 유효하다.

··• Chapter 6

막여과 시스템의 기본 구성

막여과 시스템의 기본 구성은 (1) 막 단독 처리, (2) 생물 처리와의 조합, (3) 기타 물리 화학 처리와의 조합 등 3 종류로 분류할 수 있다.

막 단독 처리에는 기본적으로 막의 분리 농축 기능만으로 처리하는 시스템 구성이 된다. 해수 담수화 등의 역삼투 막 처리 시스템에는 전처리가 중요하다. 통상, 집적도가 높은 중공사 막 모듈이나 나선형 막 모듈이 사용되지만, 이들의 모듈은 한번 오염이 되면, 세정이 쉽지 않기 때문에 이러한 오염 물질을 미리 제거할 필요가 있다.

정수 처리에도 기본적으로는 막 단독 처리의 시스템 구성이 중심이 된다. 빌딩 중수도의 경우도 저압 역삼투 막의 적용사례가 있다.

그림 6.1은 정수에서 검토되고 있는 기본 공정도의 예이다. 이 경우 농축수의 처리 문제가 생긴다. 현 상태로는 농축수(예로 자연수를 단순히 농축한 것도)를 그대로 자연으로 되돌리는 것은 어렵기 때문에 될 수 있는 한 회수율을 올리는 것이 필요하다.

생물 처리에서의 조합은, 생물 처리의 고액 분리에 막을 이용하는 방식과 막을 생물 처리의 전단에서 실시하여 우선 막의 분리 농축 기능을

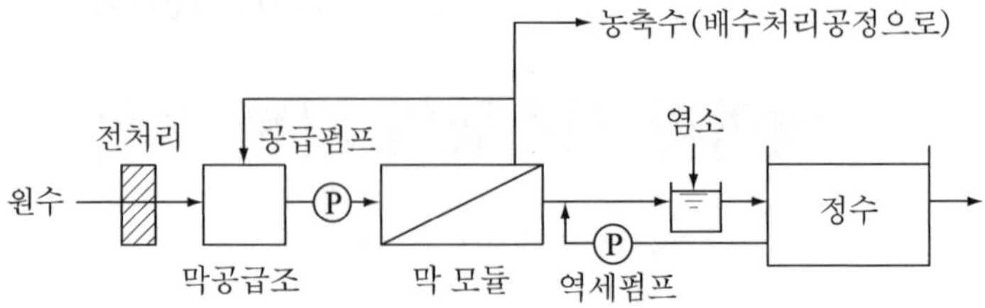

그림 6.1 정수에 있어서 기본처리 공정도

이용하여 투과액과 농축액으로 분리하여, 각각 효과적인 생물 처리를 시행하는 방식이 있다. 전자는 배수 처리의 막분리 적용이 주류가 되고 있으며, 빌딩의 중수도, 분뇨 처리 등에서 실적이 많다. 그림 6.2에 기본 공정도를 나타냈다.

①은 순환여과(cross flow) 방식으로 막분리 장치는 가압형이든 흡인형이든 생물 반응조와는 별도로 설치되어 있다. 통상은 생물 반응조와 막분리부 사이를 순환 펌프로 순환시켜 막 면 유속을 확보한다.

앞에서 서술한 바와 같이, flux(단위 막 면적당의 여과 수량)를 높게 유지할 수 있는 반면, 여과 수량당의 소요 동력이 높아지는 단점이 있다. 빌딩의 중수도와 분뇨 처리에 실적이 많은 방법이다.

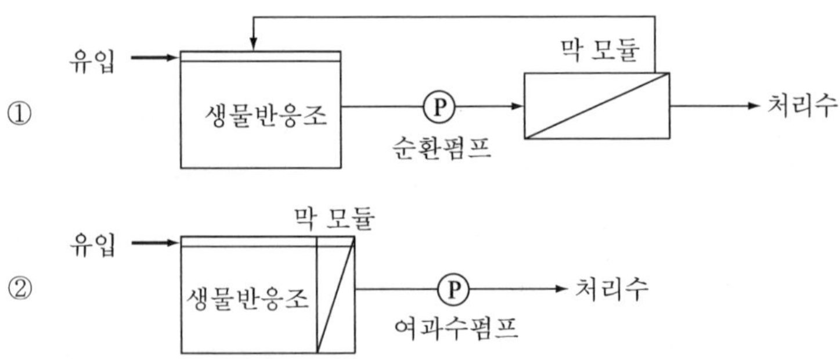

그림 6.2 생물 처리와 조합된 기본 공정도

②는 막분리부와 생물 반응조를 일체화시키거나, 혹은 막분리부를 별도로 설치해도 통상의 순환여과로 운전하지 않는 방법이다. 분리 막을 반응조 혹은 분리부에 침지한 감압 여과로 여과수를 얻는 방식이 많다.

종래형은, 순환여과 운전에 필요한 동력이 불필요하며, 오히려 저압여과 방식에 의한 소요동력이 큰 폭으로 저감하여, 보다 소규모적인 장치화를 특징으로, 산업폐수 처리나 합병처리 정화조 등의 소규모 처리를 중심으로 적용되고 있다.

그 외 물리 · 화학 처리와의 조합으로는, 예를 들면 응집 처리에 있어서 고액 분리를 막으로 처리할 수 있다. 이것은 분뇨 처리에서, 색도와 인을 제거할 목적으로 실시되고 있다.

정수에서도 응집, 막 처리는 검토되고 있다. 그림 6.3은 분뇨 처리의 기본 공정도이다. 생물 처리와 막여과(제1단)에서 유기물과 질소를 제거하고 응집 처리와 막여과(제2단)에서 색도와 인을 제거하여 이를 2단 막처리라 한다.

막여과를 이용한 중수도 시스템의 기본 공정도를 그림 6.4에 나타냈다. 그림 ①, ②, ③에 나타낸 것처럼 3 종류로 분류할 수 있다.

①은 주방배수, 잡배수, 수세 화장실에서의 오수가 혼합된 총 배수의 일부를 하수도로 방류하고 일부를 중수도 처리 설비로 처리하여 이 재생수를 수세 화장실 용수로 재 이용 한다. 수세 화장실과 중수도 처리 설비 사이에 순환 흐름이 가능하다.

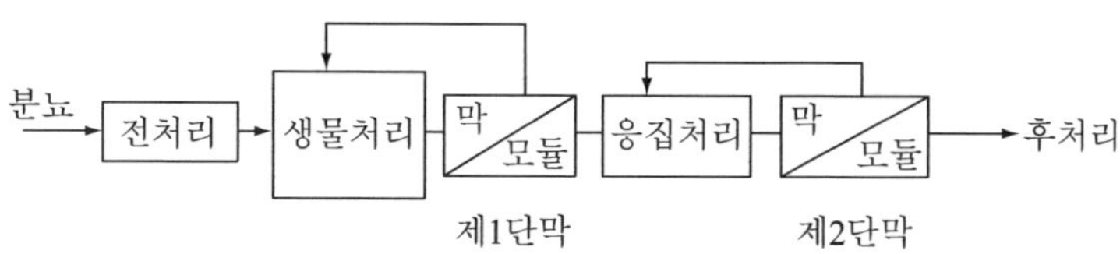

그림 6.3 분뇨 처리에 있어서 막여과 기본 공정도

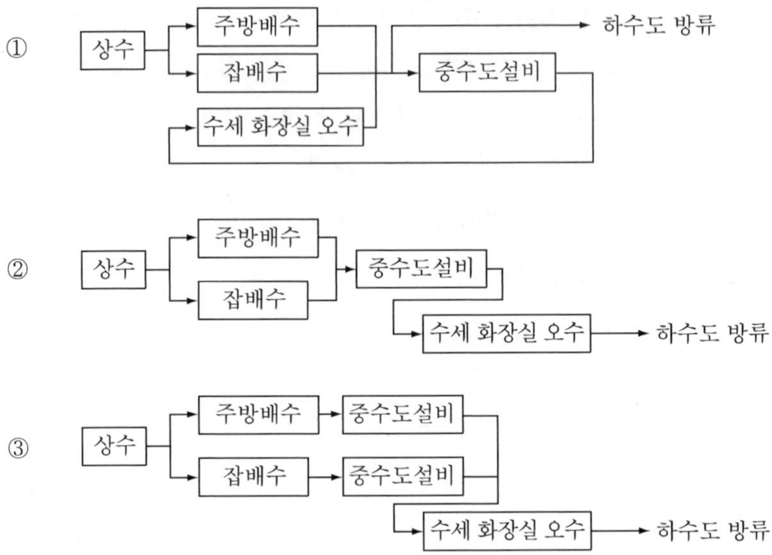

그림 6.4 중수도 시스템 기본 계통도

②는 주방배수와 잡배수 만을 중수도 처리 설비로 처리하고 재생수를 수세 화장실 용수로 재 이용 후, 하수도에 방류한다. 말하자면 일과형식의 공정이다. 이 형태에서는 각 용도간 물 수급의 균형이 맞지 않을 때의 백업 설비가 반드시 필요하지만, 수세 화장실 오수가 처리 시설에 유입되지 않기 때문에 분뇨로 인한 착색 문제는 생기지 않는다.

③은 주방배수와 잡배수의 수질 차이에 대응하여 각각에 적당한 처리를 하여 재생수를 수세 화장실 용수로 재 이용하는 것이다.

Chapter 7

막여과 과정의 이론

7.1 서론

지금까지 역삼투, 한외여과, 정밀여과의 여과 과정에 대한 기술은, 각각 별도로 취급하였으며, 또한 이에 대해서도 다수의 전문서적에 정리되어 있다.

이것은, 그림 3.1에 나타낸 것처럼 여과 대상이 다르며, 분리의 지배기구도 다르기 때문에 당연하다. 정밀여과나 한외여과에서는 막의 수송 과정을, 막 세공의 체분리 효과를 중심으로 기술하는 것이 정설로 되어 있지만, 역삼투 막의 수송 기구에는 가설이 있어, 정설이 확립되어 있지는 않고 있다. 역삼투 막에 있어서도 막 재질, 구조가 다종다양하며, 하나의 구조만으로 설명하는 것이 어렵기 때문이다.

그러나 실제의 기구는 불문하고 블랙박스로서 현상론적으로 기술하는 방법도 있다. 이 방법을 취하면 역삼투 막에도 한외여과 막에도 또는 정밀여과 막에도 공통으로 어느 정도 취급이 가능할 수 있다.

역삼투와 한외여과의 차이를 보면 역삼투는 용존 염류를 대상으로 하기 때문에 삼투압이 작용, 한외여과에서는, 용존 고분자를 대상으로 하기 때문에 삼투압은 무시한다고 설명할 수 있지만, 한외여과에서도 삼투압이 조작압에 대해 무시 할 수 없는 경우가 있다는 견해가 보고 되고 있어, 이러한 차이의 설명이 반드시 유효하지는 않는다.

역삼투 막을 실제로 사용할 때는 전처리가 중요하며, 이점이 다른 막과 결정적으로 다른 점이다. 확실히 현 상태로는 전처리 조작이 명확하게 다르다. 그러나 이것도 막이라는 것보다는 막 모듈의 구조에 의존한 점도 크며, 관상 막에는 전처리를 하지 않아도 운전이 가능할 수 있다. 장래 더욱이 막 모듈 구조가 연구되어 전처리를 하지 않고 운전되는 경우가 증가할 것으로 예상된다.

또 현재의 저압 역삼투 막이, 더욱이 정밀여과 막과 같은 정도의 초저압으로 운전하게 될지도 모른다.

이처럼, 역삼투 막/한외여과막/정밀여과막의 경계 영역의 막이 출현하고 있으며, 역삼투/한외여과/정밀여과라고 하는 분류의 유효성도 앞으로 풀어야 할 문제라고 할 수 있다.

따라서 여기에서는 역삼투/한외여과/정밀여과에 대해 구애하지 않고, 시험 삼아 정상 여과와 비정상 여과, 용존 물질계의 여과와 입자계의 여과라고 하는 형태로 여과 과정을 기술한다. 하전막에 있어서 수송 과정은 여기에서는 언급하지 않는다.

막의 실제 여과 성능을 바르게 평가하기 위해서는, 막 고유의 현상을 기초로서 막 오염에 의한 변화를 정량화하여, 더욱이 막 외부 근방의 수송 현상을 고려할 필요가 있다.

그전에 우선 여과의 성능을 나타내는 기본 지표를 정리해 둔다. 여과의 성능은 투수 성능과 저지 성능으로 평가된다.

투수 성능을 나타내는 지표로서, 투과 유속 J_v가 있다. 막 단위 면적당 단위 시간당의 투과 수량으로, 체적 유속 혹은 간단히 유속(flux)이라고 한다. 이것은 측정 가능한 양으로 아래와 같이 구할 수 있다.

$$J_v = \frac{V}{A_t} \tag{7.1}$$

여기서, J_v : 투과 유속$[LT^{-1}]$,

V : 측정시간 중에 얻은 누적 여과 수량$[L^3]$,

A : 막 면적$[L^2]$,

t : 측정 시간$[T]$이다.

투과 유속 J_v의 단위는 SI 단위를 사용하는 것이 바람직하지만, 정수나 배수 처리 등의 수처리 분야에서는 실용적 관점으로부터, m/d로 표시하는 것이 많다. 또, 막 자체의 제품으로서 성능 표시에는 m/h 혹은 $L/m^2 \cdot h$로 사용되는 것도 많다. 저지 성능은 저지율로 표시된다. 저지율에는 진 저지율과 겉보기 저지율이 있어 각각 아래와 같이 정의된다.

$$R_r = 1 - \frac{C_p}{C_m} \tag{7.2}$$

여기서, R_r : 진 저지율[−],

C_p : 막투과수(여과수)의 피 여과물질 농도$[ML^{-3}]$,

C_m : 원수측 막 표면에서의 피 여과물질 농도$[ML^{-3}]$이다.

$$R_{obs} = 1 - \frac{C_p}{C_b} \tag{7.3}$$

여기서, R_{obs} : 겉보기 저지율[−],

C_b : 원수의 피 여과물질 농도$[ML^{-3}]$이다.

일반적으로 C_m과 C_b와는 일치하지 않기 때문에, R_r과 R_{obs}도 일치하지는 않는다. R_{obs}는 측정되는 저지율이다. R_r은 단순히 저지율이라고 하지만, R_{obs}와 다른 경우는 측정이 곤란한 양이기 때문에 이론적인 해석으로 추정해야 한다.

막여과의 적용 대상을 정수나 다양한 배수 처리로 한 경우, 미지의 물질을 함유한 다성분계로, 게다가 성분이 시간적으로 변동하는 극히 복잡한 계의 처리로 하지 않으면 안 된다. 이것이 공장 내 프로세스로서의 막여과와의 큰 차이이다.

따라서, 우리들의 관심사인 여과 수량과 수질, 즉 막의 투수 성능과 저지 성능의 실제를 완전하게 이론으로 기술하는 것은 상당히 어렵다. 이러한 한계는 있지만, 기본적인 현상은 불변하기 때문에 여기에서 정리한 수송 이론은, 장치 설계의 기초가 되는 것이다.

7.2 정상 여과의 수송 이론

7.2.1 용존 물질계의 여과

(1) 막 고유의 수송 현상

막 고유의 수송 현상 그 자체의 기구는 블랙박스로서 비평형 열역학에 기초를 둔 현상논적으로 수식화한 방법이다. 즉, 물질 flux가 각종의 구동력(여기서는 압력과 삼투압)의 선형 합의 함수로서 표시된 현상론적 방정식을 도입하여, 이것을 기초로 수식화해 가는 것이다. Kedem과 Katchalsky에 의하면 다음과 같이 표현된다.

$$J_v = L_p(\Delta P - \sigma \Delta \Pi) \tag{7.4}$$

$$J_s = L_s(C_m - C_p) + (1-\sigma) C_{lav} J_v \tag{7.5}$$

여기서, J_v : 체적유속, J_s : 용질투과 유속, L_p : 순수의 투과 계수,

ΔP : 막 양측의 압력차, $\Delta \Pi$: 삼투압차,

σ : 용질의 반사 계수, L_s : 용질의 투과 계수,

C_m : 원액측 막 면에의 용질 농도 C_p : 투과액 측의 용질 농도

C_{lav} : 막 양측의 용질 대수 평균농도이다.

더욱이 여기서 Spiegler와 Kedem은 식 (7.5)의 미분적 표현식을 막 두께 방향으로 적분하여 결국 다음 식을 얻었다.

$$R_r = 1 - C_p / C_m = \sigma(1-F)/(1-\sigma F) \tag{7.6}$$

$$F = \exp\{-J_v(1-\sigma)/L_s\} \tag{7.7}$$

이들 식에서 알 수 있는 것처럼, 용질의 반사 계수 $\sigma = 0$일 때 $R_r = 0$ 즉 완전 여과 $\sigma = 1$일 때, $R_r = 1$ 즉 완전 저지된다. 일반적으로는 σ는 0과 1사이 값이 된다. 따라서 여과의 수송 방정식은 다음처럼 정리할 수 있다.

$$\begin{aligned} &J_v = L_p(\Delta P - \sigma \Delta \Pi) \\ &R_r = 1 - C_p / C_m = \sigma(1-F)/(1-\sigma F) \\ &F = \exp\{-J_v(1-\sigma)/L_s\} \end{aligned} \tag{7.A}$$

즉, ΔP, $\Delta \Pi$와 막 투과에 걸리는 3개의 Parameter L_p, L_s 및 σ로부터 J_v와 R_r를 구할 수 있다.

(2) 삼투압

용액의 삼투압 Π는 일반적으로 다음 식으로 표현된다.

$$\Pi = -\frac{RT}{V_w}\ln(a_w) \tag{7.8}$$

여기서, T : 절대 온도, R : 기체 정수, V_w : 물 부분 Mole 용적,
a_w : 물의 활량이다.

희박 용액(이상 용액)에서는 활량계수 1로 하여 물의 Mole 분율을 x_w, 용질(복수)의 Mole 분율의 총합을 $\Sigma x_s (\ll 1)$, 용질의 Mole 농도의 총합을 $\Sigma c_s (\fallingdotseq \Sigma x_s / V_w)$로 하면,

$$a_w = x_w = 1 - \Sigma x_s$$

이며, 식 (7.8)의 우변은

$$\begin{aligned} &-(RT/V_w)\ln(a_w) = -(RT/V_w)\ln(1-\Sigma x_s) \\ &\fallingdotseq (RT/V_w)\Sigma x_s \\ &\fallingdotseq RT\Sigma c_s \end{aligned}$$

가 되어, 다음에 나타내는 Van't Hoff의 식이 된다.

$$\Pi = RT\Sigma c_s \tag{7.9}$$

식 (7.9)을 이용하여 1M(mol/L)용액의 삼투압을 25°C에서 계산하면,

$$\begin{aligned} \Pi &= 8.31(\mathrm{JK^{-1}mol^{-1}}) \times 298(\mathrm{K}) \times 1(\mathrm{mol}\ell^{-1}) \\ &= 2.48 \times 10^6\ \mathrm{Jm^{-3}} \\ &= 2.48\ \mathrm{MPa} \\ &= \text{약 } 25\text{기압} \end{aligned}$$

이 된다. 1M 용액은 분자량 50정도의 염에서는 50 g/L정도 즉, 5% 정도의 농도에 상당한다.

실제로는 희박 용액으로 취급하지 않지만, 해수 담수화 등으로 대상이 되는 용존 염류 등의 저분자량 물질에는 농도가 높은 영역에도 삼투압과 $\sum cs$와의 선형 관계로부터 벗어남이 비교적 작다. 기지의 전해질 용액에 관해서는 삼투계수 Φ를 사용하여 다음 식과 같이 보정 할 수 있다

$$\Pi = \Phi RTc_s \tag{7.10}$$

이 삼투계수의 값에 관해서는 각종의 계산표로 정리되어 있다. 실제 해수에서는 염분 농도 3.4%, 25°C로서 삼투압이 약 25기압이다.

따라서 이 이상의 압력을 걸어주지 않으면 해수를 농축할 수 없다. 해수 담수화 플랜트에서는 50~60기압을 가해 회수율 40% 정도의 운전이 일반적이지만, 이 경우 농축 배수는 약 100/(100-40)=1.67배이다. 염분 농도가 2배가 되면 삼투압은 실제 2배 이상이 되기 때문에 거의 농축 한계에 가까운 회수율이라 할 수 있다.

보다 일반적인 경우를 포함해, 삼투압을 농도 C의 고차 함수로서 표현할 수도 있다. 특히 다당류나 단백질 등의 고분자 물질에는, 비교적 저농도에도 삼투압은 급격하게 상승하기 때문에 다음과 같은 3차의 다항식이 흔히 이용된다.

$$\Pi(C) = A_1 C + A_2 C^2 + A_3 C^3 \tag{7.11}$$

여기서, A_1, A_2, A_3은 실험적으로 정해진 정수이다.

식 (7.4)에 있어서 삼투압 차는 $\Delta\Pi = \Pi(C_m) - \Pi(C_p)$로 산출되지만 통상은 $\Pi(C_m) \gg \Pi(C_p)$이기 때문에 $\Delta\Pi \fallingdotseq \Pi(C_m)$로 근사된다.

(3) 세공 모델(Model)

한외여과 막 등과 같이 표면 세공의 존재가 분명한 막의 경우, 여과의 수송 방정식 (7.A)에 표현된 막 투과에 관한 3개의 변수 L_p, L_s 및 σ에 관해서, 막의 투과 성능을 결정하는 부분의 세공 구조에 기초를 둔 세공 모델이 제시되고 있다. 세공내의 유동이 층류로 균일하며 원통상의 막 세공(반경 r_p, 길이 l_p), 구상의 용질(반경 r_z)을 가정하면, 다음과 같이 정리할 수 있다.

$$L_p = \frac{a_p r_p^2}{8\mu l_p} \tag{7.12}$$

$$\sigma = 1 - g(z) S_F(z) \tag{7.13}$$

$$L_s = f(z) S_D(z) D_{a_p} / l_p \tag{7.14}$$

여기서, $z = rs/rp$, ap : 단위 막 면적당의 세공면적(개구비), μ : 물의 점성계수, D : 용질의 확산계수, $S_F(z)$, $S_D(z)$는 입체 장해에 의한 용질배제 계수, $f(z)$, $g(z)$는 보정 계수이다.

$S_F(z)$와 $S_D(z)$는 아래의 식으로 나타낸다.

$$S_F(z) = 2(1-z)^2 - (1-z)^4 \tag{7.15}$$

$$S_D(z) = (1-z)^2 \tag{7.16}$$

Nakao와 Kimura는 $f(z)$, $g(z)$를 다음처럼 나타내고 있다.

$$f(z) = 1 \tag{7.17}$$

$$g(x) = 1 + \frac{16}{9} z^2 \tag{7.18}$$

Haberman과 Sayre은 다음과 같이 나타내고 있다.

$$f(z) = \frac{1 - 2.105z + 2.0865z^3 - 1.7068z^5 + 0.72603z^6}{1 - 0.75857z^5} \quad (7.19)$$

$$g(z) = \frac{1 - (2/3)z^2 - 0.20217z^5}{1 - 0.75857z^5} \quad (7.20)$$

또, r_z는 Stokes-Einstein식을 이용하여 용질의 상당 반경으로서 산출 가능하다.

$$r_s = \frac{kT}{6\pi\mu D} \quad (7.21)$$

여기서, k : 볼트만 정수, T : 절대 온도이다.

이상 요점으로, 세공 모델에 따르면 막의 물성치(a_p, r_p, l_p)와 용질의 특성치(D, r_s)만으로 L_p, L_s, σ가 산출되며, 더욱이 조작 조건인 압력차 ΔP와 막표면의 용질 농도 C_m으로부터 삼투압 $\Pi(C_m)$가 산출되어, 이들을 식 (5.A)에 대입하여 J_v와 R_r을 할 수 있다.

(4) 농도 분극 현상

막면의 용질 농도 C_m은 막 고유의 수송 기구만으로는 결정되지 않는다. 막 외부 근방에 있어서 수송 현상도 고려해야 한다. 용존 물질에 대한 여과의 경우, 농도 분극 현상을 고려해야 할 중심적 현상이 된다. 이것은 막을 투과하는 물의 흐름과 함께 bulk측에서 막면에 이송된 용질 분자가 막에서 일부 혹은 거의 저지되어 체류하기 때문에, 용질 농도가 막면을 향해 상승하는 현상이다(그림 7.1).

농도 분극 모델은, 농도 분극 층에 있어서 막 방향에 대한 이동유량에서, 농도 구배에 의한 bulk에 대한 역 확산 량을 뺀 플러스 값의 정상상태에서의 용질 수송량이 막 용질 투과량과 같다고 하여 수식화된다.

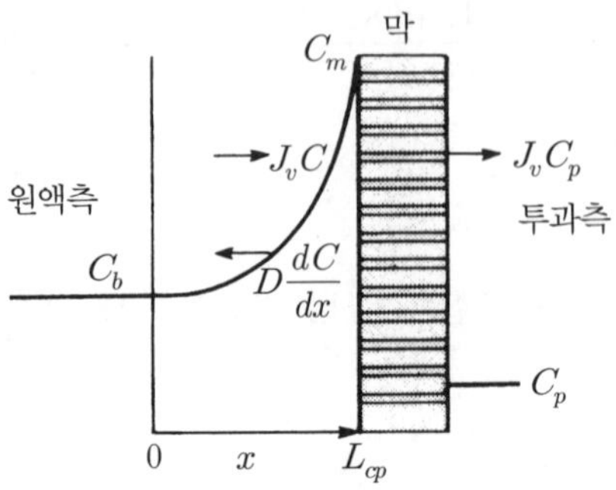

그림 7.1 농도 분극 모델

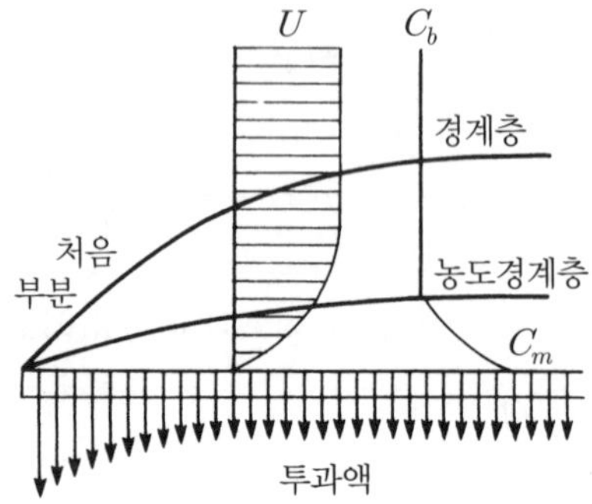

그림 7.2 경계층의 발달

$$J_vC - D\frac{dC}{d_x} = J_vC_p \tag{7.22}$$

정상적 여과를 실행하기 위해서는 통상 막면에 평행한 흐름인 순환여과가 사용된다. 이 경우, 그림 7.2에 나타낸 것처럼 막 모듈 유로의 처음과 끝에서 경계층이 발달하며, 그 중에 농도 분극층이라고 하는 농도 경계층이 나타난다.

여기에 대응해서 식 (7.22)를, 아래에 나타내는 경계 조건식 (7.23)에서 풀면, 식 (7.24)을 얻을 수 있다.

$$C = C_b\text{일 때 } x = 0,\ C = C_m\text{일 때 } x = L_{cp} \tag{7.23}$$

$$\frac{C_m - C_p}{C_b - C_p} = \exp\left(\frac{J_v}{k_L}\right) \tag{7.24}$$

여기서, C_b : 원액측 bulk의 용질 농도 L_{cp} : 농도 분극층 두께

k_L : 물질 이동 계수$= D/L_{cp}$20이다.

식 (7.24)에서 C_m을 계산하기 위해서는 물질 이동 계수 k값이 필요하다. 이 값은 유속 변화법에 의해 실험으로 구할 수 있다. 이 식을 R_r과

R_{obs}를 이용하여 바꾸어 쓰면

$$\ln\frac{1-R_{obs}}{R_{obs}}=\ln\frac{1-R_r}{R_r}+\frac{J_v}{k_L} \tag{7.25}$$

이 식을 R_r에 대해 풀면,

$$R_r=\frac{\exp(J_v/k_L)}{\exp(J_v/k_L)+(1/R_{obs})-1} \tag{7.26}$$

즉, k_L이 구해지면 측정 가능 량인 J_v와 R_{obs}로부터 R_r을 구할 수 있다. 물질 이동 계수 k_L을 포함한 무차원 수인 샤우드수 S_h와 레이놀즈수 R_e, 슈미트수 S_c의 상관식 등 여러 가지 제안이 되고 있다. 대표적인 것으로 층류의 경우 Leveque식이나 난류의 경우 Deissler식을 들 수 있다.

$$\text{Leveque 식}:\ S_h=1.62(S_c\cdot R_e\cdot d_hL)^{0.33} \tag{7.27}$$

단, $100<S_c\cdot R_e\cdot d_h/L<500$의 범위에서 적용된다.

$$\text{Deissler 식}:\ S_h=0.023\cdot R_e^{0.875}\cdot S_c^{0.25} \tag{7.28}$$

여기서, $S_h=k_Ld_h/D,\ R_e=Ud_h/v,\ S_c=v/D$,

d_h : 막 모듈내 원액측 수로의 수리학적 직경,

L : 수로길이, U : 순환여과 유속(막면 선속도),

v : 유체의 동점성 계수이다.

상관 식에 따르면 수로형상(d_h, L), 조작조건(U), 기타의 물성(D, v)으로부터 R_e, S_c 및 S_h가 산출되고 S_h로부터 k_L을 구할 수 있다.

막 모듈의 유로 형상이 복잡하여 d_h, L, U의 추정이 어려운 경우, 용질의 확산계수를 알 수 없거나 위에 설명한 것처럼 상관 식을 사용할 수

없는 경우는, 후에 기술하는 유속 변화법에 의해 실험적으로 k_L을 구할 수 있다.

물질 이동의 상관 식은, 여과 대상이 용존 염류(소위 역삼투의 경우)에도 고분자 물질(소위 한외여과의 경우)에도 똑같다. 여기에서 용존 염류와 고분자 물질의 경우 물질 이동 계수의 크기를 비교해 본다. 물론 차원 평가이다.

예를 들면, 층류의 경우 Leveque식 (7.27)을 적용할 수 있고 수리학적 조건은 같다고 한다. 즉, S_h나 S_c중에 있는 분자 확산계수 D만이 크게 다르며(분자량이 작으면 확산계수는 크게 된다), 이것은 물질 이동 계수 k_L이 다른 이유이다. D와 k_L에 착안하여 다른 변수는 일정하게 하면 Leveque식 (7.27)에 의해

$$K_L \propto D^{0.67}$$

이 된다. 역삼투를 대상으로 하는 용존 염류의 D값은, 한외여과를 대상으로 하는 고분자 물질의 10～100배이므로, 위 식에서 k_L은 4.6～21배, 차원으로서 10배 정도 다르다.

(5) 저지율이 높을 때의 투과 유속의 평가

해수 담수화에 있어 역삼투 또는 배수 처리 등에서 한외여과 막을 생물 처리와 조합하여 사용하는 경우 등이 전형적이지만, 수처리에서는 일반적으로 양호한 처리 수질의 보증, 즉 높은 제거율(저지율)을 막여과수로 항상 기대하고 있다. 실제 percent order의 제거율이 중요한 통상의 수질 항목에 있어서, 처리 수질이 문제가 되는 것은 거의 없다. 이러한 경우, 투과 유속에 관해서 예측하기 쉬운 결과를 얻을 수 있다.

저지율이 높은 경우로서, 식 (5.A)에서 용질의 투과 계수 L_s가 극히 작은 경우, 즉 $F \fallingdotseq L_p$, $R \fallingdotseq \sigma \fallingdotseq 1$, $C_p \ll C_b$, $\Pi(C_p) \ll \Pi(C_m)$을 가정한다. 그러면 농도 분극식 (7.24)은 간단하게 되며, 투과 유속 식과 함께 아래와 같이 정리할 수 있다.

$$
\begin{aligned}
Jv &= L_p\{\Delta p - \Pi(C_m)\} \\
C_m &= C_b \exp(J_v / k_L)
\end{aligned}
\tag{7.B}
$$

막의 순수 투과 계수 L_p와 물질 이동 계수 k_L 및 삼투압의 함수형 $\Pi(C_m)$를 알면, ΔP와 원액측 bulk농도 C_b로부터 J_v를 구할 수 있다.

여기서도 용존 염류를 대상으로 한 역삼투와 고분자 물질을 대상으로 한 한외여과의 경우를 비교해 본다. 역삼투와 한외여과에서 투과 유속 J_v가 같은 정도의 경우를 생각한다. 여기서 가령 $1\,m/d = 1.16 \times 10^{-5}\,\mathrm{m/s}$로 하여 계산해 본다.

물질 이동 계수 k_L은 전항에서 본 것처럼 대체로 10배 다르며, 용존 염류의 경우에는 대체로 $10^{-5}\mathrm{ms}^{-1}$의 차원이다(대표치를 5×10^{-6}으로 한다). 이들의 대표치를 사용하여 막면의 농도 C_m이 농도 분극 현상에 의해 어느 정도 상승하는 가를 식 (5.B)에 의해 계산하면

용존 염류의 역삼투에서	C_m은 C_b의 약 2배
고분자 물질의 한외여과에서	C_m은 C_b의 약 10배

가 된다.

식 (7.B)에 있어서 C_m/C_b는 J_v/k_L에 대해서 상당히 예민하기 때문에 상기 수치 자체에 그다지 의미는 없지만, 그래도 이 계산 예가 단적으로 나타내는 것처럼, 농도 분극 현상은 고분자 물질의 여과보다 현저하게 크다.

(6) 막 세공경 분포를 고찰하는 경우

한외여과 막에 있어서 바이러스의 저지 등 저지율이 극히 높게 되는 경우로, 게다가 그 저지율 역으로 말하면 누출(leak)로서 투과율의 평가가 중요하게 되는 경우가 있다. 막 표면 세공이 존재하는 막에는, 많든 적든 세공의 크기에는 분포가 있다. 혹은 결함 세공(수는 상당히 적고 세공경 분포상 무시할 수 있지만, 이상하게 큰 세공)이 존재하는 경우가 있다. 이와 같은 경우, 결함 세공의 크기나 세공경 분포에 의해 투과율이 좌우된다.

여기서는 바이러스의 누출(leak)을 예로서 세공경 분포만을 고려한 수식화 예를 나타낸다. 바이러스는 미립자이며, 게다가 개수로서 카운트할 수 있을 정도의 농도이기 때문에 삼투압의 영향은 무시할 수 있다. 즉, $\Delta\pi = 0$으로 한다. 또, 전항과 같이 투과 계수 L_s가 극히 작으면 $R = \sigma$로 한다. 막의 세공경 분포는 대수 정규 분포로 나타내면, 그 분포 함수 $f(dp)$는

$$f(d_p) = \frac{1}{(2\pi d_p^2 \sigma^2)^{1/2}} \exp\left[-\frac{\{\ln(d_p/d_0)\}^2}{2\sigma_p^2}\right] \qquad (7.29)$$

여기서, $d_p = 2r_p$: 세 공경,

d_o : 중심 세공경,

σ_p : 세공경의 기하 표준 편차이다.

전체의 투과율 $1 - R_r = C_p / C_m$은 각 세공경에서의 저지율의 기대치로서 다음 식으로 산출된다.

$$1-R=\frac{\int d_p^2 h(z) f(d_p)\mathrm{d}d_p}{\int d_p^2 f(d_p)\mathrm{d}d_p} \tag{7.30}$$

여기서, $d_s=2r_s$: 입자경, $z=d_s/d_p=r_s/r_p$, $h(z)=1-\sigma$이며, $h(z)$는 식 (7.13)~(7.20)으로부터 평가할 수 있다. 예를 들면 다음 식을 들 수 있다.

$$h(z)=\frac{\{2(1-z)^2-(1-z)^4\}(1-0.67z^2-0.2z^5)}{1-0.76z^5} \tag{7.31}$$

그림 7.3은 식 (7.29), (7.30) 및 (7.31)에서 계산된다. 용질의 입경과 투과율의 관계를 분포의 변수 d_0, σ_p의 몇 개의 조합으로 계산한 것이다.

$Q\beta$로 있는 것은 대장균 파지의 일종이며, 구형에 가까운 정20면체 구조(직경으로 약 25 nm)를 가지며, 바이러스 중에서는 가장 작은 부류에 속하는 것이다.

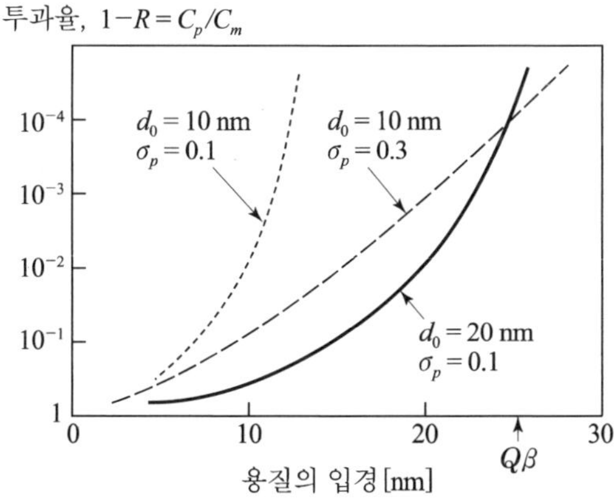

(세공경 : 대수 정규 분포, d_0 : 중심 세공경, σ_p : 세공경의 기하 표준편차)

그림 7.3 용질의 입경과 투과율

$Q\beta$보다 중심 세공경이 작은 막에서도, 공경분포에 의해서는 상당한 확률로 누출(leak)이 일어나는 것을 나타내고 있다.

다만, 예로서 분획 분자량이, 수만 정도의 실제 한외여과 막에는, 바이러스가 상당한 확률로 투과할수록 극단적으로 폭 넓은 세공경 분포를 나타내는 경우는 희박하며, 이 보다도 주요 분포에 포함되지 않은 결함 세공에 의해 많은 누출(leak)이 지배하고 있는 것 같다.

(7) 막 오염을 고려한 경우 투과 유속의 평가 식

실제의 막 투과성능을 평가할 경우, 전 처리를 전제로 하는 역삼투는 예외로 하고, 막 오염을 고려하여 투과 유속을 정량화 할 필요가 있다. 여기서도 저지율은 높으며, 식 (7.B)의 성립조건을 만족시킨다. 막 오염에 의해 식 (7.B) 중의 L_p의 값이 변화한다고 생각하는 것이 당연하다. 이 경우 투수 성능의 변화를, 막 저항의 변화로 간주하여, 여러 가지 종류의 막 오염으로부터 저항이 가산적으로 부가되어 간다고 하는 직렬 저항 모델(model)이 가장 넓게 받아들여지고 있다.

순수에 대한 막 고유의 투수 저항(막 저항) R_m은, 물의 점성계수 μ와 투과 계수 L_p의 곱에 대한 역수로서 다음 식으로 나타낼 수 있다.

$$R_m = \frac{1}{\mu L_p} \tag{7.32}$$

또, 세공 모델에 의하면 식 (7.12)에 의해 R_m이 막 물성 값에 의해 나타낼 수 있다.

$$R_m = \frac{8 l_p}{a_p r_p^2} \tag{7.33}$$

이 R_m에, 흡착에 의한 저항 R_a, 막 내부에서의 막힘에 의한 저항 R_p,

막 표면의 Gel상 부착물에 의한 R_g 등이 가산되어 간다. 이들을 정리하여 나타내면 식 (7.C)처럼 된다.

$$J_v = \frac{\Delta P - \Pi(C_m)}{\mu(R_m + R_a + R_p + R_g)} \tag{7.C}$$

7.2.2 입자 계의 여과

무엇을 입자라고 하는가? 빛조차 입자적 거동을 나타내기 때문에 엄밀히 구별하는 것은 어렵다. 여기서는 입자계의 여과로서 다음의 경우에 관해 고찰한다.

- 입자로서의 거동이 분자 확산에 융합되지 않고, 그 의미에서 농도 분극 모델을 그대로 적용 할 수 없다.
- 입자의 퇴적층(cake층)이 막 면에 형성된다.

이처럼 주된 분리 대상이 입자계의 물질인 경우는, 식 (7.C)에 있어서 새로운 케이크 층의 퇴적에 의한 저항 R_c가 증가한다. 또 삼투압은 무시하여 다음 식처럼 표현된다.

$$J_v = \frac{\Delta P}{\mu(R_m + R_a + R_p + R_g + R_c)} \tag{7.D}$$

입자 계의 순환여과의 경우, 입자경이 크게 될수록 농도 분극 모델 식 (7.22)중에 나타내고 있는 분자 확산에 의한 bulk의 역수송 기여가 작으며, 기타 경계층 흐름의 전단력에 의한 역수송 기구가 지배적이 된다.

그림 7.4에 나타난 것처럼, 이들 역 수송의 기구를 정리하여 입자 퇴적층(Cake층)에서 bulk에 대한 역 수송 속도 V_T로서 개념적으로 포착할 수 있다. (V_T는 투과 유속 J_v, 물질 이동 계수 k_L과 같은 차원인 것

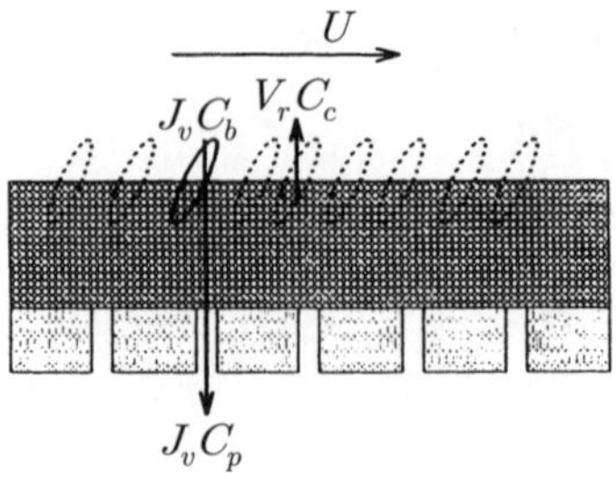

그림 7.4 케이크 층의 생성과 Bulk에 대한 역 수송

에 주의).

케이크 층의 입자는 입자경 d_s, 입자농도 C_c, 공극율 ε으로 균일하게 퇴적한다고 하여 케이크 층 전체에서의 물질 수지를 취해 케이크 층 두께 L_c의 시간 변화를 수식화하면

$$C_c \frac{dL_c}{d_t} = J_v C_b - V_T C_C - J_V C_p \tag{7.34}$$

여기서, C_c는 입자의 밀도 ρ_s와 공극율 ε에 의해 다음과 같이 표현된다.

$$C_c = \rho_s (1 - \varepsilon) \tag{7.35}$$

더욱이, 입자는 막으로 완전하게 저지된다고 가정한다.

즉 $C_p = 0$로 하면

$$C_C \frac{dL_c}{d_t} = J_v C_b - V_T C_c \tag{7.36}$$

또, 막의 오염은 케이크 만에 의한다고 하면 식 (7.D)에서 $R_a = R_p = R_g = 0$이기 때문에

$$J_v = \frac{\Delta P}{\mu (R_m + R_c)} \tag{7.37}$$

또, R_c는 Kozeny-Carman식으로부터 다음 식과 같이 쓸 수 있다.

$$Rc = \frac{180(1-\varepsilon)^2 L_c}{d_s^2 \varepsilon^3} \tag{7.38}$$

따라서, Cake 저항의 시간 변화 dR_c/d_t는 다음처럼 쓸 수 있다.

$$\frac{dR_c}{d_t} = \frac{180(1-\varepsilon)}{d_s^2 \rho_s \varepsilon^3}\{J_v C_b - V_T \rho_s (1-\varepsilon)\} \tag{7.39}$$

bulk에의 역 수송 속도 V_T에 관해서도 여러 가지 제안이 되고 있지만, 아래에 나타낸 식이 내압 관상 막의 경우를 예로 들 수 있다.

$$V_T = V_B + V_S + V_L \tag{7.40}$$

$$V_B = \frac{2kT}{3\pi\mu d_h d_s} = \frac{2D}{d_h} \tag{7.41}$$

$$V_s = \frac{0.05\,U d_s^2}{d_s^2} \tag{7.42}$$

$$V_L = \frac{0.86\,U^2 d_s^4}{v d_h^3} = 0.86\,U R_e \left(\frac{d_s}{d_h}\right)^4 \tag{7.43}$$

여기서, V_B : 분자 확산에 의한 역수송 속도,

V_s : 전단력에 의해 촉진되는 역수송 속도,

V_L : Lateral migration에 의한 역수송 속도이다.

이들에 따르면, 유로 형상 및 수리 특성(d_h, U, Re), 입자의 형상 및 물성치(d_s, D)에 의해 V_T가 산출된다.

이상 요점으로, 케이크 층 특성치(d_s, σ_s, ε)와 R_m, V_T, C_b 및 조작조건으로서 ΔP를 여건으로 하여 식 (7.39)에 의해 R_c의 시간 변화가 기

술되고, 더욱이 식 (7.37)에 의해 투과 유속의 시간 변화를 구할 수 있다. 이러한 수법은 입자경 분포가 있는 경우에도 확장되어 적용되고 있다.

한편, 실제로는 역수송 속도 V_T의 이론치와 실험에서 추정치가 크게 벗어나는 것이 많으며, 또 케이크 층의 구조가 불명확하거나 이론의 적용에 대해 여러 가지 문제가 생기는 것이 흔히 있다. 이러한 경우는 실험적으로 정해야 할 변수 k_1, k_2를 도입하여 식 (7.39)를 변형한 다음 식을 이용하는 것도 가능하다. 또, k_1은 케이크 여과에 있어 비저항 α와 같은 의미를 갖는 변수이다

$$\frac{dR_c}{d_t} = k_1(J_v C_b - k_2) \tag{7.44}$$

정상 상태에 있어서는 식 (7.39)에 의해 명확하듯이

$$J_v = \frac{V_T \rho_s (1-\varepsilon)}{C_b} \tag{7.45}$$

이것에 의하면 입자와 케이크의 특성치(ρ_s, ε), 역수송속도 V_T, bulk의 입자농도 C_b에 의해 정상 투과 유속 J_v를 예측할 수 있다. 단 V_T가 C_b의 함수가 되는 경우가 있어, 보다 실제적으로는 J_v를 다음 식과 같이 실험식으로 하여 주어지는 방법이 있다.

$$J_v = k_e C_b^m U^n \tag{7.46}$$

여기서, k_e, m, n은 실험적으로 정해지는 변수이다. 더욱이 케이크 층의 구조도 압력에 의존하는 것이나, 온도도 점성계수 이외의 부분에 영향을 미치는 가능성이 있는 것 등을 포함하여, 모두 실험식으로서 다음과 같이 표현하는 방법도 있다.

$$J_v = k_e \Delta P^l C_b^m U^n \theta^{T_c - 20} \tag{7.47}$$

여기서 θ는 온도계수(20°C를 기준으로 한다), T_c는 섭씨온도이다. 그 외 k_e, ℓ, m 및 n은 식 (7.46)과 같이 실험 정수이다.

7.3 비정상 여과의 이론

이미 전항에서 순환여과에 있어서 과도적 여과 과정을 기술했다. 여기서는 입자계의 여과인 정밀여과에 있어서, 제균 등의 목적으로 예전부터 사용되어온 방법으로 전량여과 즉, 비정상 여과의 이론을 정리한다.

전량여과에 있어서 현상은 완전 폐색, 표준 폐색, 중간 폐색, 케이크여과의 4가지 모델로 분류되고 있다. 여기서는 비교적 흔히 적용되고 있는 정압여과에 있어서 표준 폐색과 케이크 여과의 경우를 기술한다.

7.3.1 표준 폐색 모델

표준 폐색 모델은, 막 세공에 의해 작은 입자가 막 내부에서 포착되어 막힘을 일으키는 경우(내부여과)에 대응하고 있다. 식 (7.D)에서 R_a나 R_p에 의한 파울링을 고려하여 시간 변화를 구한 것이다. 막힘에 의한 막 세공 용적의 감소가 누적 투과 수량에 비례한다고 가정하여 결국 다음 식을 얻을 수 있다.

$$\frac{t}{V} = \frac{1}{Q_0} + \frac{K_s t}{2} \tag{7.48}$$

$$Q = \frac{Q_0}{\left(1 + \frac{K_s Q_0 t}{2}\right)^2} \tag{7.49}$$

여기서, V : 누적 여과 수량(m^3), Q : 여과 유량(m^3/s),

Q_0 : 초기 여과 유량, t : 여과 시간(S),

K_s : 여과 정수($1/m^3$)이다.

실험 데이터를 정리하여 t/V를 t에 대해 plot하여 직선 관계가 얻어지면, 표준 폐색 모델이 적합하다고 판단한다[그림 7.5(a)].

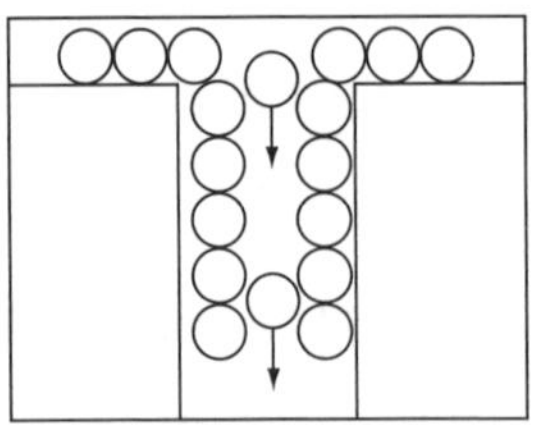

(a) 세공내에 미립자가 들어가 벽에 흡착되어 세공이 작게 되는 표준 폐색 모델

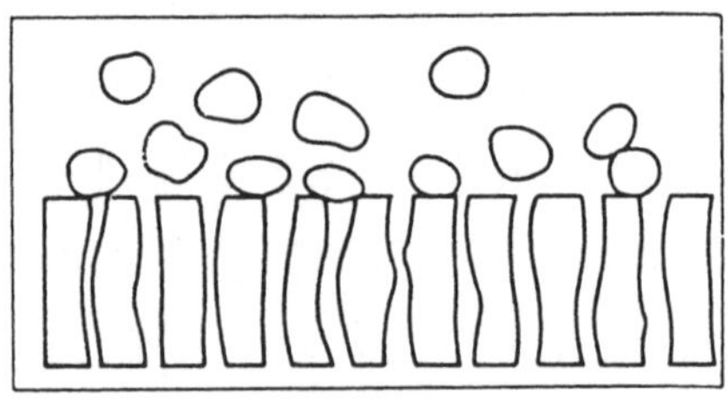

(b) 미립자에 의한 세공의 완전 폐색 모델

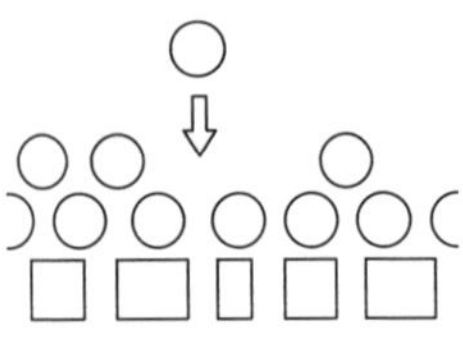

(c) 케이크여과 모델

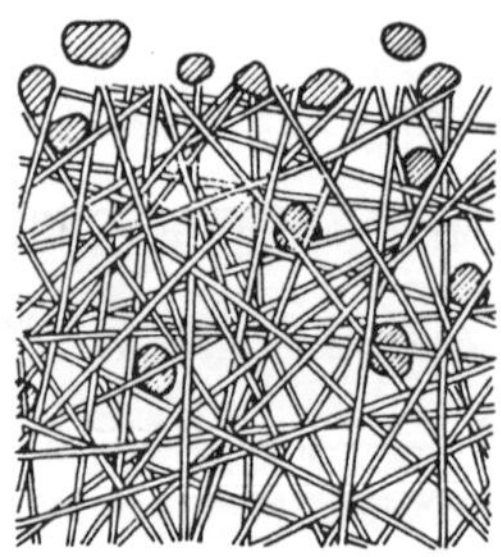

섬유 prefilter에 의한 미립자 중간 폐색 모델 I

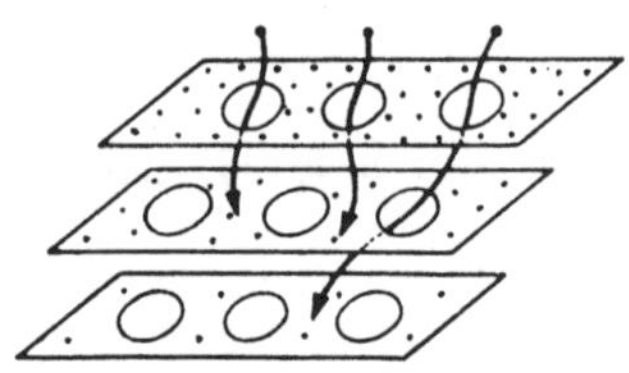

다공판 다중층 미립자 중간 폐색 모델 II

(d) 중간 폐색 모델

그림 7.5 막여과의 미립자 포착 모델

7.3.2 완전 폐색 모델

막 표면의 세공을 입자가 입구에서 완전하게 폐색한 경우에 해당된다. $n=2$의 경우, $K=K_b$로서 다음 식을 얻을 수 있다[그림 7.5(b)].

$$v=\frac{Q_0}{K_b}(1-e^{-k_b t}) \tag{7.50}$$

$$Q=Q_0 e^{-k_b t} \tag{7.51}$$

7.3.3 케이크 여과 모델

표면여과가 되는 케이크 여과의 경우는, 여과 정수를 K_c로서 다음 식으로 표현된다.

$$\frac{t}{V}=\frac{1}{Q_0}+\frac{K_c K}{2} \tag{7.52}$$

$$Q=\frac{Q_0}{(1+K_c Q_0^2 t)^{1/2}} \tag{7.53}$$

즉, t/V와 V와의 plot가 직선관계를 유지한다[그림 7.5(c)].

또, 식 (7.39)에 역수송 속도 $V_T=0$로 놓으면 케이크 여과의 식이 되지만, 이것을 적분한 후 식 (7.37)에 대입하면 Ruth의 정압 여과의 속도식에 상당하는 것으로 다음 식을 얻을 수 있다.

$$J_v=\frac{\Delta P}{\mu(R_m+aC_b V/A)} \tag{7.54}$$

여기서, α : 비저항, A : 여과 막 면적이다.

식 (7.48) 및 식 (7.50)을 V로 미분한 형태로 정리하여 일반화하면 다음 식처럼 정리할 수 있다.

$$\frac{d^2t}{dV^2} = K\left(\frac{dt}{dV}\right)^n \tag{7.55}$$

케이크 여과의 경우 $n=0$, $K=K_c$ 표준 폐색의 경우 $n=1.5$, $K=K_sQ_0^{1/2}$이다.

역으로 식 (7.53)을 적분하면, 각각의 경우 관계식을 얻을 수 있다.

7.3.4 중간 폐색 모델

$n=1$에 대응하는 경우를 중간 폐색 모델이라 한다. $K=K_i$로서 다음 식을 얻을 수 있다[그림 7.5(d)].

$$K_iV = \ln(1+K_iQ_0t) \tag{7.56}$$

$$\frac{1}{Q} = K_it + \frac{1}{Q_0} \tag{7.57}$$

여기서, V : 전 여과 수량(m^3), Q : 여과 유량(m^3/s),
Q_0 : 초기여과 유량(m^3/s), t : 여과시간(S),
K_b : 여과 정수(1/s), K_s : 여과 정수(1/m^3),
K_i : 여과 정수(1/m^3), K_c : 여과 정수(s/m^3)이다.

7.4 막여과 실험법

막 및 막 모듈은 다양하며, 여과 대상도 여러 가지이다. 따라서 실제의 여과 성능을 사전에 실험에 의해 평가하는 것이 중요하다. 여기에서는 막 성능의 실험적 평가 방법에 대해 기술한다.

7.4.1 막여과 장치

막여과는, 막 두께로 해도 기껏해야 mm정도의 공간 규모로 여과가 행해지며, 이 막들이 모여 막 모듈이 된다. 현재의 실용 막 모듈은 인위적으로 장치를 교체할 수 있으며, 기본적으로는 사람 기준이다. 이 막 모듈이 집적하여 실제의 여과 공정을 구성한다. 이것이 막여과 공정을 규모적인 가치로 훌륭하게 만드는 최대의 원인이다. 규모적인 가치를 만들 수 있도록 대규모 막 모듈의 개발을 원하고 있지만, 한편으로는 사고에 의해 막의 파손 위험을 생각하면, 모듈 단위를 작게 하여, 낭비를 될 수 있는 한 억제한다고 하는 생각도 있어, 모듈의 대규모화가 어려운 면도 있다. 또 중공사 막 모듈에는 집적도를 향상시키기 위해 중공사 막 내경을 가늘게 하면, 막 내관부에서의 통수 저항이 증대하여, 중공사 막을 너무 길게 할 수 없는 한계도 있다. 앞으로 당분간은, 사람 기준을 크게 넘는 막 모듈의 등장은 없을 것이다.

따라서 막여과의 실험은, 실용 시험을 포함하여, 모두 실내에서 행할 수 있다. 단 실용적으로 공급되고 있는 막 모듈을 편향적 실험이 아닌 실험실 내에서 사용하려고 하면, 대량의 원액을 준비할 필요가 있으며, 실제의 사용은 어렵지만 막 면적이 작은 모듈을 사용하지 않으면 안 된다.

실제 여과를 지배하는 공간 규모가 작기 때문에, 모듈 형상이 같다면 상이성도 유지하기 쉬우며, 소형의 실험 모듈에서의 성능 평가로 충분한 경우가 많다. 그래도 중공사 막 모듈이나 나선형 막 모듈 등의 집적도가 높은 막 모듈에서는, 소형 실험 모듈이라도 여과 유량이 큰 것이, 많은 원액의 조제가 힘이 드는 일이다.

용기 수납 방식의 소형 테스트 모듈에는, 그림 7.6에 나타낸 것처럼 회분형(교반을 행하지 않으면 전량여과가 되며, 교반을 행하면 순환여과를 모의실험으로 가능함)과 유통형(순환여과로, 통상은 여과수를 원수측에 되돌려 원수측의 액량이나 농축을 일정하게 유지)이 있다.

조침지 방식에는 정해진 실험 모듈 형은 없다. 막 모듈에 관해서는 자작도 가능하지만, 기존의 막·막 모듈의 사용을 전제하고 있는 경우는, 시판의 막·막 모듈을 이용하는 것이 간편하다. 특히 고압이 걸리는 역삼투의 경우는, 실험 장치 전부가 내압성에 충분히 고려할 필요가 있고,

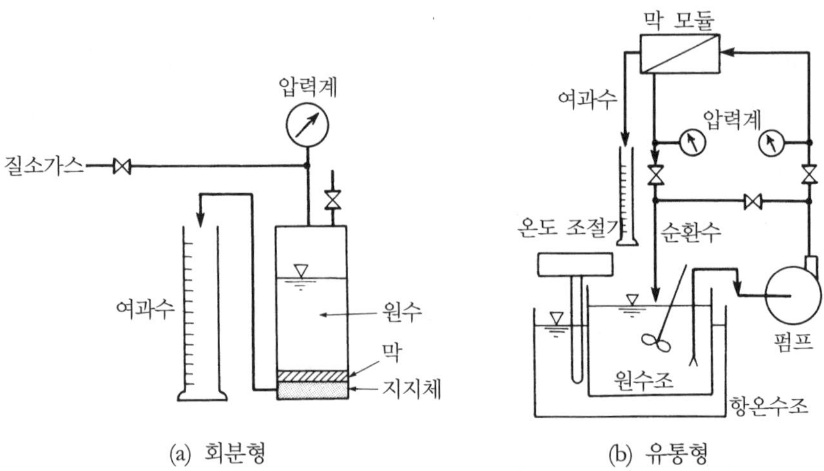

그림 7.6 소형 실험 모듈(회분형, 유통형)

안정성의 면에서 시판용을 사용하는 것이 좋다. 시판의 막 모듈 장비를 사용할 경우, 모듈 장비와 그 크기에 맞는 막이 쌍으로 되어 있는 경우가 많고, 각각의 막 모듈마다 사용 가능한 막의 종류가 제한되어 있는 것이 많다. 따라서 시판의 막 모듈 장비를 구입하는 경우에는, 막의 종류에 관해서도 충분히 조사해 둘 필요가 있다.

그림 7.7은 실험실용 관상 막 모듈의 예로, 순환여과 실험을 간단히 구성할 수가 있다. 가운데 삽입된 관상 막(사진에 찍혀 있는 것은 막을 지지한 FRP관으로, 그 안에 유기막이 삽입되어 있음)은, 실제의 빌딩 중수도와 분뇨 처리 설비에 사용되고 있는 것과 관경이 완전히 같으며, 길이만 짧게 되어 있는 것이다. 실제 기기에서 같은 관상 막을 사용하고 있는 경우 등은, 실험실의 실험과 대응하기 쉽다.

그림 7.8은 평막 모듈을 사용한 실험 장치의 구성 예이다. 배관은 가

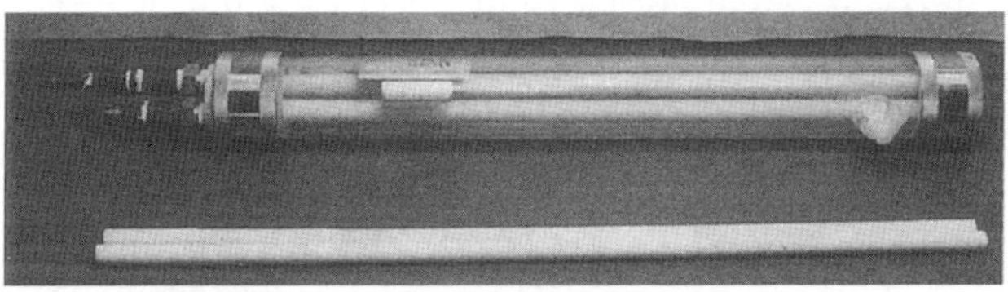

그림 7.7 실험실용 관상 막 모듈의 예

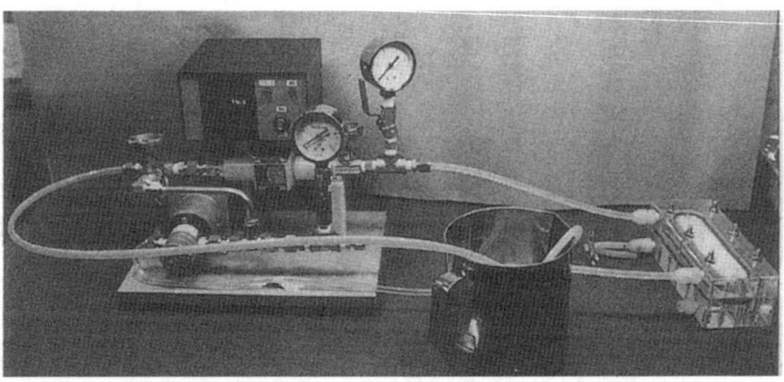

그림 7.8 평막 모듈 실험 장치의 구성 예

능한 짧은 것이 좋다. 배관계의 오염을 생각한 경우, 세정의 용이함이나 장치를 소형화하기 위해서는, 배관계의 용적은 작은 것이 좋기 때문이다. 실험의 조작성이나 온도 조절을 위해서도, 장치는 소형화하는 것이 바람직하다. 저압여과의 경우는 배관의 내압성을 고려할 필요가 거의 없기 때문에, 모듈 주위는 유연성이 있는 튜브로 배관하는 것이 조작성에 좋다.

그림 7.9는 순환 한외/정밀여과 실험 장치의 구성 예이다. 관내 유량(순환여과 유속) 조정용 펌프와 압력 조정용 펌프의 2대를 사용하여, 거의 독립적으로 순환여과 유속과 압력을 설정할 수 있도록 하고 있다.

또 완전히 같은 장치를, 다른 1계열과 순수의 투과 유속의 측정용으로 설치하는 것이 바람직하다. 이것은 활성오니 등의 여과를 행하면 어쩔 수 없이 배관계의 오염이 발생하여, 특히 밸브 부분의 완전한 세정이 어려워 순수의 투과 유속 측정에 영향을 미치기 때문이다. 순수 전용의 장치조차 오염은 피할 수 없기 때문에, 배관의 세정용에 보조 관을 설치하여 정밀여과 막 모듈 등을 붙여 순수 여과 유속을 측정하기 전에 장치 계통의 세정을 행하는 것이 바람직하다.

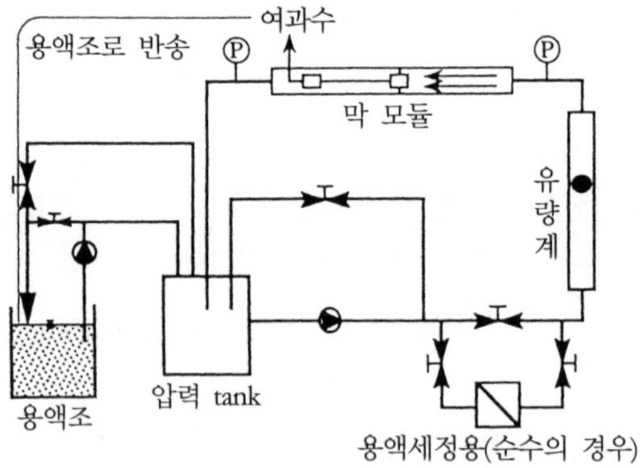

그림 7.9 순환여과 실험 장치의 구성 예

7.4.2 여과 성능의 평가 · 측정법

(1) 막 고유의 투수 저항(막저항) 또는 투과 계수의 측정

막 고유의 투수 성능의 지표가 되는 막 저항 혹은 투과 계수는, 순수의 투과 유속을 측정함으로써 얻을 수 있다. 삼투압도 막 오염(fouling)이 생기지 않는 경우가 있기 때문에, 식 (7.A) 혹은 식 (7.C)에서 분명한 것처럼 투과 유속과 막 양측의 압력 차는 다음 식에 나타내는 선형의 관계가 된다.

역삼투 막의 경우는 고압측에서 막의 압밀에 의한 투과 유속의 저하 때문에 선형 관계로부터 벗어나는 경우가 있다. 한외여과 막에서도 새로운 막에는, 여압 초기에 압밀하는 경우가 있기 때문에 이 경우 미리 일정기간 여압한 막을 사용하여 순수의 투과 유속을 측정하는 쪽이 재현성이 좋다.

$$J_v = \frac{\Delta P}{\mu R_m} = L_p \Delta P \qquad (7.58)$$

여기서, J_v : 순수물의 투과 유속, ΔP : 막 양측의 압력차,
μ : 물의 점성계수, R_m : 막저항, L_p : 순수의 투과 계수이다.

또, 특히 새로운 막을 사용하여 순수의 flux를 측정하는 경우, 순수의 순도에 주의할 필요가 있다. 미립자의 미량 오염에서도 flux 저하를 초래하는 경우가 많기 때문이다. 순수의 순도에 주의해도 새로운 막의 순수 flux의 값이 벗어나는 것은 어느 정도 피할 수 없다. 유통형의 경우는 장치의 관로 계통 오염의 문제도 있지만, 막 자체의 제조 과정에서의 불규칙한 것도 요인의 하나로 들 수 있다. 평막의 경우는 떼어내는 것이 용

이하기 때문에 특별하게 시판하는 작은 batch cell을 이용하여, 전량여과로 순수 flux를 측정하는 편이 용이하다.

(2) 농도 분극이 생기는 경우의 물질 이동 계수의 측정

물질 이동 계수를 실험적으로 구하기 위해서는 유속 변화법과 삼투압법이 있다.

1) 유속 변화법

유속 변화법은 농도 분극 모델에서 얻을 수 있는 식 (7.25)을 사용한다. 물질 이동의 상관식 Leveque식 (7.27)이나 Deissler식 (7.28)에서 유추할 수 있도록 일반적으로는 물질 이동 계수 k_L과 순환여과 유속 U와의 관계는 다음과 같이 정식화할 수 있다.

$$K_L = mU^n (m, n\text{은 실험 정수}) \tag{7.59}$$

이것은 농도 분극 모델에 있어서 물질 이동 계수의 원래 정의 $k_L = D/L_{cp}$ (D는 용질의 분자 확산계수, L_{cp}는 경계층 두께)로 L_{cp}를 결정하는 지배적 인자가 경계층 외측의 유속 U인 것을 전제로 하고 있다. Leveque식에 따른다면 $n = 0.33$이고 Deissler식에 따르면 $n = 0.875$이다.

식 (7.59)의 관계를 이용하여 식 (7.25)를 바꾸어 쓰면

$$\ln\frac{1-R_{obs}}{R_{obs}} = \ln\frac{1-Rr}{Rr} + \frac{J_v}{mU^n} \tag{7.60}$$

여기서, R_{obs} : 겉보기 배제율, R_r : 배제율이다.

실험은, 투과 유속 J_v를 일정하게 유지하도록 조건 설정을 하여 U를 단계적으로 변화시켜 겉보기의 배제율을 측정한다. 그러면 식 (7.60) 좌

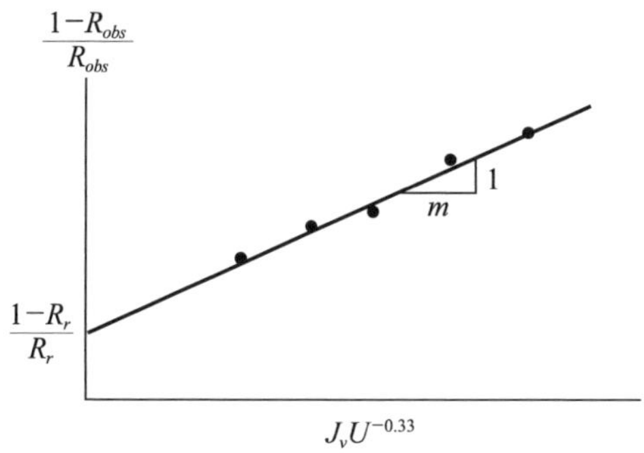

그림 7.10 유속 변화법에 의한 작도 예

변과 J_vU^{-n}을 표시하면 직선 관계를 얻을 수 있다. 즉, 직선관계가 얻어지도록 시행착오로 U의 지수 n의 값을 적당하게 정하면 좋다. 물질 이동의 상관 식으로부터 유추하여 n의 값을 층류에서는 0.33 혹은 난류에서는 0.875로서 적용하여, 그 부근의 값을 탐색하는 것이 빠르다. 그림 7.10에 그 예를 나타냈다.

직선 관계가 얻어지면, plot의 종축 절편으로부터 배제율 R_r이 구해진다. 또, 직선의 기울기로부터 m을 구할 수 있다. 이처럼, 실험적으로 m과 n을 구하여 식 (7.59)으로부터 k_L이 U의 함수로서 구할 수 있다. 이 방법은 절편인 R_r이 일정한 것을 전제하고 있지만 R_r이 J_v에 의존하는 것은 식 (7.6)과 식 (7.7)에서 분명하다. 따라서 J_v가 일정하다고 하는 조건하인 것에 충분히 유의 할 필요가 있다.

특히 삼투압 효과가 있는 여과에 있어서는 삼투압차가 J_v에 영향을 미치지 않도록 용질의 농도는 충분히 낮게 할 필요가 있다.

물질 이동 계수 k_L이 구해지면, 배제율 R_r은 식 (7.26)에 의해 구해진다. 더욱이 식 (7.6)과 식 (7.7)을 이용 R_r과 J_v의 data set로부터 parameter

· fitting에 의해 반사 계수 σ와 용질투과 계수 L_S를 동시에 구할 수가 있다.

2) 삼투압법

삼투압 $\Pi(C)$의 함수형과 L_p를 기지로 하여, 식 (7.B)를 적용하여 k_L을 구하는 방법이다. 삼투압 효과가 있도록 하려면 용질 농도를 충분히 높게 하고 또한 식의 적용 조건($R \fallingdotseq \sigma \fallingdotseq 1$)으로부터 배제율을 충분히 높여야 한다.

(3) 막 오염이 생기는 경우의 투과 저항의 측정

여기에서는 활성오니 혼합액의 여과처럼 용존 고분자와 고형물 입자가 혼재하고 있으며, 오히려 삼투압을 무시할 수 있는 경우를 생각하자.

투과 유속은 전 투과 저항 R을 이용하여 나타내면

$$J = \frac{\Delta P}{\mu R} \tag{7.61}$$

R은 일반적으로 압력의 영향을 받기 때문에 flux와 압력과의 선형 관계는 압력이 클수록 쉽게 어긋난다. 전 투과 저항을 표시하는 것도 여러 가지 생각이 있지만, 여기서는 다음 식과 같은 직열 저항모델을 채용한다.

$$R = R_m + R_i + R_g + R_c \tag{7.62}$$

여기서, R_m : 막저항, R_i : 막내부의 오염에 의한 저항,

R_g : 겔층 저하, R_c : 케이크 층 저항이다.

현상적으로는, 식 (7.C) 혹은 식 (7.D)에 나타낸 것처럼 막 자체의 저항, 막에 대한 흡착에 의한 저항, 막 내부의 흡착 이외의 물리적 관계에

의한 막힘 저항, 막 표면의 겔층 저항, 케이크 층 저항 등 열거할 수 있지만, 활성오니 혼합액의 여과처럼 케이크·겔층의 형성이 현저한 경우는 거의 케이크·겔층 저항에 지배되는 막 내부 오염에 의한 저항이 상대적으로 작아진다. 이와 같은 경우는 식 (7.62)에 나타낸 정도의 분류로 충분하다.

각 저항을 나누어 측정할 때에는, 예를 들면 활성오니 여과 후, 수세·스펀지 세정·약품 세정 등 세정 방법을 바꾸어 각 세정 단계의 여과 저항의 차로부터 구할 수 있기 때문에 세정 조작의 정도에 의해 저항치가 달라진다. 따라서 그 측정법을 명확하게 정의하여 각 저항치를 나타낼 필요가 있다.

게다가 케이크 층 저항으로서 측정되는 것이라도, 공극율이나 케이크 층 두께를 이용하여 Kozeny-Carman식으로 정리할 수 있는 부분과, 케이크 층 중에 겔 저항적인 부분(아마 세포 외 플리머(polymer)가 형성에 기여하고 있다고 생각되어 진다.)이 존재하는 듯하며, 이들을 엄밀하게 나누는 것은 상당히 어렵다. 따라서 이 의미에서도 각 저항 성분은 조작 정의로 되지 않으면 안 된다.

Chapter 8

막여과 설계 및 배수의 재 이용

8.1 서론

장치 설계 시 설계 순서는, 어떤 처리 대상에 대해 처리 시스템을 결정하고, 막 · 막 모듈을 선정하여 그 조작 조건 및 적정한 유지 관리 방법을 정하여 성능을 올바로 평가하는 것이다. 여기에서 범위에 들어있는 처리 대상 범위가, 지금까지의 막여과 기술에 있어서 많은 미경험의 분야를 포함하고 있는 것은 물론이거니와, 지하수나 하천수에서 분뇨까지 대단히 폭넓기 때문에 처리시스템의 선정이하, 일반적인 수법은 없다고 할 수 있다. 따라서 처리 대상에 따라 개별적으로 적용하지 않으면 안 된다.

현재, 기존의 막여과 기술을 그대로 적용하는 것은 없고, 새로운 처리 시스템의 도입에서 시작하여 막 · 막 모듈의 개발, 새로운 운전 방식의 채용 등 모든 수준으로 기술 개발이 진행 중에 있다.

기존의 제품 목록이나 성능표를 표시하는 것만으로는 도움이 되지 않는 상태가 된다. 이 의미에서도 설계 법이나 설계 제원이 경신 될 가능성이 높다.

5장에서 기술한 기초 이론은 성능 평가에 사용된다. 즉, 여과 이론을 기초로 하여 투과 유속과 분리 특성을 평가하게 된다.

그러나 투과 유속은 물론 성능 평가의 중심이 되는 것이지만, 그것은 어디까지나 선정된 어떤 특징의 막·막 모듈에 대한 성능 평가라고 하는 것에 주의 할 필요가 있다.

투과 유속을 막 모듈 선정의 기준으로 할 수 없다. 당연하지만 막 모듈 형태에 의해 막의 집적도가 다르기 때문이다. 각종 막 모듈을 가로로 세워 성능 평가를 행하는 경우는, 모듈(housing) 단위 체적당의 여과 유량을 취해야 한다. 이것은 장치의 소형화, 생산성을 나타내는 지표가 된다. 이 지표에 덧붙여 분리 특성은 처리 수질을 단위 여과 유량당의 고정비용·운전 비용(동력)은 경제성의 지표가 된다. 이들을 가지고 종합적으로 판단해야 한다.

다음은 해수 담수화, 정수 처리, 배수 처리 등, 몇 가지의 막여과 공정 설계 예와 막을 이용한 배수의 재 이용에 대해서 기술하였다.

8.2 해수 담수화 설비 I(RO 막)

(1) 표준처리 공정도

그림 8.1에 해수 담수화 설비의 표준적인 공정도를 나타냈다. 기본적으로 원 해수는

전 처리 → 역삼투 탈염 → pH 조정 → 살균

이라는 계통으로 처리되어 생산수가 된다. 전 처리에는 응집·모래 여과

가 채용되고 있는 곳이 많다. 소규모인 전 처리에 응집 · 정밀여과가 사용되는 경우도 있다.

역삼투 막 모듈에는 대부분의 경우가 나선형 또는 중공사형이다. 통상은 원 해수에도 살균 · 살조를 위해 차아염소산 나트륨과 같은 소독제를 첨가한다. 또한, 막 모듈내의 스케일 발생 방지를 위해 황산 등의 산을 가해, 막여과를 행하기 때문에 여과수에 알칼리를 넣어 중화한다.

(2) 전 처리의 정도

전 처리의 목적은 파울링 방지이다. 전 처리의 필요도는 일반적으로 FI(fouling index) 지표를 사용하여 판단된다.

일반적으로는 나선형 모듈의 경우, FI 값이 4 이하, 중공사 막 모듈의 경우 FI 값을 3 이하로 하여 막 모듈에 공급할 필요가 있다.

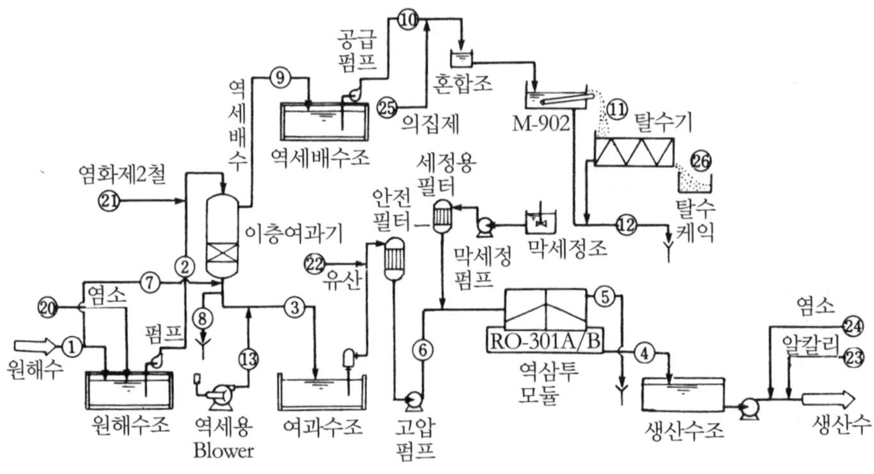

그림 8.1 해수 담수화 과정의 공정도

(3) 설계 계산 예

■ **설계 조건**

- 처리 수량 : 1000 m^3/d
- 원 해수 염분 농도 : 전용해성 증발잔류물(TDS)로서 35 g/L
- 요구 처리 수량 : TDS로 380 mg/L 이하
- 막 모듈 : 조수능력 35 m^3/d/모듈 at 50 atm, 25°C, 회수율 40%

■ **설계**

$$\text{소요 탈염율} = 1 - \frac{380}{35000} = 0.989 = 99\% \text{ 이상}$$

$$\text{1계열당 막 원수 공급량} = \frac{1000}{0.4 \times 2} = 1250 \ m^3/d$$

$$\text{농축수 염분 농도} = \frac{(2500 \times 35) - (100 \times 0.38)}{1500} = 58 \ g/L(TDS)$$

$$\text{1계열당 필요 막 모듈} = \frac{1000}{2 \times 35} = 114.3 = 15\text{개}$$

(4) 설계상 유의점

- 해수 온도가 떨어지면 조작압이 상승한다.
- 해수 취수점의 위치와 막 설비의 위치관계(높이)에 따라 운전 정지 시 부압이 생기기 때문에 배관 계열에서 대책이 필요하다.
- 운전 정지 시는 막 모듈 내의 해수는 탈염수로 치환한다.
- 고압펌프의 소음 대책을 실시한다.
- 4~6개월에 1회는 약품 세정이 필요하다.

8.3 해수 담수화 설비 II(RO 막)

지구상의 물의 총량은 138.6경(1경 m^3=10,000조 m^3)m^3으로 알려져 있다. 이중 97%가 해수이며, 나머지 불과 3%가 담수이다. 이 담수도 거의 남극, 북극의 빙하 등, 빙설이기 때문에 우리들이 실제 사용하고 있는 담수는 하천, 호소의 110조 m^3과 대기 중의 수분, 구름 등 330조 m^3을 더한 440조 m^3이다. 이것은 지구상의 물 전체에 대해 거의 0.032%에 불과하다는 계산이 된다. 지구상의 97%를 차지하는 해수를 특정지역(아라비아해안 제국, 도서 등)에서는 담수화로서 음료수나 생활용수로서 이용하고 있으며, 해수 담수화도 물 재 이용의 하나로 들 수 있다.

해수를 담수화 하는 방법의 대표적인 것으로 증발법, 전기 투석법, RO 막 법이 있다. 표 8.1에 각종 해수 담수화 방식의 원리 및 특징에 대해 나타냈다.

최근 RO 막 법의 발달은 해수 담수화를 1단 처리로 가능하며, 일본의 경우 도서 지역의 생활 용수나 전력 회사의 보일러 원수 제조용으로 많이 채용되고 있다.

표 8.1 각종 해수 담수화 방식의 원리 및 특징

방 식	원 리	특 징
증발법	해수를 가열하여 증발시켜, 발생한 수증기를 냉각시켜 담수를 얻는 방법.	규모적인 장점이 있는 방식이다. 에너지가 많이 소비되는 형태이기 때문에 산유국가에 알맞은 기술이다.
역삼투법	물(용매)은 통과하지만, 염분(용질)은 통과시키지 않는 반투막으로 용기를 구분하여, 한쪽에	전기소비량이 적으며, 에너지 절약형 기술이다. 염분 농도가 낮은 염수에 대해 담수화를 행

	해수를 넣어 해수에 압력을 가함으로써 담수만을 투과시키는 방법.	하는 경우는 조수 비용의 저감이 가능하다.
전기 투석법	양이온교환 막과 음이온교환 막 사이에 해수를 통과하여, 양 막의 외측으로부터 직류전압을 공급함으로써, 막을 통하여 해수중의 염소이온과 나트륨이온을 제거하여 담수를 얻는 방법	염분 농도가 낮은 염수에 대해 담수화를 행하는 경우는 조수 비용의 저감이 가능하다. 온도가 높은 해수를 담수화 하는 경우에도, 담수화 효율이 상승하여 조수 비용의 저감이 가능하기 때문에, 폐열과의 조합이 검토되고 있다.
LNG 냉열이용법	LNG(액화천연가스, 비점 −162℃)를 이용하여 해수를 동결시켜, 얼음을 녹여 담수를 얻는 방법 (해수를 동결시키면 염분을 포함하지 않는 물을 만들 수 있다.)	현재 거의 이용되고 있지 않은 LNG의 냉열을 유효하게 이용함으로써, 적은 에너지로서 담수를 얻는 방법이 가능하다. 적용지역이 LNG기지 주변으로 한정되어 있다.
투과기화법	수증기는 통과하지만 액체의 물은 통과하지 않는 투과기화 막으로 용기를 구분하여, 한쪽에 해수를 넣어 수증기 만을 투과시켜 담수를 얻는 방법.	에너지 절약화가 충분히 진행하고 있으며, 폐열의 유효 이용이 가능할 수 있기 때문에, 태양열 등 이용하려고 하는 폐열이 충분히 존재하는 지역에 최적인 기술이다.

8.3.1 RO 장치의 구성 예

해수 담수화 RO 장치는 기본적으로 전처리부, RO 막부 및 후처리부의 3부분으로 구성된다.

그림 8.2에 대형의 해수 담수화 RO 장치 공정을, 그림 8.3에 소형의

RO 장치 공정의 일예를 나타냈다. 어느 것도 음료수 확보를 목적으로 한 장치이다.

대형과 소형에서는 다음과 같은 차이가 있다.

(1) **대형**(그림 8.2)

고정식이며, 24시간 연속 운전을 원칙으로 하고 있다.

전처리부에서는 모래 여과탑을 사용하고 있으며, RO 막 부분에서는 막의 화학 세정조를 설치하고 있다.

(2) **소형**(그림 8.3)

이동식, 간이형 구조를 기본으로 하고 있으며, 전처리 부분에는 세정하면 반복하여 사용할 수 있는 정밀여과를 사용하고 있다. 여과 수조는 RO 막 세정시 세정용조로 겸용 가능하며, 전체 시설의 소형화를 기할 수 있다.

장치 전체가 차량이나 선박에 탑재 가능하다. 기동, 정지의 기회가 많기 때문에, 정지시의 일시적 투과수의 역류 현상[운전을 중단했을 때 RO 막의 농축수측 염류 농도는, 거의 해수의 염류 농도의 2배 정도이며, 이때 역삼투압은 약 50 kgf/cm^{2}에 달한다. 따라서 농축수측 액은 스스로 희석하려고 투과수측의 담수를 삼투압이 평형이 될 때까지 빨아올리려고 하는 역류현상(삼투압의 원리)이 작용한다.]에 대비하여 투과수 출구측에 흡수조를 설치한다.

1) 전처리

해수 중에는 표 8.2에 나타낸 것처럼 용해 염류와는 별도로 미세한 모래, 박테리아, 콜로이드상 물질 등이 혼재하고 있으며, 이들이 막면에 부

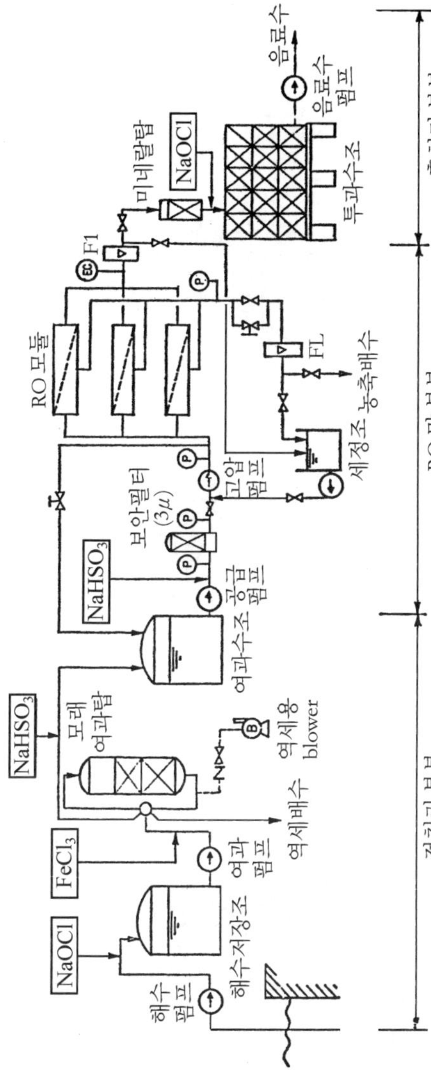

그림 8.2 대형해수 담수화 RO 정치 공정도

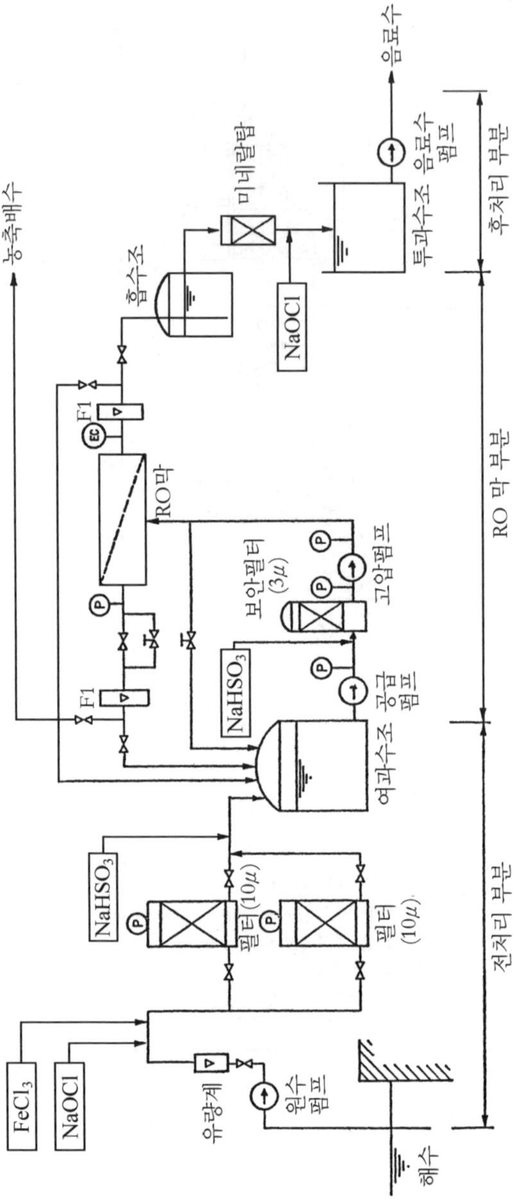

그림 8.3 소형해수 담수화 RO 정치 공정도

표 8.2 세계의 해수 주 성분과 농도

항 목	일본 근해	홍 해	아라비아 만
총용해고형물(mg/L)	34,000	43,000	49,000
전기전도도(μs/cm)	44,000	56,000	63,000
pH	8.3	8.0	8.0
염소이온(mg/L)	19,000	23,000	26,000
황산 이온(mg/L)	2,700	3,100	3,600
취소(mg/L)	60	75	90
칼슘 이온(mg/L)	400	450	500
마그네슘이온(mg/L)	1,300	1,500	1,800
나트륨이온(mg/L)	11,000	13,000	15,000
칼륨이온(mg/L)	400	500	500

착 석출하거나, 폐색을 일으키면 RO 막의 압력 손실의 증가, 투과 수질의 저하를 초래한다. 따라서 이들 장해를 제거하기 위해 전처리에서 탁질, 박테리아의 제거는 중요하며, 전처리가 잘 행해지는가 아닌가로서 RO 처리의 성과가 결정된다고 해도 과언이 아니다.

전처리는 막의 재질, 모듈의 형상에 의해 다르지만, 일반적으로 행하는 전처리는 다음과 같은 처리이다.

- 현탁질, 유분 등의 제거
- 슬라임(slime) 발생방지 대책
- 막 성능 저하로 이어지는 성분의 제거(탈 산소, 탈염소 등)
- pH 조정

① 현탁질 유분 등의 제거

막면에 탁질이나 유분이 부착하여 스케일링을 일으키지 않기 위해, 각 RO 막 마다 공급수의 FI값이 결정되어 있다.

RO 막 제조 회사에서는 공급수 수질 기준으로서 FI=4.0 이하로 하는 예가 많다. 그러나 그림 8.2, 그림 8.3처럼 직접 응집 여과법을 채용하면, 현실적으로 여과수가 금방 FI=4 이하로 되는 것은 없다.

그림 8.4에 모래 여과 탑에 있어서 차압과 여과시간, FI_{15}와 여과시간의 관계 예를 나타냈다. 여과 개시 직후의 수질은 FI=6.3으로, 약 10시간 후에 FI≒4.0에 달하며, 그 이후는 완만하게 저하하는 경향이 있다. 여과 시간의 경과에 따라 차압은 증가하기 때문에 역세는 1일에 1회 원해수에 의한 역세가 필요하다.

역세에 따라 배출되는 탁질은 수산화제2철[$Fe(OH)_3$]주성분의 함수 슬러지이므로, 별도로 침전 처리조를 설치하여 고-액 분리하여, 탈수 슬러지로서 처분하는 것이 좋다.

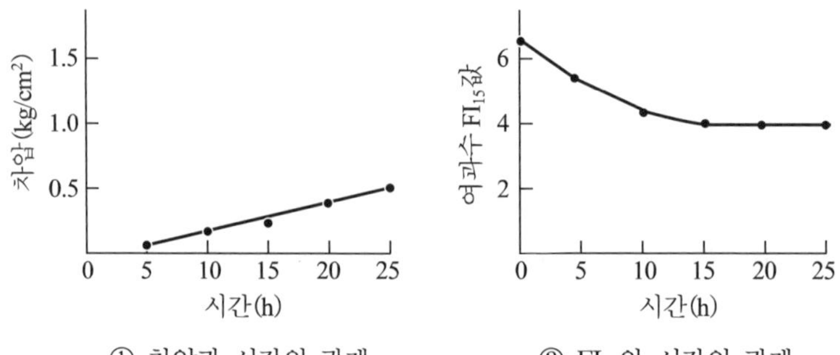

① 차압과 시간의 관계　　② FI_{15}와 시간의 관계

그림 8.4 직접응집 여과에 있어서 모래 여과 탑의 차압과 여과 수질의 관계

주 [여과탑 : 800ϕ×2,000H, 통수량 : 4 m^3/h(LV=8),
여재 : 안스라사이트 0.9mmϕ×600H, 모래 0.45mmϕ×400H, 균등계수 1.4.]
[약주량 ; NaOCl : 0.5 mg/L(asCl_2), $FeCl_3$: 1.0 mg/L(as Fe^{3+})]

그림 8.5는 직접 응집 여과에 있어서 막여과의 통수량, 차압, 여과 수질(FI_{15})의 관계 예이다.

10μm pleat식 cartridge filter(길이 : 250 mm, 여과면적 : 0.37 m^2) 1본당 유량 1.7 L/min(100 L/h)을 기준으로 통수를 개시하면 25시간 후에는 통수량이 1/2의 0.8 L/min(48 L/h)까지 저하한다.

여과 개시 직후의 수질은 FI_{15}=6.3을 나타내며, 약 15시간 후에 FI_{15} ≒4.0에 달하여, 그 이후는 완만하게 저하하지만, 차압은 20시간으로 1.0 kgf/cm^2을 넘어, 25시간 후에는 1.2 kgf/cm^2에 달한다.

따라서 그림 8.3의 공정도에는 2기가 있는 필터중 1기의 차압이 1 kgf/cm^2을 넘는 시점을 cartridge element 교환, 세정의 기준으로서, 필터를 서로 교환하여 운전을 할 수 있도록 되어 있다.

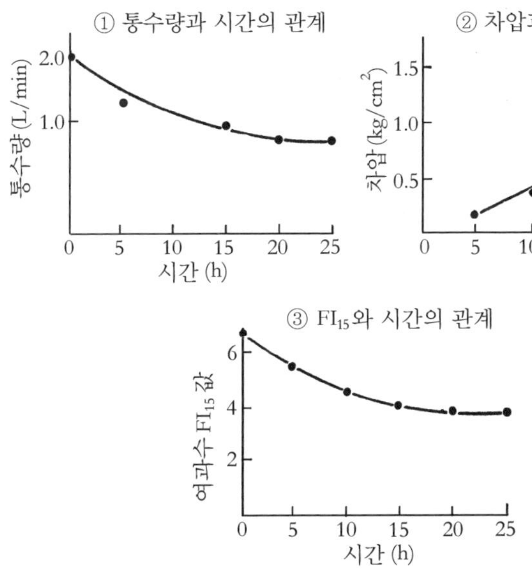

그림 8.5 직접 응집 여과에 있어서 막여과의 통수량, 차압, 여과수의 수질관계

주 필터 : 10 μm×250 mmL, 막면적 : 0.37 m^2 약주량 ; NaOCl : 0.5 mg/L(as Cl_2), $FeCl_3$: 0.5 mg/L(as Fe^{3+})]

이상과 같이 직접 응집 여과에 의한 현탁질의 제거법을 적용하면, 여과 통수시의 초기(5~10시간)는 $FI_{15}=4.0$ 이상의 여과수가 된다. 따라서 RO 모듈 보호의 관점에서는 공급 펌프의 후단에 설치하는 보안필터를, 2탑을 직렬로 배치(5 μm → 3 μm)하든지, 혹은 1탑의 경우는 3 μm필터 엘리멘트로서 크기에 여유를 가지는 것이 좋다.

② 슬라임(slime) 방지 대책

해수중의 박테리아로부터 RO 막, tank, 배관 중에 슬라임이 발생하기 때문에 이들 제거가 필요하다.

박테리아 제거에는 통상, 차아염소산나트륨을 이용하지만, 폴리아미드 계나 폴리에틸 계 등의 합성고분자 막은 염소에 의한 산화의 영향을 받아, 막이 열화하기 쉽기 때문에 멸균을 위해 일단 주입한 염소를 제거한다.

잔류 염소의 제거에는 용존 산소의 제거도 겸한 중아황산나트륨(sodium bisulfite : SBS, $NaHSO_3$)이 흔히 사용된다.

$$1/2O_2 + NaHSO_3 \rightarrow NaHSO_4 \tag{8.1}$$

(MW : 16) (MW : 104)

1.0 mg/L--6.5 mg/L

$$Cl_2 + NaHSO_3 + H_2O \rightarrow NaHSO_4 + 2HCl \tag{8.2}$$

(MW : 71) (MW : 104)

1.0 mg/L--1.5 mg/L

예를 들면 25°C에 있어서 해수중의 용존 산소 7.0 mg/L, 잔류 염소가 1.0 mg/L이 있다면 탈 산소와 잔류 염소에 요하는 SBS 양은 (8.1), (8.2)식의 등량계산으로부터 다음과 같이 된다.

$$(7.0\ \text{mg/L} - \text{DO} \times 6.5) + (1.0\ \text{mg/L} - Cl_2 \times 1.5) = 47\ \text{mg/L (SBS)}$$

용존 산소와 SBS 반응은 5∼10분, 잔류 염소와 SBS 반응은 순식간으로, 탈 산소를 필요로 하는 RO 막을 사용한 해수 담수화 장치에서는, RO 막 통수전에 5∼10분정도의 체류 시간을 가진 탈 산소조가 필요하다.

③ 막 성능 저하로 이어지는 성분의 제거

RO 막에 통수하는 원수의 pH는 실용상 7.5∼6.5의 범위를 유지하는 것이 많다. 이 pH의 범위는 특히 칼슘계 스케일의 석출방지 효과를 가지고 있다.

해수의 pH는 8.3정도의 약 알칼리이기 때문에, 황산 또는 염산의 주입에 의해 pH 조정을 행하지만, 염화제2철과 SBS의 주입에 의해 pH 조정을 겸하는 것도 가능하다.

RO 막에 따라서는, 공급 해수중의 용존 산소로부터 막면이 열화할 수 있다. 예를 들면 Toray PEC-1000막은 탈염율 99.7%의 높은 탈염율을 자랑하고 있지만, 용존 산소의 최대 허용치는 0.5 mg/L이며, 전처리에 있어서 탈 산소처리는 필수 조건이다.

SBS를 탈 산소제로서 사용한 경우는 용존 산소 1.0 mg/L당 6.5 mg/L의 SBS가 필요하기 때문에, 해수중의 용존 산소가 7.0 mg/L(25°C)이라면, 계산상은 47.5 mg/L의 SBS가 필요하지만, 실제로는 80 mg/L정도의 SBS를 주입하고 있는 예가 많다(RO 막에 공급하는 해수는, SBS 주입후 ORP+100mV 정도를 기준으로 하지만 이 이상 SBS를 주입하면, ORP는 마이너스를 나타내며, pH도 너무 낮게 나타난다.).

(2) RO 막 부분

RO 막 부분에서는 공급 펌프와 고압펌프를 직렬로 연결하는 것이 보통이다. 여기에서 공급 펌프는 보안 필터의 가압 여과와 고압펌프의 부스타 펌프의 역할을 하며, 소형의 RO 장치에서는 RO 막의 화학 세정용 펌프도 겸하고 있다.

공급 펌프는 내식성의 원심 펌프(토출압 : 2~3 kgf/cm^2)가 사용되며, 고압펌프는 100 m^3/day 이하의 처리 수량이라면 플런저(plunger)식 펌프, 이 이상의 규모에서는 다단와류 펌프가 사용된다.

일반적으로 플런저 펌프는 효율이 70% 이상 높지만, 해수 담수화의 경우는 50~55 kgf/cm^2정도의 압력으로 운전하기 때문에 소음이 크며, 맥동을 발생하므로 펌프 출구측에 완충장치(accumulator)를 부착시켜, 펌프 출구로부터 여과수조로 되돌리는 배관에 압력 조정 밸브(needle valve)부착의 보조배관을 부착하면 급격한 압력변동을 방지할 수 있다.

다단와류펌프는 구조가 간단하며, 맥동도 없으며, 유지 관리도 용이하기 때문에, 중소규모 이상의 RO 장치에 사용된다.

회수율은 RO 모듈 농축수 출구측의 압력 조정 밸브를 사용하여 조절하지만, 미세 조정도 할 수 있도록 니들 밸브 부착의 우회(bypass)회로를 조합해 두면 조작하기 쉽고 편리하다. 해수 담수화의 경우는 원료가 되는 해수는 무한정 있기 때문에, 회수율은 최대 40%정도로 하고 있다.

RO 막면의 오염은 피할 수 없기 때문에, 막면을 화학 세정하는 경우에 대비하여 세정용 회로를 설치해 두면 좋을 것이다. RO 막을 1개월 이상 사용하지 않는 경우는, SBS 500 mg/L 용액으로 봉입(막 모듈을 SBS 500 mg/L 용액으로 3개월간 봉입하여 운전재개 시, 봉입수의 용존산소(DO)를 측정하면 DO는 검출되지 않았으며, 탈염율에도 변화는 없다.)해 두어야 한다.

(3) 후처리 부분

해수를 높은 탈염율의 RO 막 처리로서 얻어진 투과수는, 해수중의 Ca 혹은 Mg의 경도 성분까지 거의 완전하게 제거하기 때문에, 실제로

표 8.3 RO 막 투과수의 수질 분석

수질 항목	투과수 수질
pH	6.2
전기전도도(μs/cm)	240
증발잔류물(mg/L)	195
염소이온(mg/L)	120
과망간산 칼륨소비량(mg/L)	1.6
경도(mg/L)	28
잔류 염소(mg/L)	0.3

마셔보면 「맛있는 물」로 느끼지 않는다고 하는 사람이 많다. 일예로 해수를 RO 막으로 처리한 직 후, 투과수에 살균용의 염소를 가해 음료수의 수질 검사 기준에 따라 분석해 보면 다음 표 8.3과 같은 수치를 나타낸다.

상기 항목 이외의 성분은 검출되지 않았으며, 수도법의 수질 기준에 적합한 수질이 얻어 졌다. 그러나 이 수질이라도 음료수 이용자는 「미각」의 면에서 불만이 남아있는 것 같다.

맛있는 물의 요건을 표 8.4에 나타냈다. 이 요건 중에 큰 요소를 차지하고 있는 것은 수온이며, 8~13℃ 정도로 차게 한 물은 대개 사람이 「맛있는 물」로 느끼는 것 같다.

상기 표 8.3의 RO 투과수는 「맛있는 물」의 요건과 비교하면, 증발잔류물(TDS)이 비교적 높으며, 경도는 낮은 경향이 있다. 조사에 의하면 돈을 지불해서라도 맛있는 물을 마시고 싶은 사람은 매년 증가하고 있으며, 대도시일수록 또 젊은층일수록 그 경향은 높다.

여기서 RO 투과수를 조금이라도 「맛있는 물」에 가깝게 하기위해, 투

표 8.4 맛있는 물의 요건

수질 항목	맛있는 물의 요건	적 요
증발잔류물	30~200 mg/L	주로 미네랄 함량을 나타내며, 양이 많으면 쓴맛, 떫은맛 등이 증가하며, 적당하게 함유되면 감칠맛이 나는 순한 맛이다.
경도	10~100 mg/L	미네랄 중에 양적으로 많은 칼슘, 마그네슘의 함유량을 나타내며, 경도가 낮은 물은 부드러우며, 높으면 좋고 싫음이 발생한다. 칼슘에 비해 마그네슘이 많은 물은 쓴맛을 증가시킨다.
유리탄산	3~30 mg/L	물에 상쾌한 맛을 나타내지만, 많으면 자극이 강하다.
과망간산칼륨 소비량	3 mg/L 이하	유기물량을 나타내며, 많으면 떫은맛을 나타내며, 다량으로 포함되어 있으면 염소소비량에 영향을 미쳐 물맛을 상하게 한다.
취기도	3 이하	수원의 상황으로부터 다양한 냄새가 발생하면 불쾌한 맛을 나타낸다.
잔류 염소	0.4 mg/L 이하	물에 석회냄새가 발생하며, 농도가 높으면 물맛을 나쁘게 한다.
수온	최고 20°C 이하	여름에 수온이 높게 되면, 그다지 맛없는 느낌을 준다. 차게 하면 맛있게 마실 수 있다.

과수를 탄산 칼슘 주성분의 미네랄 광석이나 산호석을 충진 한 미네랄 탑에 통수하면 소량의 경도 성분이 증가한다(미네랄 탑의 구조는 투과수가 미네랄 광석과 장시간 접촉하지 않도록 충진탑을 단시간에 통과하여 물이 고이지 않는 구조로 한다.).

물의 맛을 손상하지 않도록 살균용의 염소는 미네랄 탑의 출구측에 필요한 최저의 양을 가하면 좋을 것이다.

이처럼 생산된 음료수는, 수온이 5~10℃로 비교적 낮은 편이 맛있다고 느끼며, 적량의 탄산가스 용존도 맛있는 물의 하나의 조건으로 들 수 있다.

전기전도도 44,000 $\mu s/cm$의 해수를 회수율 40%로 담수화하여, 전기전도도 200 $\mu s/cm$ 정도의 수질을 얻을 때, RO 막 농축수측의 전기전도도는 2배 가까운 농도가 될 것으로 추정된다.

$$44{,}000 \times \frac{100}{100-40} \fallingdotseq 73{,}0000 \ \ \mu s/cm$$

이 상태로 운전을 일시 중단하여, 재차 운전을 개시하면 초기의 투과수 전기전도도는, RO 막의 탈염율을 99.5%로 하면 365 $\mu s/cm$가 된다.

투과수의 전기전도도가 400 $\mu s/cm$를 넘는 정도에서, 투과수중에 염분으로 예상되는 맛이 생기기 시작하며, 500 $\mu s/cm$를 넘으면 분명히 염분으로 알 수 있는 맛이 생긴다.

따라서 RO 막의 운전을 일시 정지하거나, RO 막을 화학 세정하여 운전을 재개 할 때는, 투과수 출구 측에 부착한 전기전도도계(EC계)로, 투과수의 수질을 확인한 후 밸브 전환을 하여 채수하면 좋을 것이다.

이상과 같이, 지금은 간단히 RO 막 1단 처리로 해수의 담수화가 행해지도록 되었지만, RO 막 이용 시 잔류 염소, 용존 산소의 제거, 박테리아 조절 등 조작상의 제약이 따르고 있다. 그러나 최근 신소재에 대한 기술 개발력은 눈부시게 발전하고 있으며, 현재 사용하고 있는 RO 막보다 사용상의 제한이 적은 고효율의 RO 막이 출현하였으며, 금후 발전이 기대되고 있는 분야의 하나이다.

8.4 정수 처리

(1) 처리 공정도의 예

그림 8.6에 전량여과 정유량 제어의 경우, 처리 공정도의 예를 나타냈다. 전 처리에는 협잡물 제거를 위해 스크린과 침사지를 설치한다. 막의 형상이나 원수 수질에 의해서는 pre-filter를 설치하거나 응집제를 첨가하는 것도 있다.

역압수 세정이나 공기세정(air scrubbing)은 자동운전의 공정에 넣어, 수십 분에 1회의 빈도로 행한다.

(2) 설계계산 예

■ 설계 조건

- 계획 정수량 : 1000 m^3/d
- 회수율 : 90%
- 계열수 : 2 계열

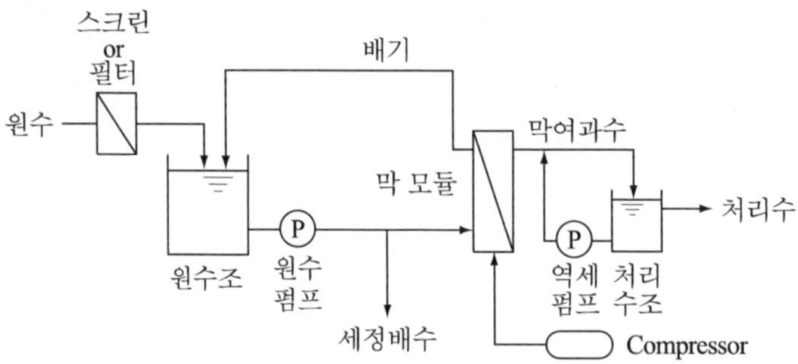

그림 8.6 정수 처리 공정도의 예, 전량여과
(역압수 세정 · 공기 세정 병용형, 정유량)

• 투과 유속 : 0.5 m/d (최저 수온시)
• 예비력 : 1계열에서 계획 정수량의 75% 확보

■ **설계**

• 필요 막 면적 : $1000 \times 0.75/0.9/0.5 \times 2 = 3334\ m^2$

(3) 설계상의 유의점

• 약품 세정은 오프 라인(off-line)에서 행한다.
• 사고시의 대책을 강구해 놓는다.
• 체류부의 동결방지에 유의한다.

8.5 빌딩 중수도 설비

(1) 처리 공정도의 예

그림 8.7에 빌딩 중수도 설비의 처리 공정도 예를 나타냈다.

(2) 설계상의 유의점

• 질화에 의한 pH 저하 대책을 세운다(알칼리에 의한 중화).
• 주방 배수가 많으면, 유수분리와 스컴 대책에 주의를 요한다.
• 오수 핏트 등에서 악취 대책이나 포기 교반, 펌프 등을 도입하여 혐기화를 방지.
• 중수관과 상수관의 교차 연결(cross connection)방지에 충분한 대책을 세운다.

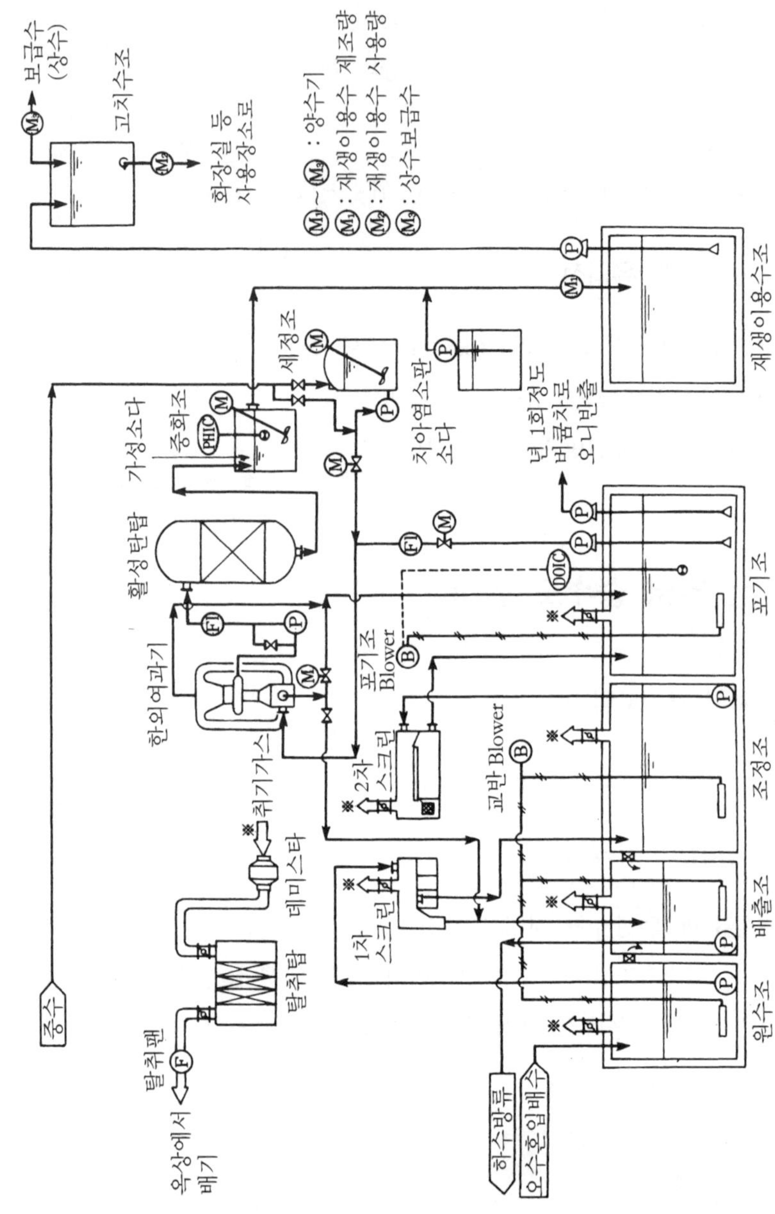

그림 8.7 빌딩 중수도 처리 공정도 예

8.6 RO 막과 이온교환법에 의한 배수 재 이용

전기전도도가 1000 $\mu s/cm$ 이상이며, 중금속 이온(Cu^{2+}, Ni^{2+}, Zn^{2+}, Cr^{6+}등)이나 시안이온(CN^{-})을 포함하고 있는 배수에는, 이온교환법의 직접 적용은 경제적으로 곤란하다. 그러나 배수 조성 중에 실리카(SiO_2)나 탄산 칼슘($CaCO_3$)등, 석출하기 쉬운 경도 성분이 적고 소정의 농도까지 농축해도 석출하는 성분이 없으면, RO 막법의 직접 적용이 가능하게 된다.

그림 8.8은 RO 막법과 이온교환법을 조합한 세정수 회수 이용의 한 예이다. 여기서는 세정수중의 중금속류를 응집 · 침전에 의해 제거할 수 없으며, 약산성 영역에서 중화하여 필터와 활성탄 탑을 통과하는 것만으로 중금속 이온을 포함한 채로 RO 막 처리를 행하고 있다. RO 막 처리에서 중요한 관리 항목은 막 오염에 영향을 미치는 현탁물, 염류 농도(전기전도도, TDS), 여기에 염류의 석출 정도에 따르는 것이며, 중금속 이온 함유량의 많고 적음은 문제가 되지 않는다.

그림처럼 배수를 직접 RO 막 처리함으로써 다음과 같은 이점이 있다.

① 처리 약품 첨가에 의한 염류 농도의 상승이 없기 때문에 RO 막으로 처리하는 원수의 삼투압이 높게 되지 않는다. 따라서 RO 장치 운전시, 압력이 함부로 상승하는 것은 없다.

② 처리 시스템이 단순하며, 설치 공간이 적게 든다.

③ 이 RO 시스템은 배수의 농축 장치로 생각해도 좋기 때문에 100 m^3/day의 배수를 30 m^3/day의 농축수까지 용량 감소가 되는 것이다. 따라서 응집 · 침전처리 장치는 필요하지만, 규모는 1/3로 충분하기 때문에 처리해야 할 배수량도 1/3이 된다.

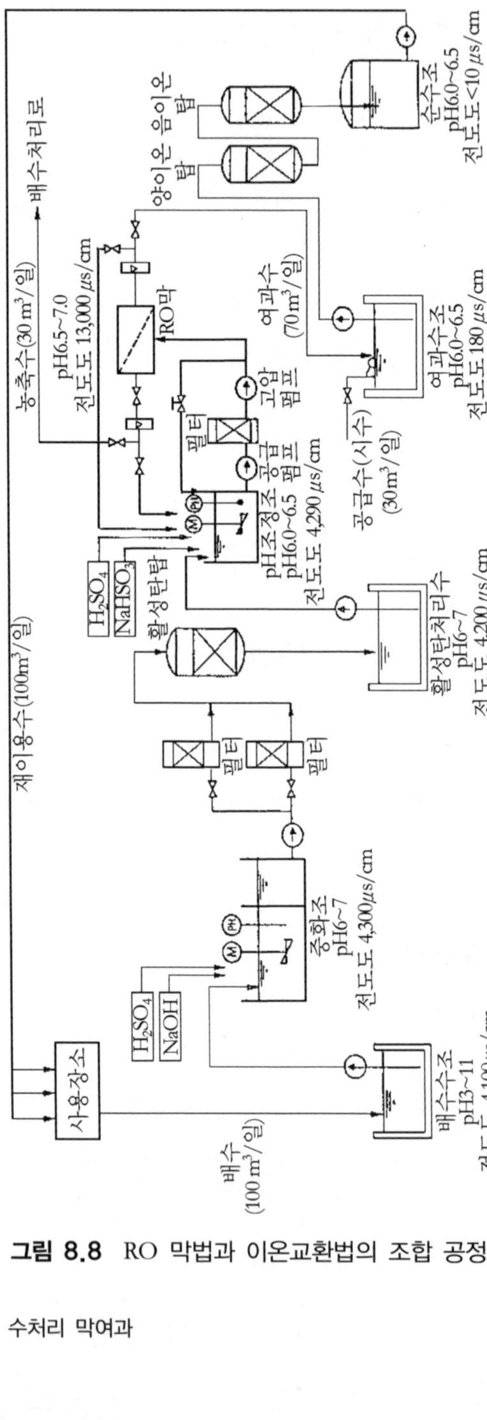

그림 8.8 RO 막법과 이온교환법의 조합 공정도

그림 8.8의 RO 막 처리에 의해 전도도 4,100 μs/cm의 배수가 전도도 180 μs/cm 정도의 수질로 개선되었다.

RO 처리수 이후는, 생산 부문의 요구 수질에 따라 이온교환법을 채용하지만, 일반적인 양이온 탑, 음이온 탑을 사용한 단상탑 방식을 채용하면, 전도도 180 μs/cm의 RO 투과수는, 전도도 10 μs/cm 이하의 순수가 된다. 더욱이 고순도의 순수를 필요로 하는 장소에서는, 혼상식 이온교환 탑을 부분적으로 사용함으로써 1 μs/cm 이하의 고순수를 얻을 수 있다.

그림 8.8의 공정도에서 처리한 각 조에서의 처리수 수질을 표 8.5에 나타냈다. 그림의 공정도는 산・알칼리계 배수의 재 이용 예이지만 시안

표 8.5 RO 막법과 이온교환법의 조합 공정도의 수질

항 목	배수수조	활성탄 처리수	투과수조	농축수	순수조
pH	3.5	6.8	602	6.5	6.1
전기전도도(μs/cm)	4,100	4,200	180	13,000	8.5
TDS(mg/L)	3,150	3,200	140	9,800	ND
Cu^{2+}(mg/L)	4	4	0.3	12	ND
Ni^{2+}(mg/L)	3	3	0.2	10	ND
Zn^{2+}(mg/L)	3	3	0.2	9	ND
Fe^{2+}(mg/L)	1	1	0.1	3	ND
SiO^{2}(mg/L)	12	11	0.5	40	ND
총경도	30	30	1.5	90	ND
COD(mg/L)	25	8	〈1	22	〈1
N-핵산추출물질(mg/L)	2	〈1	〈1	〈1	〈1
SS(mg/L)	3	〈1	ND	〈1	〈1
외관색	미청색	미청색	무색투명	청색	무색투명

계, 크롬계의 배수라도 다음의 전처리만 행하면 RO 막법의 적용은 가능하다.

① 시안계 배수

강 알칼리성의 경우가 많기 때문에, 시안 가스(CN^-)를 발생하지 않을 정도의 pH≒8까지 중화한 후, 필터, 활성탄 탑을 통하여 RO 막 처리를 행한다. RO 농축수는 알칼리 염소법에 의한 시안 분해처리가 필요하지만, 폐액 처리 수량은 약 1/3으로 감소한다.

② 크롬계 배수

6가 크롬(Cr^{6+})함유의 배수를 pH2.0~2.5로 아황산수소나트륨($NaHSO_3$)으로서 환원하여 3가 크롬(Cr^{3+})으로 한다. 환원이 종료하면 이 액을 pH 5.0~5.5정도로 중화하여 RO 막 처리를 행한다.

단, 이 방법은 원수중의 크롬 농도가 20 mg/L 이하가 아니면 적용이 어려우며, 이 이상의 농도가 되면 pH 5.0으로 중화한 단계에서 일부 수산화크롬[$Cr(OH)_3$]이 석출하기 시작한다. 농축수는 pH를 9.0~9.5로서 중화, 응집 · 침전 처리하여 3가 크롬(Cr^{3+})을 수산화크롬[$Cr(OH)_3$]으로서 분리한다.

배수의 재 이용에 RO 막을 적용하는 경우는, 막면의 오염은 피할 수 없다. 따라서 막의 화학 세정은 필수 조건이 되기 때문에, 막을 세정 할 수 있는 시스템을 조합한 것으로, 세정 폐액은 별도 계통의 폐수 처리 장치로 처리하지 않으면 안 된다.

스케일 조성이 동, 니켈, 아연, 철 등의 금속 수산화물이나 산화물인 경우는 3% 구연산모노암모늄액, 2% 인산, 0.5% 염산 중 어떤 것이라도 사용하여 저압 고 유속으로 60~120분간 순환 세정을 행한다. 스케일 조성이 탄산 칼슘, 황상칼슘 등의 물의 경도 성분으로 기인할 경우는 2%

EDTA · 2Na 용액이 유효하며, 상기와 같이 60~120분간 저압 고 유속으로 순환 세정을 행한다.

스케일 조성이 유기성 슬라임, 현탁 물질에 의한 것이라면, 0.5% 라우릴황산나트륨과 2%와 붕산나트륨의 혼합 세정제를 사용하여 pH 7.0 이하에서 30~60분간 순환 세정을 행한다.

어느 경우라도 그림 8.4의 공급 펌프가 화학 세정시의 약액 순환 펌프 역할을 담당한다.

8.7 UF 막에 의한 배수 재 이용

건물 내에서 사용한 배수를 고도 처리하여 잡용수로서 재 이용하는 중수도(잡용수도)는 대도시의 빌딩에서 실용 장치로서 가동되고 있다. 우리나라에서는 총 면적 60,000 m^2 이상의 건물, 또는 순환 이용 수량이 1,500 m^3/day 이상의 건물, 시설에 관해서는 중수도를 설치해야 한다. 중수도 시스템에서 처리된 물의 용도처는 대별하여 건물 내와 외로 나누어질 수 있다.

① **건물 내에서의 이용** : 수세 화장실, 냉각수

② **건물 외에서의 이용** : 세차, 살수, 청소, 조경용수(연못, 분수)

표 8.6에 중수도의 수질 기준을 나타냈다.

중수도의 원수가 되는 배수는 목욕, 세면, 청소, 주방 배수 등이지만, 이 중 주방 배수는 SS, 유분, BOD 성분을 많이 포함하고 있으며, 다른 배수에 비해 오탁의 정도가 높은 점이 특징이다. 기본적 처리법으로서는 이하의 예를 들 수 있다.

표 8.6 중수도의 수질 기준

구 분	수세식화장실	살수용수	조경용수	세차 · 청소용수
대장균군수	불검출/100 ml	불검출/100 ml	불검출/100 ml	불검출/100 ml
잔류 염소 (결합)	0. 2 mg/L 이상	0.2 mg/L 이상	–	0.2 mg/L 이상
외관	불쾌감 없을 것	불쾌감 없을 것	불쾌감 없을 것	불쾌감 없을 것
탁도	2 NTU 이하	2 NTU 이하	2 NTU 이하	2 NTU 이하
BOD	10 mg/L 이하	10 mg/L 이하	10 mg/L 이하	10 mg/L 이하
냄새	불쾌한 냄새 없을 것	불쾌한 냄새 없을 것	불쾌한 냄새 없을 것	불쾌한 냄새 없을 것
pH	5.8～8.5	5.8～8.5	5.8～8.5	5.8～8.5
색도	20도 이하	–	–	20도 이하
CODMn	20 mg/L 이하	20 mg/L 이하	20 mg/L 이하	20 mg/L 이하

① **생물 화학적 처리** : 가압 부상법, 응집 · 침전법, 활성탄 흡착법

② **생물 처리** : 활성탄오니, 접촉산화법

③ **막분리** : MF 막법, UF 막법, RO 막법

중수도 시스템에서는, 건물 내에 처리 설비를 설치하는 관계상, 설치 공간에 제한이 있기 때문에 공간 절약으로 단순한 시스템의 것이 요구된다.

고–액 분리에는 종래 침전조나 모래 여과기가 사용되었지만, 여기에는 넓은 설치 공간이 필요했다. 이에 대해 UF 막을 사용한 고–액 분리 장치는, 침전 분리와 청징여과를 한정된 공간 내에서 동시에 행할 수 있다.

UF 막을 사용한 고–액 분리 장치는, 콜로이드상의 현탁 물질은 물론 분자량 수준의 물질을 분리하는 것이 가능하며, 세균, 미생물 외에 바이러스 등도 99% 이상 제거 가능하다.

중수도에 이용되는 UF 막은 현탁 물질이나 오염에 강한 튜브형 혹은 플레이트형이 사용된다. 튜브형은 스펀지볼 세정과 약액세정이 가능하고, 플레이트형은 약액세정을 할 수 있으며, 플레이트의 오염이 진행한 경우는 플레이트의 교환을 용이하게 할 수 있도록 배려되어 있다.

튜브형 UF 막을 사용한 중수도 시스템의 예를 그림 8.9에 나타냈다. 빌딩에서 배출된 잡배수는 녹차 찌꺼기 등의 큰 고형물을 1차 스크린에서 제거한 후, 원수조에 저장되며 여기서부터 진동 스크린에 의해 송수된다. 진동 스크린은 미진동에 의해 100 μm(0.1 mm) 이상의 고형물을 제거할 수 있으므로 진동시에 발생하는 거품도 스크린을 통과하지 않기 때문에 기포성이 있는 계면활성제의 일부도 제거 할 수 있다.

1차 스크린, 진동 스크린에서 제거된 현탁 물질은 농축수조로 보내진다. 현탁 물질을 제거한 원수는 공급조에 저장되어 여기서 튜브식 UF 장치로 보내진다. UF 장치의 여과 압력은 2~3 kg/cm^{2}정도이며, 여기서 투과수와 농축수로 분리된다.

UF 막으로부터 원수중의 현탁 성분, 유분, BOD · COD 성분, 세균, 박테리아류는 농축수측으로 분리된다. 농축수조의 농축수나 스크린 잔사는 펌프로 퍼 올려 하수도에 배출한다.

중간수조에 저류된 UF 투과수는 활성탄 여과기를 통하여 더욱이 BOD · COD 성분, 색도 성분을 제거한 후, 염소 살균된 중수조에 저류되어 수세 화장실 등의 잡용수로서 재 이용 한다.

튜브형 UF 막 장치에는 막면에 부착한 겔상 스케일을 제거하기 위해, 물리적인 스펀지볼 세정이 가능한 기구와, 화학적인 약액 세정을 할 수 있는 장치가 부설되어 있으며, 설계 계획의 단계에서 막면의 오염 대책이 세워져 있다.

통상, 스펀지볼 세정은 1일 1회 행하며, 더욱이 1주일에 1회는 과산화

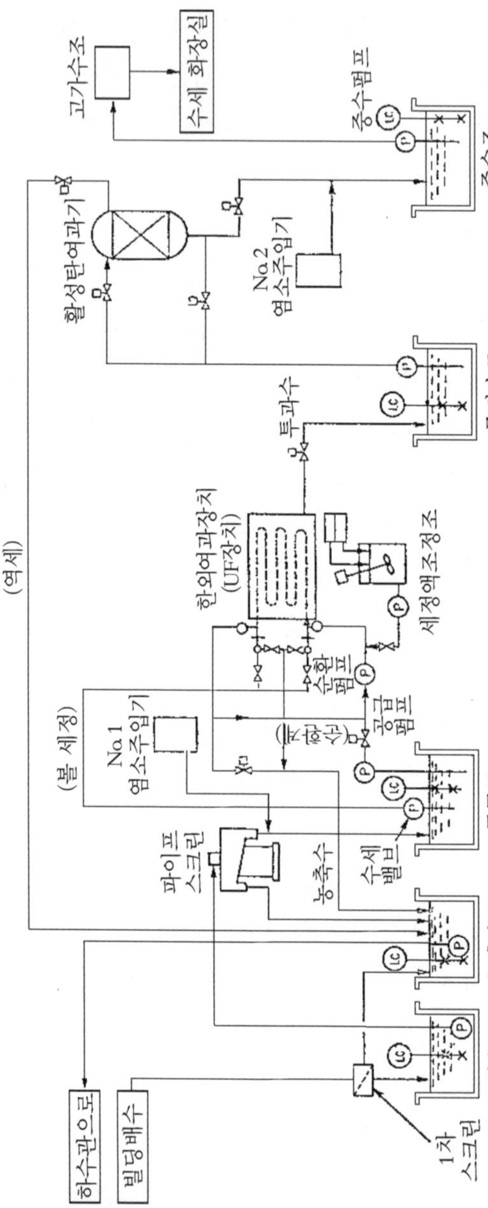

그림 8.9 UF 막 (튜브형)을 이용한 중수도 시스템

표 8.7 잡배수의 UF, 활성탄 처리수의 수질 예

항 목	원 수	UF 처리수	활성탄 처리수
pH	6.8	7.0	6.9
색도	–	무색투명	무색투명
취기	–	불쾌 무취	불쾌 무취
탁도(도)	20.2	〈 2	〈 2
SS(mg/L)	23.8	〈 5	〈 5
BOD(mg/L)	58.8	12.5	1.3
COD(mg/L)	28.0	8.1	2.9
MBAS(mg/L)	2.7	0.9	〈 0.2
증발잔류물(mg/L)	157	162	177
NH_4-N(mg/L)	0.4	–	0.3
Ca 경도(mg/L)	–	–	56
염소 이온(mg/L)	–	–	23
M-알칼리도(mg/L)	–	–	55

물(0.5% 과붕산나트륨 : $NaBO_3$)과 킬레이트제(0.2% EDTA · 2 Na)의 혼합 세정제로 화학 세정을 하며, 막면의 투과 수량 저하를 방지한다.

이렇게 하여 얻어진 처리수의 성상은, 표 8.7의 예와 같으며 잡용수로서의 이용에 지장은 없다.

그림 8.10은 잡용수로부터 오탁의 정도가 높은 주방배수의 UF 막 처리시스템 예이다. 주방배수는 BOD, COD, 유분이 많고 직접 UF 막 처리하는 것은 어렵기 때문에 우선 가압부상 처리를 행하여 BOD 성분과 유분의 대부분을 제거한 후 저수조에 저류한다. 저수조의 원수는 스크린으로 여과하며 활성오니 반응조로 보낸다.

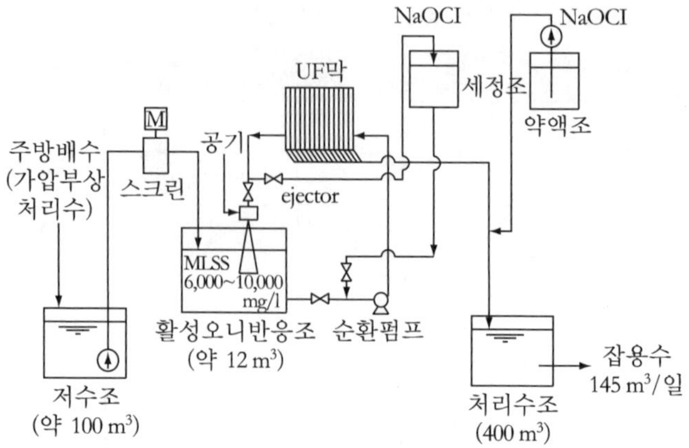

그림 8.10 UF 막(플레이트 형)을 이용한 중수도 시스템

활성오니 반응조에서는 MLSS 농도를 6,000∼10,000 mg/L의 고농도로 유지하고 있다.

이것은 표준 활성오니법의 MLSS 농도(2,000∼4,000 mg/L)에 비교하여 2∼3배의 농도이기 때문에, 그만큼의 BOD 제거 반응 시간이 단축할 수 있으며 체류 시간은 60∼90분으로 충분하며, 조 용량은 12 m^3으로 작다.

이처럼 MLSS 농도를 높게 유지할 수 있는 것은 고-액분리로 UF 막을 적용하고 있기 때문이며 이 부분이 종래의 중력 분리에 의한 침전 분리와 다른 점이다.

산소 공급을 위한 포기로는, 소음이 나는 송풍기(blower)를 사용하지 않고 UF 막으로부터 순환되는 물의 압력 에너지를 이용한 이젝트(ejector) 작용으로부터 공기를 흡인하여, 반응조에서 포기하고 있기 때문에 소음발생의 염려는 없다.

UF 막은 플레이트 형의 막을 사용하고 있으며, 사용 시간의 경과에 따라 부착하는 겔상 스케일은, 투과 수량을 저하시키기 때문에, 여기서는 2주간에 1회 정도 차아염소산나트륨(NaOCl)을 사용하여 2시간 정도 순환 세정을 행한다.

반응조의 MLSS 농도 조정에 따라 발생하는 잉여 오니는 다른 잉여 오니조에 저류하며, 적당히 반출하여 처분한다. 표 8.8에 처리수 수질을 나타냈다.

활성오니법과 UF 막 처리법의 병용으로 BOD 10 mg/L 이하, COD 20 mg/L 이하의 처리수가 되며 화장실의 세정수 등으로서 재 이용 가능하다. 중수도의 적용에서 가장 문제가 되는 것은, 세균이나 바이러스 제거에 관한 것이지만, UF 막과 염소 처리를 병행하는 것으로 바이러스는 거의 완전하게 제거 된다.

표 8.8 중수도의 수질

항 목	배수 수질			처리수 수질		
	평균	최소	최대	평균	최소	최대
pH	6.5	4.8	6.9	7.0	5.9	8.6
탁도(도)	36	19	79	1〉	–	–
SS(mg/L)	64	33	130	1〉	–	–
BOD(mg/L)	119.0	43.0	250.0	3.8	1.9	9.5
COD(mg/L)	47	17.0	86.2	9.1	4.7	17.5
MBAS(mg/L)	5.7	1.0	9.4	1.3	0.2	4.0
색도(도)	8.3	5.0	210	4.4	2.0	8.0

참고문헌

1) 趙奉衍ら：膜分離淨水處理における膜仕様と操作因子, 水道協會雜誌, Vol. 62, No.2(1993)
2) 趙奉衍：膜分離를 利用한 水道원수의 高度處理에 관한 硏究 大韓上下水道學會誌, Vol. 7, No.2(1993)
3) 藤田賢二ら：精密濾過膜及び限外濾過膜による濁度, 大腸菌,ウイルス及びフミンの除去, 水道協會雜誌, Vol. 60, No.3(1991)
4) 藤田賢二：膜濾過技術と淨水處理, 工業用水, No.389(1991)
5) 藤田賢二：膜分離技術による淨水場の試設計,水道協會雜誌, Vol. 59, No.4 (1990)
6) P.A.Kober：J. Am, Chem., Soc., 39, 944(1917)
7) 伊藤義一：上水道における膜の利用,金屬臨時增刊號(1991.4)
8) 急速濾過・生物濾過・膜濾過, 技報堂出版(1994)
9) 上水における膜濾過法Q&A, 水道 淨水プロセス協會(1996)
10) 中垣定幸 監修：膜處理技術大系(上)フジテクノシステム(1991)
11) Ho,W.S.W(ed)：Membrane Handbook, Van Norstrand Reinhold(1992)
12) 日本膜學會編：膜學實驗シリズ人工膜編(1993)
13) 田中：無機膜の硏究開發, 造水先端技術講習會講演要旨集, 造水促進センタ-(1990)
14) 水リサイクル(應用編), 地人書館(1994)
15) Tuji Yukio, 膜分離(3), PPM(1995)
16) 國定勇一, 海水濁度の測定技術, 日本海水學會誌, 33, 3(1979)
17) 久保武久, 甲斐 學, 病院用水, 純水・超純水製造法, 辛書房(1985)
18) 高木誠司：定性分析化學(中卷)イオン反應編, 南江堂(1981)
19) Iler, R.K.：The colloid chemistry of silica and silicates, Cornell Univ. Press, 1955.

20) Betz.L.D., Noll.C.A., Maguire.J.J. : Ind. Eng. Chem., vol 32(1940), vol 33 (1941)
21) 大矢晴彦ら,水道協會誌, Vol. 58, No.11(1989)
22) 山辺武郎 : 海水學會誌, Vol. 19(1968)
23) 小山 清, 西村正人 : 分離膜の 汚染對策と洗淨・回生技術, 水處理 技術, 33, 2(1992)
24) 和田洋六 : 造水の技術, 地人書館(1996)
25) Ho, W.S.W(ed) : Membrane Handbook, Van Norstrand Reinhold(1992)
26) 日本膜學會編 : 膜學實驗シリズ人工膜編(1993)
27) 中垣定幸 監修 : 膜處理技術大系(上・下)フジテクノシステム(1991)
28) 造水技術ハンドブック、造水促進センター(1993)
29) 井出哲夫 編 : 水處理工學, 技報堂 出版(1976)
30) K.S.Spiegler : Trans., Faraday. soc., 54. 1409(1958)
31) O.Kedem, A. Katchalsky : J. Gen, Physiol., 45. 143(1961)
32) 日本膜學會編 : 膜分離プロセスの設計法(1985)
33) Shin-ichi Nakao, Shoji Kimura : J. Chem., Eng., Japan 14, 32(1981)
34) Ikuo Jitsuhara, Shoji Kimura : J. Chem., Eng., Japan 16, 389(1983)
35) 大谷敏郎, 渡辺敦夫, 星野智巻, 木村尙史 : 化學工學論文集, 11, 40(1985)
36) 佐藤敦久 : 水處理-その新しい展開, 技報堂出版(1992)
37) 和田洋六 : 水のリサイクル(應用編, 地人書館(1992)

제3편

수처리 막여과법 Q & A

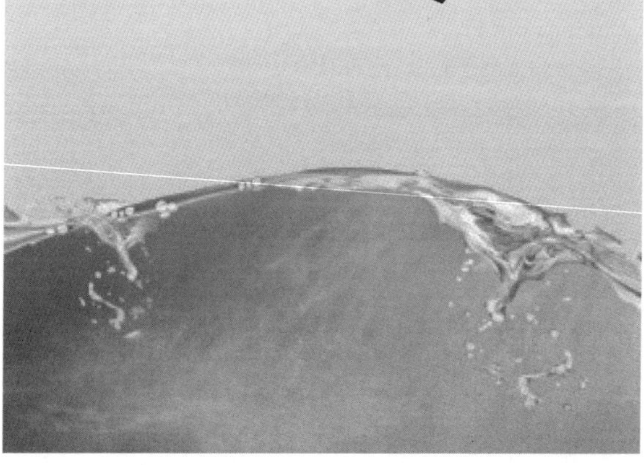

Question 1

≪MAC 21계획≫은 무엇인가?

1991년도에서 3년간 행한 ≪MAC 21계획≫은 「막 이용형 신 정수 시스템 개발연구」의 닉네임으로 Membrane Aqua Century 21의 앞 문자를 따온 것이다. 이 연구는 일본의 후생성 후생과학 연구비 보조금과 참가기업 등의 부담금에 의해 수도분야로서는 지금까지 예가 없던 관・학・민 공동의 일대 연구 프로젝트로서 수행되었다. 연구에 매진하는 목적은, 최근 수도사업을 둘러싼 환경의 변화에 대응해서 「막분리」의 혁신적 또는 고 효율적인 기술에 착목하여, 수도용으로 적용 할 수 있는 시스템의 개발, 막 기반 기술의 확립, 정수 기술의 약진 기대 등으로 주된 연구 내용은,

① 일본 수처리 제조 회사 18개사에 의한 개별 막 실증 플랜트 실험
② 대학교수(기술위원회 위원)에 의한 막여과 기술의 기초연구 등 프로젝트 조직으로서는 관련단체, 대학(수도공학, 화학공학), 수처리 제조 회사 등 총 인원 70명에 미치는 기술자의 참가에 의한 각 위원회 구성에서 연구가 행해졌다. 3년간의 연구사업 실적은 다음과 같다.

- 소규모 수도에 있어서 「막여과 시설」도입 가이드라인 및 유지 관리 메뉴얼 작성 : 본 연구의 성과를 집약
- 막 실증 플랜트 실험 : 2년간을 3기로 나누어 18개 기업에 의한 35개 패턴의 현장 실험 실시(기타센바 광역 수도기업단 취수장내)
- 망간 제거실험 : 산화제를 사용한 실험 실시
- 수도 막여과 문헌집 : 국내문헌 191편, 국외문헌 219편, 합계 410편을 수집・요약하여 문헌집을 작성
- 수도 막여과 용어집 : 표제용어 150에 관해서 해설을 더해 간행
- [수도에 있어서 「막여과법 Q & A」] : 「막여과법」 보급촉진을 위해 알기 쉽게 해설서로서 간행
- 「막으로 수돗물을 만든다」 비디오의 제작, 배포
- 해외에 있어서 막 정수장의 조사 : 서구, 호주 등

한편 기초 연구로서는 丹保(北大), 佐藤(八戸工大), 藤田(東大), 鈴木(東大), 木村(東大), 綾(武藏工大), 茂庭(東海大), 住友(京大) 등 각 교수(기술위원회 위원)가 각각 「막여과법」에 관한 기반 기술 확립을 위해 연구하여 유용한 많은 지식을 가지고 있었다. 따라서 3년간에 걸친 MAC 21계획은 「막여과법」(정밀여과 한외여과)이 수도 정수 처리용으로 충분히 적응 가능한 매력 있는 기술인 것을 입증할 수 있었다. 그의 성과를 집약하면 다음과 같다.

① 종래의 응집・침전・여과의 처리 공정이 단일의 「막여과」공정으로 대체할 수 있다.

② 시설의 소형화와 모듈의 막 집적에 의해 처리 수량이 증대하기 때문에 부지 면적이 종전보다 대폭으로 절감되며, 건설 공기는 단축될 수 있다.

③ 현탁 물질, 세균류 제거에 탁월한 효과가 있어 수질 향상을 높일 수 있다.

④ 응집제는 필요하지 않지만, 사용하여도 통상처리의 1/3 정도이다.

⑤ 운전은 자동이며, 유지 관리 또한 용이하다. 시스템으로서 안정성이 높다.

MAC 21 계획은 예상 이상의 성과를 얻어 종료하였지만, 1994년도부터는 다음 단계로서 소독 부생성물, 취기물질, 농약 등의 제거를 대상으로 한 고도처리 MAC 21이 수행되었다.

MF막, UF 막에 활성탄 등을 조합한 하이브리드 처리, 여기에 「Nano 여과법」의 제거성능에 대한 검증 등 새로운 기술 개발을 향해 출발하였다.

총 설

Question 2

막 여과법과 종래 시스템의 차이는 무엇인가?

(1) 종래의 처리 시스템

종래의 응집 · 침전 · 여과는 수 nm～수 μm의 콜로이드 현탁 물질에 알루미늄 등의 응집제를 가하여 응집시켜 침전지와 여과지에서 분리하는 것이다. 침전지에서는 1 cm/min 정도의 침강속도를 가질 때까지 성장한 플록을 제거 할 수 있다. 아주 작은 응집 입자는 모래여과지에서 제거된다. 모래입자와 모래입자 사이에는 수십～수백 μm 정도 크기의 작은 공극이 있으며, 60 cm 정도의 모래층 중에 작은 공극이 백단 정도쭉 직렬로 연결되어 있다.

이러한 작은 공극에서 조금씩 수중으로부터 미립자가 제거되고 있다. 침전지에서의 제거도, 알루미늄 플록과 수중의 불순물이 결합하는 기회의 크고 작음이 문제가 되며, 모래 중에서도 불순물이 모래 표면에 접촉해서 제거되는 기회의 대소가 문제가 된다.

어느 쪽이든 확률적인 제거 조작이기 때문에 아무래도 어떤 비율만큼 콜로이드가 제거되지 않고 남는다. 원수 중에 1 cm^{3}당 10^6～10^7개 정도의 입자가 있을 때, 그것을 최대한 $10^4 \sim 10^5$개 정도까지 줄이는 것이다. 이 처리법은 지구의 수문 대순환 경로 중, 호수와 천층 지하수에서 볼 수 있는 정화를 본보기로 한 것이므로 생태학적인 정화법이라고 할 수 있다.

(2) 막 여과법

이에 대해 막여과법은 막의 공경보다도 치수가 큰 것을 막 표면에서 저지하여 보다 작은 것만이 통과한다고 하는 분리의 명확한 한계가 있는 방법이다. 모래 여과가 수십~수백 μm의 모래 공극을 백단이나 연속적으로 걸쳐서 조금씩 불순물을 확률적으로 제거하고 있는 것에 대해, 수도에 사용하는 막 공경이 큰 정밀여과(MF)법에서는 0.05~0.1 μm 이상의 입자를 제거한다.

더욱이 최근 많이 사용되고 있는 한외여과(UF)법에서는 분자량이 5,000~100,000 이상의 불순물은 거의 완전하게 제거된다. 수치로 말하면, 0.005~0.01 μm 이상 정도의 것은 거의 완전하게 제거된다. 이 분리의 형식은 막의 표면에서 불순물이 어떤 수치를 경계로 제거될 수 있을까, 제거될 수 없을까 라고 하는 의미이다.

아주 작은 치수의 불순물 제거에 관해서는 나노(NF)여과법이 있다. 분자량이 수백 정도까지 물질을 거의 제거 할 수 있다. 이들은 생물의 몸속에서 주로 행해지고 있는 분리법이며, 대응해야 할 성분을 분리 할 수 있다면, 나중에는 구동력으로서 에너지의 유효 이용, 막의 막힘 등에 대한 조작상의 문제만 검토하면 좋을 것이다. 생체학적 분리법이라고 할 수 있을 것이다.

(3) 막의 구조와 에너지

막에는 막 표면에 분리를 취급하는 얇은 치밀층이 있고 이것 보다 두껍고 비교적 다공질의 지지체가 지탱하고 있다. 재질은 무기재료인 세라믹과 다양한 유기 폴리머를 사용하고 있다. 막여과 유속을 크게 하는 것은 어려우며, 장기간에 걸쳐 기대할 수 있는 유속은 모래 여과의 120 m/day에 대해 0.5～1 m/day 정도로 극히 낮은 값이지만 용적당의 막 면적이 모래 여과에 비해 극단적으로 크기 때문에 단위 면적당의 높은 처리량을 확보 할 수가 있다.

장치는 압력(흡인)펌프와 분리 막의 두 가지 요소가 주로 구성된다. 막의 공경을 적절하게 선택하면 응집제를 사용하지 않고 분리할 수 있다. 응집, 침전, 모래 여과, 활성탄 흡착 등의 종래의 수처리 프로세스 방법과 조합하면, 이들 어딘가의 공정을 막으로 치환 할 수도 있다. 또한 전체를 막으로 구성하여 종래의 시스템과 완전히 대체하는 것도 가능하다. 막분리의 조작 압력으로서 MF, UF에서 50～150 kPa, NF에서 0.4～1 MPa이 보통으로 생각된다.

앞으로 급속 여과 완속 여과에 대처하는 처리법으로서 기대되고 있다. 이들의 막법은 거의 자동운전이 가능하며, 기술이 향상되면, 현재의 자동차처럼, 거의 세밀한 노하우 없이 어디서나 일상적으로 운용하는 수처리 조작이 될 것이다. 응집 조작이 100년의 역사를 가지고 있어도 아직 숙달을 요하는 기술인 것과는 대조적이다.

총설

··• Question 3

막여과법은 수돗물로서 안심하고 사용 할 수 있는 시스템인가?

막 여과법은 지금까지 정수방법의 응집 · 침전 · 여과(모래 여과)중, 전부 혹은 침전 · 여과 또는 여과를 대체하는 것이기 때문에, 수질적으로도 설비적으로도 안전성 · 신뢰성이 높게 되었다.

막여과법에서는 공경이 큰 MF 막에서도 모래 여과에서는 제거되지 않는 미립자나 세균류, 대장균도 제거된다. 따라서 막으로 여과한 물은 종래의 수돗물보다 양질이며 안전하다.

1991년도부터 3년간 행한 MAC 21 계획에서는 막의 종류, 형식에 불문하고 탁도는 탁도계의 감도 이하로 거의 영에 가깝고 일반 세균, 대장균은 일반적으로 검출되지 않았다. 기타 색도, 과망간산칼륨소비량, 철, 망간 등의 제거는 모래 여과와 같든지 그 이상의 양호한 결과를 얻을 수 있었다.

또 설비는 최신의 계측 · 제어 시스템을 도입하여 운전관리 뿐만 아니라 만일의 고장 등에 대해서도 재빨리 이상을 포착하여 신속한 대처가 가능하게 되었다.

게다가 사용 빈도가 높은 기기에는 예비기를 설치하여 한번이라도 정지하지 않도록 신뢰도가 높은 시스템으로 구성되어 있으며, 부품 개개에 내식성, 내진성, 위생성 등으로 신뢰도가 풍부히 높은 부품을 사용하고 있다.

이처럼 막여과법은 수도용으로서 모든 점에서 충분히 안심할 수 있는 시스템이 되어 있다.

총설

··• Question 4

막여과 시설의 수도법상 취급과 보조 제도는 무엇인가?

일본의 후생성에서는, 1994년 11월 25일부로 특별시, 도, 각 시의 수도행정 주관 부(국)장 앞으로 「정수 시설에 있어서 막여과기술의 적용에 관해서」의 문서를 수도환경부 수도정비 과장 명으로 통지하고 「막여과 시설」을 수도법상 인가 대상으로 하였다.

통지에 의하면 「막여과 시설」은 수도법(1957년 법률 제177호) 제6조 제1항 및 10조 제1항에 의거하여 인가 및 동법 32조 제1항에 의거하여 확인, 또 기존의 정수 시설에 막여과 시설을 부가하는 경우, 또는 기존의 정수 시설의 일부 혹은 전부를 막여과 시설로 변경할 경우는 수도법 제10조 제1항의 인가 및 동법 제32조 제1항의 확인 대상이 된다고 되어있다.

더욱이 이들 사무 등의 집행에 있어서는 (사)수도정수 프로세스협회가 후생 과학연구비 보조금의 교부를 받아 수행한 「막 이용형 신 정수 시스템 개발연구」(MAC 21 계획)에 의해 정리한, 「소규모 수도에 있어서 막여과 시설도입 가이드라인」 및 「소규모 수도에 있어서 막여과 시설 유지 관리 편람」을 당분간 사용하도록 하고 있다.

간이 수도 시설의 정비에 관해서는 국고 보조 제도가 설립되어 있기 때문에 수도법상의 인가 등의 수속이 행해진 시설 중, 보조 요강에 대조하여 국고보조 대상으로서 적당하다고 인정되는 것에 관해서는 예산 범위 내에서 보조금의 교부를 받을 수 있다.

막여과법은 새로운 정수 기술이기 때문에 수도 사업자 등이 도입을 예정하는 막여과 시설에 관해서 기술적인 검토를 지원하기 위한 평가 시스템 및 플랜트 제조사의 막여과 장치에 대한 인정제도 등 수도 정수 프로세스 협회에서 평가 위원회를 설치하여 대응하고 있다.

총설

•◦• Question 5

막여과법을 소규모 수도로부터 도입하는 배경은 무엇인가?

하천 상류부의 수질은 일반적으로 양호하지만, 중 하류가 되면 산지, 농지 더욱이 도시부나 공장지대 등의 입지조건에 의해 하천수질이 달라진다. 또 지하수는 양질이지만 많은 양을 기대하는 것은 무리인 것 같다.

일반적으로 농어촌과 소도시에서는 인구도 작고 수도도 소규모이며, 수도 수원으로는 지하수나 비교적 양질인 소하천을 이용하고 있다. 따라서 우천시에 하천 탁도가 일시적으로 상승하는 것은 있어도 정수 처리에 특별한 문제가 있는 경우는 적다고 생각되어 진다.

이에 대해 대도시의 대부분은, 하천의 중 하류 부분에 위치하고 있기 때문에 각종의 수질오염은 피할 수 없다. 특히 최근 대도시의 수도 오염에서 문제가 되는 것은, 이취미 물질이나 트리할로메탄 등의 용해성 성분의 존재이다. 이들은 통상의 정수 처리 만으로는 간단히 제거할 수 없다.

MAC 21 계획에서는 우선 소규모 수도를 목표로 하여 막여과 처리를 이용한 실증 실험의 연구가 행해졌다. 실험 결과의 데이터를 기초로 「소규모 수도에 있어서 막여과 시설 도입 가이드라인」이 만들어졌다.

막여과 처리 시설을 도입함으로써, 소형화한 시설로 모래 여과보다 우수한 수질을 얻을 수 있었으며, 관리의 자동화·간편화를 도모할 수 있는 등 소규모 수도에 있어서 좋은 조건으로 갖출 수 있다.

이번 실증 실험은 MF 막이나 UF 막 등의 비교적 세공이 큰 종류의 막을 사용하고 있다. 이것은 소규모 수도의 특질과 목적을 고려한 선택이었다.

··· Question **6**

막여과법의 장점과 단점은 무엇인가?

정수 처리에서 막여과법을 적용한 시설의 장점은 다음과 같다.

① 원수 중에 포함되어 있는 불순물 중, 현탁하고 있는 일정 이상의 큰 현탁 물질을 확실하게 제거 할 수 있다.

② 기계적으로 움직이는 부분이 적고, 용이하게 자동화가 가능하다.

③ 막 장치는 소형으로 수납 할 수 있기 때문에, 작은 부지 면적에 건설할 수 있다.

④ 적은 응집제의 사용량으로 운전할 수 있다. 또 원수 수질에 의해서는 응집제를 사용하지 않아도 쉽게 운전 관리가 간단하다.

⑤ 단위화가 용이하며, 공장에서 제작 할 수 있는 부분이 많아, 건설공기를 단축할 수 있다.

한편, 다음과 같은 단점도 있다.

① 색, 냄새, 맛 등에 관여하는 용해성 물질은, 한외여과나 정밀여과에서는 완전하게 제거 할 수 없다. 이러한 성분을 많이 포함한 원수에 대해서는, 종래법과 같이 약품 처리나 고도 처리와의 조합이 필요하다.

② 여과 성능이 역세 등의 물리 세정 만으로 원래대로 회복되지 않을 때는 약품에 의한 세정이 필요하다. 또 약품 세정이라도 여과 성능이 회복되지 않을 때는 막의 교환이 필요하다.

③ 약품 세정 조작을 전문 업자에게 위탁할 수도 있지만, 약품 세정에서 배출된 세정 폐액은 중화 등의 배수 처리가 필요하다.

이상과 같이 막여과법의 장점과 단점 및 원수 수질 등을 고려해서 적용 여부, 설비 내용, 운전관리 방법을 결정하는 것이 중요하다.

··· Question 7

막여과 기술은 수도 이외 어떤 분야에 이용되고 있는가?

분리 막에는 용액중의 염류, 이온류, 저분자 물질의 분리를 목적으로 한 역삼투(RO)막, 용액중의 콜로이드 물질, 고분자 물질의 분리를 목적으로 한 한외여과(UF)막, 용액중의 미립자, 현탁 물질, 세균류의 저지를 목적으로 한 정밀여과(MF)막이 있다. 분리할 대상 물질에 따라 각각의 막이 다양한 분야에서 이용되고 있다.

RO 막은, 해수의 담수화를 목적으로서 미국에서 개발되어 실용화되었지만, 각종의 저분자 물질을 분리하며, 오히려 상변환을 동반하지 않는 등의 우수한 특성이 주목받고 있다. 해수 담수화 이외에는 염수의 담수화, 초순수 제조, 고품질 식품의 제조, 발열성 물질(pyrogen) 프리수, 각종 폐수의 재 이용, 유가물의 농축 회수 등 여러 갈래로 퍼져있다. 더욱이 낮은 조작 압에서 높은 염제거성을 안정하게 얻을 수 있는 막이 개발되어, 여러 가지 용도로 전개되고 있다.

UF 막은, 여과 대상이 수계에서 용제계와 폭넓게 오히려 RO 막에 비하면 조작압이 낮은 것도 있으며 응용범위가 광범위한 것이 특징이다. 반도체 분야에서는 초순수 제조용 최종 필터로서, 의료 · 제약분야에서는 무균 파이로젠 프리수의 제조 등에 이용되고 있다. 식품 분야에서는 양조 제품의 앙금제거, 청정과즙, 효소의 정제, 천연색소의 회수 등에 이용되고 있다. 또, 맥주에서 폐수를 생물 반응조와 막 법에 의해 재생하여 잡용수도 시스템이나 분뇨 처리 분야 등에 이용되고 있다.

MF 막은, 수돗물의 압력 정도로 여과 기능을 수행할 수 있기 때문에 가정용 정수기 등 용액중의 불순물을 제거할 목적으로 다양한 종류의 수처리 분야에서 이용되고 있다. 원자력 발전소의 복수여과 폐액처리, 병원 · 제약공장에서의 의료 · 제약 용수 · 제균, 식품의 가공 · 용수분야에서의 제균, 미립자 제거, 연삭 · 연마 배수 처리, RO 법이나 UF 법의 전처리용 등에 광범위하게 이용되고 있다.

총 설

Question **8**

막여과 시설에서 준수해야 할 법령은 무엇인가?

막여과 시설에 관해서 적용되는 법령은, 종래의 응집 · 침전 · 모래 여과를 중심으로 한 정수 시설에 적용되는 법령과 같이 적용되며, 막여과 시설 만 적용되는 법령은 없다.

일본의 경우 관련된 법령을 열거하면 다음과 같은 것이 있다.

(1) 세정용 약품

약품 세정에 사용하는 약품은 「소규모 수도에 있어서 막여과 시설 도입 가이드라인」에서는 수도용으로 사용이 인정되는 것, 또는 식품 첨가물로 인정되는 것을 사용하는 것으로 되어있다.

그러나 세정을 off-line 방식으로 행하는 경우는 기타 약품도 사용 할 수 있다.

약품 취급, 저장, 폐기, 안전위생 등의 면에서 적용되는 법령과 약품에는 다음과 같은 것이 있다.

① 독물 및 극물 관리법의 대상물에는 가성소다, 염산, 황산, 질산, 수산이 해당된다.

② 노동안전위생법의 특정 화학물질 장해 예방규칙에는 염산, 황산, 질산이 해당된다.

③ 소방법의 위험물에는 황산, 질산이 해당된다.

(2) 소음, 진동

막여과 시설에 사용하는 펌프, 컴프레서 등 기계에서 발생하는 소음, 진동은 소음규제법 및 진동규제법이 적용되기 때문에, 지역마다 정해진 기준을 준수하여 대책을 강구할 필요가 있다.

(3) 배수

정수능력 1만 m^3/일 이상의 정수장에서는, 침전 시설 및 여과 시설은 수질오탁방지법에 의거하여 특정시설로 지정되어 있고, 이들의 정수장(특정사업장)에서의 배수는 배수 기준이 적용된다. 이 배수 기준에는 총리부령으로 정한 일률 기준과 지방공공단체가 조례로 정한 덧붙임 기준이 있다. 조례에 의해 소규모 수도도 규제되는 것이 있다.

(4) 발생 케이크

배수 처리 시설에서 발생되는 케이크는, 폐기물처리 및 청소에 관한 법률로 규정된 산업폐기물의 오니에 해당한다.

보관, 수집, 운반, 재생, 처분 등에 관한 규제, 처리 시설에 관한 규제 등이 실시되고 있다.

(5) 사용이 끝난 막 모듈

사용이 끝난 막 모듈은 「폐기물의 처리 및 청소에 관한 법률」로 규정하는 「산업 폐기물」에 해당하기 때문에 법적으로 적정한 보관 · 수집 ·

운반 · 처분 등의 처리를 행하지 않으면 안 된다.

(6) 기타

일반적인 수도 시설과 같기 때문에 수도법이 적용되는 것은 물론, 간이 수도 시설 기준, 수도 시설 설계지침 · 해설, 수도 유지 관리지침 등을 참고하기 바란다.

총설 ··· Question 9

막분리 기술의 역사는 무엇인가?

막분리 기술은, 액체중의 현탁 물질이나 미생물 등을 여과 분리하거나 용해성 물질을 제거하는 분리정제 기술이며, 분리막의 특징, 처리 대상 물질의 성상, 구동력 등이 다른 정밀여과(MF), 한외여과(UF) 및 역삼투(RO) 기술 등이 개발되어 있다. 최근에는 기체중의 물질 제거에도 사용되고 있다.

이 여과 기술은 예전에는 와인 등 알콜 음료의 여과에, 직물 등 각종 재료를 사용한 기록이 남아 있다.

분리막 중에서 가장 역사가 오래된 MF 막은, 1864년에 Schoenbien (독일)이 콜로지온 합성 중에 균일한 미세공 구조를 발견하였으며, 19세기 후반에는 Fick(영국)와 Sanell(프랑스)등에 의해 니트로셀룰로오스 막이 만들어져 혈액이나 세균의 분리 연구가 행해졌다.

또 1907년에는 Bechhold (독일)에 의해 콜로지온 액의 농도를 바꾸어서 공경을 변화시켜, 액체의 투과나 버블 포인트에 의해 미세공 구조의 평가를 시행했다.

더욱이 1919년에 Zsigmody(독일) 등은 니트로셀룰로오스, 빙초산, 물 등의 처리에 공경을 자유롭게 제어하는 것을 성공하여, 본격적인 제조특허가 출원되어 "The name of Membrane Filter"로서 상품화된 무균수의 제조 등에 사용되었다.

MF 막은 전쟁 후 본격적으로 공장 규모로 생산되어 특히 의약품의 무균제조 프로세스를 확립한 것은 획기적인 일이었다.

UF 막과 RO 막은 Fick(영국)등에 의해 막분리 기구의 연구가 진행되었으며, 본격적인 연구는 1960년 전후에 몰두하였다.

매사추세츠 공과대학의 Michaels(미국)는 콜로이드 연구에서 여러 가지 혼합비의 산성고분자 전해질과 염기성고분자 전해질을 사용하여 물-아세톤-취화나트륨계의 용매로 여러 가지 분획 분자량의 한외여과(UF) 막을 제막하는데, 성공하였으며, 기업화해서 최초로 시판하였다. 또한 캘리포니아 대학 로스앤젤레스교의 Loeb(이스라엘) 과 Sourirajin(인도)은 해수의 담수화를 위해 Na^{+}과 Cl^{-} 같은 이온은 남기고 물만 신속하게 투과시키는 아세틸셀룰로오스 RO 막 개발을 성공하였다.

이것은 비대칭 막으로 물과 염의 선택 투과성이 우수하다. 이들의 성공은, 종래부터 개발되어 있는 MF 막과 아울러 막분리 기술에 획기적으로 전망을 밝게 하였다. 그 후, 더욱 염수의 탈염이나 유기물 제거를 목적으로 한 UF 막과 RO 막의 중간에 위치하는 나노여과(NF) 막이 개발되었다.

일본에서도 1970년대 들어 RO 막은, 염수 탈염이나 해수 담수화, UF 막은, 전착 도료의 회수 등과 함께 의약품, 식품, 전자공업 등에 사용되어 왔다. 최근에는 잡용수도나 분뇨, 폐수처리 등 환경 분야에도 용도가 확대되고 있다.

이들의 MF 막, UF 막, NF 막, RO 막은 셀룰로오스, 나일론, 폴리염화비닐, 폴리술폰, 폴리에텔술폰, 폴리오레핀, 폴리이미드, 불소계수지 등의 각종 고분자 소재로서 막이 제조되고 있다. 더욱이 막을 집적화 시킨 각종 모듈이 제작되어 목적에 따라 여러 가지 막 소재와 모듈이 사용되고 있다.

또 무기 막은 우라늄 농축 기술 개발을 위해 각종 금속이나 세라믹의 미소립자를 소결하는 방법으로 개발이 진행되었으며, 최근에는 다공질 금속이나 세라믹 막이 본격적으로 MF 막이나 UF 막의 분야에서도 제조되어 고분자 막과 같이 실용화되고 있다.

MF 막, UF 막, NF 막, RO 막은 각각 단독으로 사용되는 것도 있지만, 대부분의 경우 이들 막을 서로 조합해서 막분리 시스템을 구축하고 있다.

Question 10

막여과법의 해외에 있어서 수도의 실적은 어느 정도인가?

(1) 제탁 · 제균 처리

정밀여과(MF) 막과 한외여과(UF) 막을 사용한 막여과법이 최초로 정수 처리에 채용된 것은 1987년 미합중국 콜로라드주의 키스톤 정수장이다. 그 후 유럽 특히 프랑스에서 실용화가 진행되어, 오스트레일리아, 미국 등 수많은 정수장에서 막여과가 채용되고 있다.

사용되고 있는 막은 세라믹 막, 유기계 MF 막과 UF 막의 3가지로 분류할 수 있다. 이들의 실적을 표 1, 2, 3에 정리했다.

이처럼 해외에 있어서는 막여과법을 사용하여 탁질이나 미생물을 제거하는 정수 처리가 평가를 받고 있다. 더욱이 운전관리가 용이하고 자동화를 실시할 수 있으며, 시설이 소형이기 때문에 앞으로 상당히 많이 보급될 것으로 기대된다.

막여과법은 비교적 소규모의 정수장에 채용되고 있지만, 프랑스에서는 UF 막을 이용한 일량 10만m^3을 넘는 대규모의 정수장이 계획되고 있다.

표 1 정밀여과(유기 막)법에 의한 정수 시설

No	장소(국명)		원수	처리량 (m^3/day)	가동개시
1	키스톤	(미)	표류수	105	1987
2	크랏켄버그 뉴사우스웰스	(오)	표류수	160	1989
3	토보락크 빅토리아	(오)	표류수	160	1990
4	브이루스	(오)	표류수	160	1990
5	아가 다이아몬드	(오)	표류수	2,400	1991
6	빅토리아	(오)	표류수	480	1992
7	퀸즈랜드	(오)	표류수	720	1992
8	빅토리아	(오)	표류수	180	1992
9	캉가루바레 뉴사우스웰스	(오)	표류수	960	1993
10	메레디스 빅토리아	(오)	표류수	2,500	1993
11	삼림국 캘리포니아	(미)	표류수	480	1993
12	상노제 워터 캘리포니아	(미)	표류수	13,600	1993
13	알바카키 시티 뉴멕시코	(미)	표류수	160	1993
14	버지니아	(미)	표류수	160	1993
15	버지니아	(미)	표류수	160	1993
16	버지니아	(미)	표류수	160	1993
17	메트로폴리탄 워터 캘리포니아	(미)	표류수	160	1993
18	메트로폴리탄 워터 캘리포니아	(미)	표류수	160	1993
19	스코틀랜드	(영)	표류수	320	1993
20	프랑스	(프)	표류수	1,200	1993

표 2 정밀여과(세라믹 막)법에 의한 정수 시설

No	장소(국명)		원수	처리량 (m^3/day)	가동개시
1	산 · 쉘베	(프)	지하수	168	1984
2	루 · 만	(프)	지하수	1,920	1985
3	루 · 보스	(프)	지하수	600	1986
4	루 · 모 나스티에르	(프)	지하수	480	1986
5	마르크	(프)	지하수	1,440	1987
6	랄쿨	(프)	지하수	168	1987
7	산 · 모리스 · 레 · 샤트누후	(프)	지하수	2,400	1990
8	바뉴	(프)	지하수	200	1991

표 3 한외여과(유기 막)법에 의한 정수 시설

No	장소(국명)		원수	처리량 (m^3/day)	가동개시
1	아몬쿨	(프)	지하수	256	1988
2	도시이	(프)	지하수	1,440	1989
3	슈레누	(프)	하천수	190	1989
4	루 · 베질	(프)	지하수	220	1990
5	그라세	(프)	지하수	720	1990
6	마카오	(마)	하천수	3,000	1991
7	브로마크	(프)	하천수	190	1991
8	소 브	(프)	지하수	1,900	1991
9	오슬	(프)	지하수	220	1991
10	로잔느	(프)	호소수	95	1992
11	산 · 카시안	(프)	호소수	195	1992
12	라 · 니브	(프)	하천수	5,000	1992
13	월프랑슈 · 드 · 바나	(프)	인공호	220	1992
14	샤르세누	(프)	지하수	600	1992
15	뉴 · 로젤	(미)	호소수	480	1992
16	혼곤보	(프)	지하수	5,000	1993
17	라 · 피리엘	(프)	지하수	2,000	1993
18	울지이	(프)	지하수	1,100	1993
19	샤텔 · 제라	(프)	지하수	660	1993
20	베르네	(프)	지하수	3,300	1993
21	아포리아	(프)	호소수	3,400	1993
22	산 · 쟌 · 다베	(프)	지하수	600	1994

* (프) : 프랑스, (미) : 미국, (오) : 오스트레일리아, (영) : 영국, (마) : 마카오

(2) 염수 탈염처리

한편, 경도 성분이나 트리할로메탄 전구물질 등 용해 성분을 제거하는 정수 처리에 MF 막이나 UF 막과는 다른 막이 실용화되고 있다. 이 막은 해수의 담수화에 사용되고 있는 역삼투 막보다도, 저압에서 조작 가

능한 막으로 저압 역삼투 막 혹은 나노여과 막으로 부르고 있다.

이 용도는 미국에서 실적이 많으며, 플로리다 주나 캘리포니아 주에 집중되어 있다. 경도 성분과 함께 트리할로메탄 전구물질 등을 제거하는 용도에 적합한 막으로 더욱 실용화가 진행될 것으로 기대된다.

총설

··• Question 11

막여과법의 국내, 해외에서 연구 동향은 어떤가?

일본 국내에서는 막여과법에 의한 정수 처리 기술 개발을 목적으로서 후생성에 의한 대규모 공동 연구 project「막이용형 신 정수 시스템 개발연구 〈MAC 21 계획〉」가 1991년도에서 1993년도까지의 3년간에 걸쳐 행해졌다. 본 연구결과

① 탁도와 대장균군은 100% 제거되지만, 용해성 유기물을 충분히 제거할 수 없다.

② 장기간에 걸쳐 평균적인 막여과 유속으로서, 단위 막 차압(98.1 kPa＝1기압) 당 0.5 m^3/m^2 · day 이상을 확보할 수 있다.

③ 물의 회수율은 90% 이상을 확보할 수 있다.

④ 조건에 따라서 응집제에 의한 전처리가 필요한 경우도 있지만, 이러한 경우에도 응집제의 주입율은 통상 처리의 1/3 정도로 충분하다.

⑤ 자동 · 무인화가 가능하고 유지 관리가 용이하다.

⑥ 정수 시스템으로서 신뢰성과 안정성이 있다.

등 상기와 같은 내용이 명확하게 되었다.

「소규모 수도에 있어서 막여과 시설도입 가이드라인」은 이와 같은 MAC 21 계획의 연구 성과를 근거로 작성된 것이다.

더욱이 이후 1994년도부터는 「막이용형 신고도 정수 기술 개발연구 〈고도처리MAC 21〉」이 계속해서 3개년 계획으로 실시되고 있다.

MAC 21 계획에서는 정밀여과법·한외여과법에 의해 제균·제탁이 주된 목표이었지만, 고도처리 MAC 21에서는 이들과 활성탄 처리 등의 조합이나 나노여과(NF) 법에 의한 용해성 유기물의 제거를 주된 목표로 삼고 있다.

이외 일본 국내에서는 각 지역의 정수장에서 막여과법의 실용 가능성을 검토하기 위한 조사 연구가 시행되고 있다.

해외에서는 막여과법에 의한 정수 처리의 조사 연구가 국내보다 오히려 빨리 진행하고 있지만, MAC 21 계획이나 고도처리 MAC 21처럼 대규모적인 기술개발 프로젝트는 수행하지 않고 있다.

Question 12

막 여과법은 어떤 원리로서 행해지는 것인가?

막 여과는 연속적인 조직 사이에 있는 구멍이나 분자 배열의 틈을 이용하여 분리조작을 행하는 것이다. 시장에 공급되고 있는 막의 공경 형태는, 둥근 것에서 실트(slit)상의 것까지 여러 가지 있으며, 또 크기의 범위는 10^{-9}~10^{-6} m까지 넓게 분포하고 있다. 이들의 다양한 막을 개략적인 막의 공경을 기준으로 해서 분류하면, 정밀 여과(MF) 막, 한외 여과(UF) 막, 나노 여과(NF) 막 및 역삼투(RO) 막으로 분류된다. 단지 이들 막의 구분은 명확하지 않다. 막을 공경으로 분류하는 것은 아니며, 분리 대상 물질의 종류에 따라 「MF 막은 미립자나 미생물을 여과 대상으로 하는 막」, 「UF 막은 콜로이드 물질이나 고분자 물질을 여과 대상으로 하는 막」, 「NF 막은 저분자 물질을 여과 대상으로 하는 막」 그리고 「RO 막은 이온성 물질 혹은 저분자 물질을 여과 대상으로 하는 막」으로 구분하는 견해도 있다. MF 막과 UF 막에서는 전자 현미경에 의한 구멍의 존재가 인정되어, 공경에 의한 체 분리가 행해진다.

MF에서는 여과에 의한 고형물이 막의 표면이나 막의 내부에 포착된다. 이러한 포착 상태를 나타내는 모델로서 완전 폐색 모델, 중간 폐색 모델, 표준 폐색 모델, 케이크 여과 모델 등이 제안되고 있다. 이들의 모델은 막의 폐색(눈 막힘)과 이에 대한 대책을 생각할 때 이용된다.

UF와 NF 및 RO에서는 원액중의 용해성 물질이 막 표면의 경계층에 농축되어 농도 분극 현상이 일어난다. 이 현상이 유속과 제거 성분을 좌우하게 된다.

NF 막과 RO 막에서는 막에 대한 용매와 용질의 화학적 친화성의 차이에 의해 분리가 행해진다. NF 막과 RO 막에서는 이온성 물질의 농축이 행해지기 때문에 막의 1차 측과 2차 측과의 사이에서 삼투압차가 발생한다. 여과를 진행하기 위해서는 삼투압차를 극복하는 압력을 가할 필요가 있다. 이 때문에 MF 막이나 UF 막과 비교하면 보다 높은 압력을 사용할 필요가 있다.

총설

Question 13

막여과법은 어떤 방식이 있는가?

정수 처리에서 일반적으로 사용되고 있는 막여과 방식은 전량여과 방식과 순환(cross-flow) 여과 방식의 2가지 종류이다.

전량여과 방식은 막 공급수의 전량을 여과하는 방식이며, 종래의 모래 여과와 같은 방식이다. 모래 여과와 같이 정기적으로 세정을 행한다. 여기에 대해 순환여과 방식은 막 면에 대해 평행한 흐름을 만들어, 막 공급수중의 현탁 물질이나 콜로이드가 막 면에 퇴적하는 현상을 억제하면서 여과를 하는 방식이다. 일반적으로 한외여과에서는 순환여과 방식이 채용되고 있다.

여과 방식은 원수 수질, 막의 재질 및 분리 성능, 모듈 구조, 세정 방법 등과 깊은 관계가 있으며, 처리 조건에 적합한 방법을 선택할 필요가 있다. 비용적으로 보면 전량여과 방식은 순환여과 방식처럼 평행한 흐름을 필요로 하지 않기 때문에 동력 비는 적게 든다.

순환여과 방식은, 일반적으로 막면 유속이 높을수록 막면에 부착물의 퇴적이 억제되기 때문에 높은 막여과 유속을 얻을 수 있으며, 오염방지 면에서는 높은 막면 유속이 바람직하다. 그러나 높은 막면 유속이 될수록 운전 비용이 증가하기 때문에 처리 수량이나 세정 효과의 관계에서 경제적인 막면 유속을 설계할 필요가 있다.

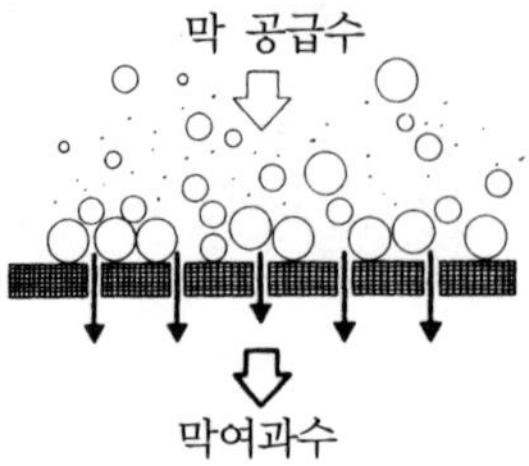

■전량여과 방식

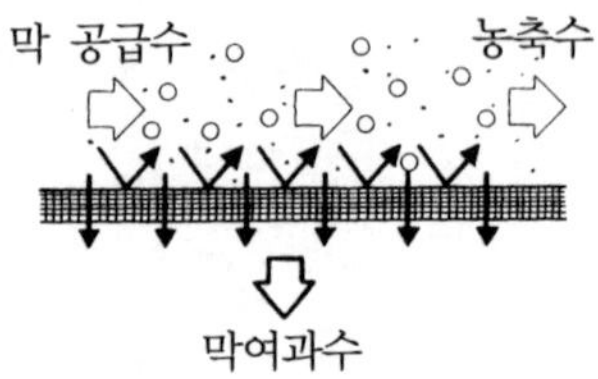

■순환(Cross flow) 여과 방식

총 설

Question 14

막여과 시설은 어떤 프로세스로 구성되어 있는가?

막여과 정수 시설은 아래에 표시한 것처럼 ① 전처리, ② 막여과 ③ 후처리, ④ 소독, ⑤ 정수지, ⑥ 배수처리 등의 프로세스로 구성되어 있다.

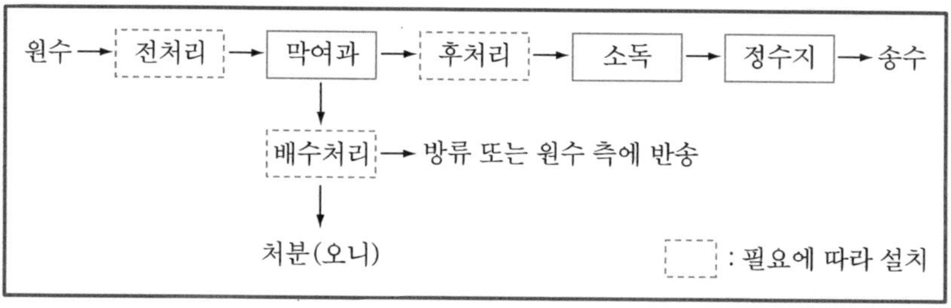

■막여과 정수 시설의 기본적인 공정도

(1) 전처리

전처리의 주된 목적은 원수중의 협잡물이나 이물질에 의한 막면의 손상이나 막 모듈내의 유로 폐색 방지, 처리 수량 및 수질의 양면에 있어서 막의 성능을 가장 효율 높게 하여 안정하게 발휘시키는 것이다.

따라서 원수 수질, 사용하는 막의 종류 · 재질이나 특성, 막여과 방식의 특징에 따라 상기의 목적을 달성하기 위한 필요함과 동시에 최적의 설비가 선정되어야 한다.

예로서 원수중의 협잡물을 제거하기 위한 스크린이나 strainer 등의 설비, 막여과 설비의 부하 경감이나 유로 폐색을 방지하기 위한 여과 설비 등, 막여과 성능 향상을 위한 응집제 주입 설비, 혹은 조류 살균, 막에 대한 유기물 부착방지, 철 · 망간 등의 산화를 위해 염소제나 오존의 주입 설비 등이 있다.

(2) 막여과

막(정밀여과 막, 한외여과 막)을 이용하여 현탁질이나 콜로이드를 제거하여 정수를 얻는 설비로 원수조, 펌프, 막 모듈, 세정 설비 등으로 구성되어 있다.

(3) 후처리

막여과 정수 시설로서 필수의 설비는 아니지만, 용해성 유기물, 곰팡이 냄새, 망간 제거 등의 목적으로 막여과수를 더욱 처리할 필요가 있는 경우, 후처리 설비를 설치하는 것도 있다.

(4) 소독

정밀여과 막과 한외여과 막은, 막의 세공경보다도 큰 대장균과 일반세균등은 저지한다. 그러나 막여과수의 2차 오염의 가능성이 있기 때문에, 배수계통에 있어서 위생상 안전을 유지하기 위해서는, 확실하게 소독하는 것이 필요하다. 이 때문에 막여과 정수 시설에 있어서도, 시설규모의 대소에 관계없이 반드시 소독 설비를 설치할 필요가 있다.

(5) 정수지

정수지는 막여과 정수 처리의 운전 관리상 발생하는 정수량과 송수량의 사이에 불균형을 조절하고 완화함과 동시에 사고・고장시의 대응, 시설의 점검, 보전작업 등에 대비하여 정수를 일시적으로 저류하기 위한 것이다.

(6) 배수 처리

막 모듈의 물리세정에 의한 세정 배수는 처리해서 방류하는 것이 필요한 경우가 있다. 막여과 설비의 회수율을 향상시키기 위해, 세정 배수를 더욱 막여과 하거나 혹은 농축조를 설치하여 중력 침강 등을 행하여 상징수를 원수에 반송하는 경우도 있다. 또한 막 모듈의 약품 세정을 처리장 내에서 행할 경우에는 폐액 처리 설비도 필요하다.

총설

···• Question **15**

수납용기 방식과 조침지 방식은 어떻게 다른가?

수납용기 방식이라는 것은 엘리멘트(element, 막과 그의 지지체 및 유로재 등의 부품재를 일체화하여 수납용기에 수납하는 것)를 수납용기에 수납하여 막 모듈로서 사용하는 방식을 말한다.

일반적으로는 펌프로 수납용기 내부에 공급수를 압입하여 막여과를 행한다. 그림과 같이 원수수조, 펌프 및 막 모듈로 구성되어 있다. 한외여과 막과 역삼투 막은 수납용기 방식의 막 모듈로서 사용되어 왔다. 나선형, 중공사 및 관형의 막 모듈처럼 압력에 견디는 구조이며 또한 단위

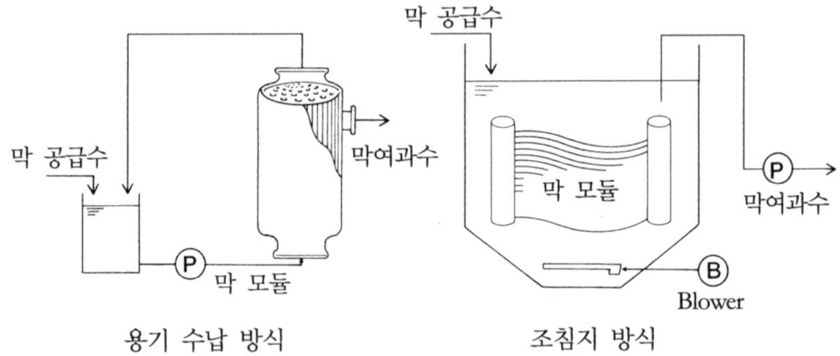

■용기 수납 방식과 조침지 방식의 흐름도

용적당 막 면적을 크게 할 수 있는 구조로 되어 있다.

수납용기 방식의 케이스를 수조로 바꾸어 놓은 방식이 조침지 방식이라고 한다. 수조가 케이스의 역할을 담당하고 있기 때문에 케이스 수납 방식처럼 각각 막 모듈에 원수를 분배하는 배관이 필요 없다. 조침지 방식은 수조라고 하는 큰 케이스에 막을 수납하고 있기 때문에 단위 용적당 막 면적은 작게 된다. 또 구동압력은 수위차 혹은 흡인이기 때문에 정밀여과 막 등 작은 압력으로 막여과를 할 수 있는 막이 선택되고 있다.

총설

••• Question 16

어떤 구동력으로 막여과가 행해지는 것인가?

막여과는 종래의 모래 여과와 같은 압력 여과로 분류된다. 막의 양측(원수 측과 막여과수 측)에 압력 차를 생기게 하여 막의 공경보다도 큰 물질을 체 분리하므로서 정수를 얻는 방법이 막여과이다. 이러한 막 양측의 압력 차가 구동력이 되는 것이다.

일반적으로 1차 측(원수 측)을 펌프로 가압하여 구동력을 발생시킨다. 반대로 2차 측(막여과수 측)을 흡인하여 구동력을 발생시킬 수도 있다. 또 펌프를 사용하지 않고 수위 차를 이용하는 것도 가능하다. 흡인과 수

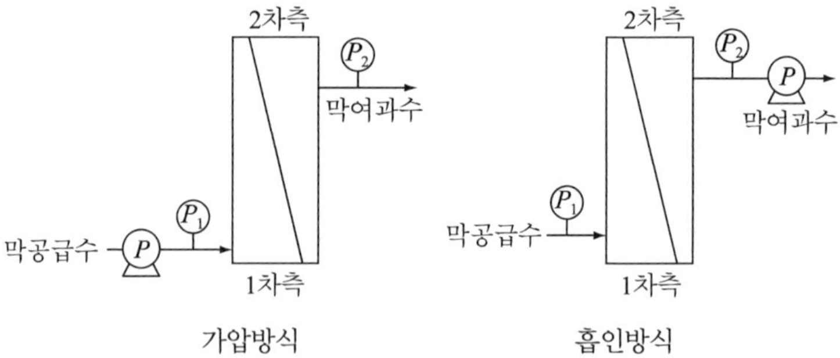

■여과와 구동력

위 차를 이용하는 방식은, 조침지 방식으로 활용되고 있다.

정수 처리와 같이 제탁·제균을 목적으로 하는 막여과에 사용되어 지는 정밀여과 막과 한외여과 막의 구동력은 높아도 300 kPa 정도이다.

따라서 이러한 압력을 발생시키기에는 널리 사용하는 와류 펌프로 충분하다. 또 충분한 수위차가 이용 가능한 설치환경이면, 원수 측의 정수압도 활용할 수 있다. 조침지 방식에서는 수조의 수위차를 이용하는 방식도 있다.

총설

••• Question **17**

막여과에서 필요한 압력 조작은 어느 정도 인가?

압력 차를 구동력으로 하여 막분리하는 여과 방식의 조작 압력은 다음 표와 같이 분류된다. 정밀여과(MF), 한외여과(UF), 그리고 나노여과(NF)라고 하는 순서로 막의 분리 공경이 작을수록 조작 압력이 높아지는 경향이 있다. 실제로는 막의 여과 저항 만이 아닌 막 위에 형성하는 케이크 층의 저항이 크게 관여한다. 따라서 MF 막과 UF 막에서 조작 압력의 차는 거의 없다.

표 1 압력 차에 의한 분리법

명칭	막	분리입경, 분자량	조작 압력(단위×100 kPa)
정밀여과법	정밀여과 막	분리입경 0.01 μm 이상	흡인방식 − 0.6정도 이상 가압방식 2정도 이하
한외여과법	한외여과 막	분자량 1000～300,000	흡인방식 − 0.6정도 이상 가압방식 3정도 이하
나노여과법	나노여과 막	분자량 최대수백	2～15
역삼투법	역삼투 막	분자량 수십	해수 담수화 50～70 염수탈염 4～40

또 조작 압력을 너무 높게 하면, 막의 표면에 생긴 부착층이 압밀화 되어 여과 저항이 보다 증가하며 조작 압력을 높게 한 것보다 여과 유속이 높지 않아야 한다는 경향이 있다.

따라서 막여과에서는 부착층이 압밀화 되지 않고 오히려 여과 유속을 높일 수 있는 조작 압력으로 설정된다. MF 막, UF 막 모두 높아도 300 kPa 정도 범위의 조작 압력이 일반적이다.

총설 ··· Question 18

모래여과지의 여과속도와 막여과 유속과의 차이는 무엇인가?

모래여과지의 여과속도는 여과층의 바닥면적을 기준으로 하여 산출하는 것에 대해, 막여과의 여과 속도는 막 면적을 기준으로 하여 산출한다. 단위시간에 단위 막 면적을 통과한 수량을 막여과 유속이라 한다.

모래여과지는 하나의 부지에 하나의 여과 조만 설치하는 것이 보통

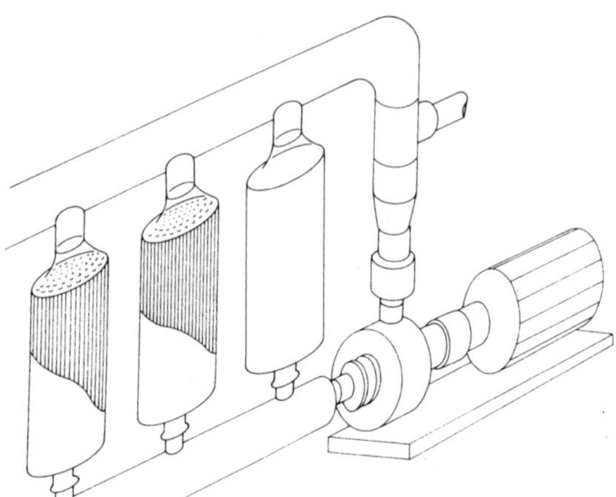

■막 모듈의 배열

이지만, 막여과 설비에서는 대량의 막이 충진 된 막 모듈을 나열하여 설치하는 것으로 집적도를 높일 수 있다. 각종의 막 모듈을 사용함으로써 설치면적 1 m^2당 100~300 m^2의 막 면적을 취할 수 있다. 이점이 막여과와 모래여과의 큰 차이라고 말 할 수 있다.

막여과 유속의 값은 막의 종류, 원수 수질, 전처리의 여러 조건이나 수온에서도 다르지만 단위 막 차압(98.1 kPa)당 0.5 m^3/m^2 · day 이상을 기준으로 하고 있다. 이 수치는 종래의 급속 여과지의 여과 속도 120~150 m/day에 비해 작으며 완속 여과지의 여과 속도 4~5 m/day에 대해서도 작다고 할 수 있다. 그러나 막의 집적도가 높기 때문에 종래의 급속 여과지에 상당하는 부지에서 동등 이상의 처리를 할 수 있다.

막 · 막 모듈 ••• Question 19

막은 어떤 기능을 가지고 있는가?

막 분리 기술은 기본적으로 용매와 용질을 분리하는 기술이며, 막을 사이에 끼워 분리를 압력 차의 구동력으로 행하는 막으로 역삼투(RO), 한외여과(UF), 정밀여과(MF)가 있다. 이들은 용액중의 콜로이드나 저분자 물질, 더욱이 이온의 분리 · 정제 · 농축에 사용되고 있다.

RO 막의 대표적인 사용 예로는, 해수를 약 6 MPa의 고압을 가해 담수를 얻는 해수 담수화나 과즙의 농축, 폐수처리 등이 있다.

UF 막의 대표적인 사용 예로는 용해하고 있는 고분자에 제한되지 않고 바이러스, 세균, 효모, 콜로이드, 미립자 등의 분리 · 정제 · 농축으로 여러 갈래로 나뉘어져 있다. 막여과는 상온 이하의 저온에서도 가능하기 때문에 변질하기 쉬운 의약과 식품 프로세스에 유용하며 엔드톡신(세균 독소)의 제거나 생주의 화낙균(유산균의 일종) 여과 등이 있다.

MF 막의 대표적인 사용 예로는, 물, 유기용제, 화학 약품 등의 액체 중에 포함되어 있는 현탁 물질, 콜로이드 입자, 균체 및 공기나 각종 가스 등의 기체 중에 부유하는 미립자와, 세균을 정도 높게 효율적으로 제거하거나, 정제 혹은 분리하는 것 등이 있다.

이외에 막을 사이에 끼워 농도차를 구동력으로 하여 분리를 행하는 투석막, 전위차를 구동력으로 하여 용액중의 분자의 전기 화학적 특성과 분자의 크기 차이에 의해 분리를 행하는 전기투석법이 있다.

투석 막의 구체적인 예로는, 만성신부전 환자의 혈액에 투석 막을 끼워 투석 액을 통과시킴으로써 혈액중의 불순물을 제거하는 혈액정화가 있다. 여기에 사용되는 막은 콤팩트성이나 신뢰성에서도 중공사 막 모듈이 많이 사용되고 있다.

막 · 막 모듈

Question 20

막의 재질과 제조 방법은 무엇인가?

(1) 막의 재질

수도 용도에 사용되는 막의 종류는 한외여과(UF) 막과 정밀여과(MF) 막이다. 이들 막은 사용하는 소재에 의해 유기 막과 무기 막으로 대별할 수 있다.

① 유기 막의 재질

유기 막에 사용되고 있는 재료에는 폴리에틸렌(PE), 4불화에틸렌(PTFE), 폴리프로필렌(PP), 초산셀룰로오스(CA), 폴리아크릴로니트릴(PAN), 폴리아미드(PI), 폴리술폰(PS), 폴리에테르술폰(PES) 등이 있다. 소재에 의해 친수성, 소수성이 다른 것 외에 내열성이나 내약품성도 변한다.

② 무기 막의 재질

막 재료에 사용되어지는 것은 산화알루미늄(알루미나 Al_2O_3), 산화지르코늄(지르코니아 ZrO_2), 산화티탄(티타니아 TiO_2) 등이 주된 재료이지만, 기타 스텐레스(SUS)나 글라스(SPG)제의 막도 생산되고 있다.

무기 막은 유기 막에 비교해서 내열성, 내약품성이 좋고 기계적 강도가 강한 것이 장점이다.

(2) 막의 제조 방법

① 유기 막의 제조 방법

막의 제조 방법에는 다음 표에 표시한 것과 같은 방법이 있다.

표 1 유기 막의 제법

제조 방법	내 용
상전환법	원료인 폴리머를 유기 용매로 용해한 것을 물을 주성분으로 하는 겔화조 내에 평막상 혹은 중공사상으로 침지하여 응고시킨다. 표면이 치밀한 비대칭 막을 만든다.
열용융-급냉 응고법	나일론, 폴리프로필렌 등의 결정성 폴리머를 고온에서 용매로 용해하여 성막 후 급냉 응고시켜 망목상의 공경을 만든다.
연신법	결정성 고분자를 가열 용융하여 평막 또는 중공사로 성형하며, 잇따라서 평막의 경우는 종방향 혹은 종횡 양방향으로 연신하며, 중공사의 경우는 종방향으로 연신하여 실트(slit)상의 공경을 만든다.
추출법	고분자 재료에 미리 피용출 물질을 혼합하여 평막 또는 중공사로 성형하고 계속해서 피용출 물질을 용출시켜 세공을 만든다.

(2) 무기 막의 제조 방법

무기 막의 제조 방법에는 소결법과 졸겔법이 있다.

소결법은 산화알루미늄이나 산화지르코늄의 미립체를 먼저 성형하고 이것을 건조한 후, 소결의 프로세스를 거쳐 제조하는 방법이다.

사용하는 미립체의 입경에 의해 막으로서의 공경이나 분획 특성이 다를 수 있다.

더욱이 소결한 표면에 금속 산화물의 폴리머 용액을 도포 건조 후, 소결하여 보다 작은 분획 분자량의 막을 만드는 졸겔법이 있다.

막 · 막 모듈 ••• Question 21

막의 구조는 어떻게 되어 있는가?

막의 구조는 소재, 제조 방법, 제조 조건에 따라 다르다. 막 구조는 다음과 같이 비대칭 구조 및 대칭구조의 2가지로 나누어진다.

	소재	제조법	막종류	구 조
비대칭막	유기막	상전환법	MF UF	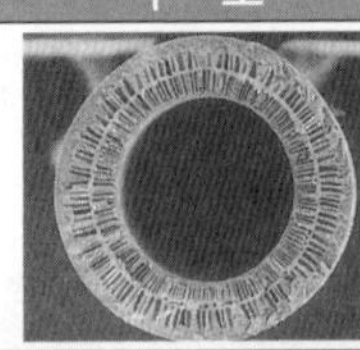
	무기막	졸-겔법	UF	
대칭막	유기막	연신법 추출법 열용융- 급냉응고법	MF	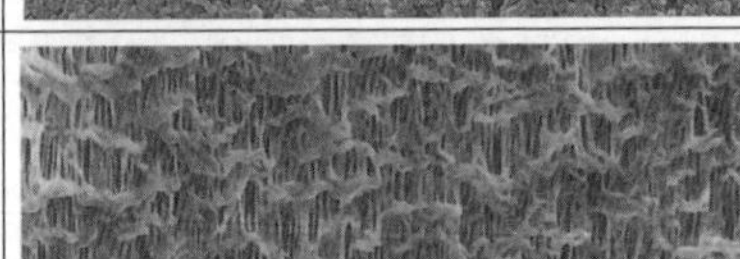
	무기막	소결법	MF	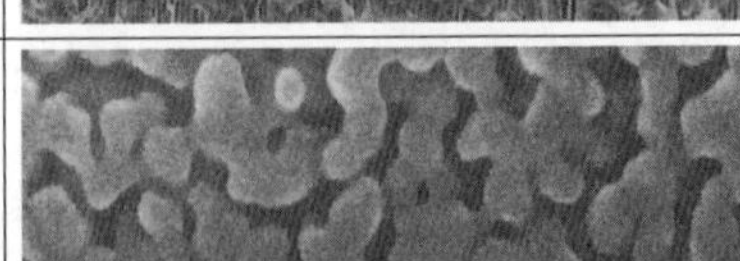

비대칭 막은 막의 단면을 주사형 전자 현미경(SEM) 사진으로 보았을 때 막의 표면에 스킨층이라고 하는 치밀한 얇은 층을 가지고 있으며, 기타 대부분은 이 스킨층을 지지하는 지지층으로 구성하고 있는 구조를 하고 있다.

즉, 아래 나타낸 모식도처럼 단면이 대칭형이 아닌 구조를 말한다.

대칭 막이라는 것은 그 단면 구조가 앞 뒤 대칭으로 되어 있으며, 아래 나타낸 모식도와 같은 구조를 하고 있다.

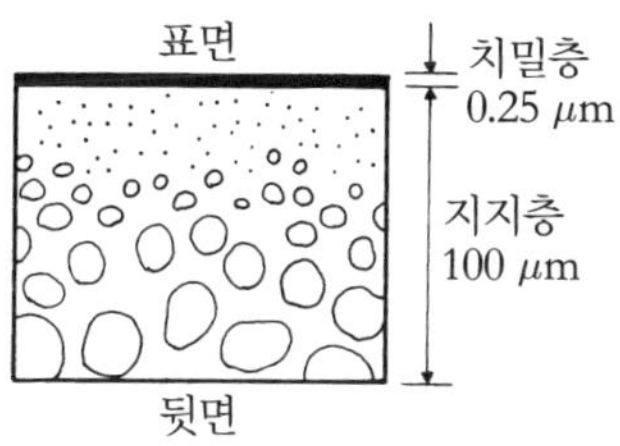

■비 대칭 막의 모식도

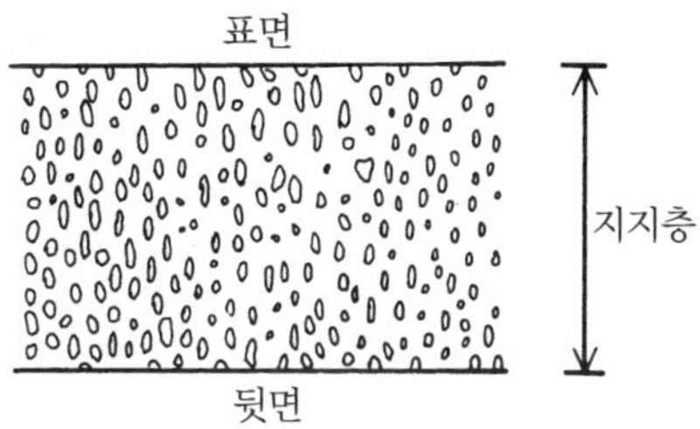

■대칭 막의 모식도

막 · 막 모듈 ••• Question 22

유기 막과 무기 막의 차이는 무엇인가?

(1) 재질

유기 막의 재질로서는 폴리에틸렌, 4불화에틸렌, 폴리프로필렌, 황산셀룰로오스, 폴리아크릴로니트릴, 폴리이미드, 폴리스틸렌, 폴리술폰, 폴리에테르술폰 등이 사용되고 있다.

이에 대한 무기 막에서는 α-알루미나 γ-알루미나 산화규소, 산화티탄, 산화지르코늄 등의 금속 산화물이 사용되고 있다.

(2) 제조 방법 및 형태

유기 막은 막 소재의 고분자를 용해 또는 융해시킨 후 필름 상태, 중공사 상태, 관 모양으로 응고시켜 만든다. 이 방법으로서는 상전이법, 응고법, 연신법, 추출법 등이 있다.

무기 막은 원료의 미립자를 소결하는 소결법과 금속 alkoxide 등의 액상 반응을 이용하여 막을 제조하는 sol-gel법 등이 있다.

(3) 막 구조

유기 막의 막 구조는 표면이 치밀하며 내부로 갈수록 거친 구조의 비대칭 막과 전체가 균일한 대칭 막이 있다.

무기 막에도 같은 제조 방법에 의해 상기 2종류의 구조가 있다.

(4) 막의 종류

유기 막은 그 성질상, 상당히 자유롭게 공경을 변화시킬 수 있으며 정밀여과(MF) 막, 한외여과(UF) 막, 나노여과(NF) 막, 역삼투(RO) 막에 사용되고 있다. 무기 막은 현재로서는 MF, UF로 한정되어 있다.

(5) 내성, 수명

무기 막은 유기 막에 비해 내열, 내약품성에 뛰어난 물리적 강도도 있지만, 충격에 약한 결점도 가지고 있다.

또, 가격 면에서 무기 막은 유기 막의 수배 이상 상당히 고가이지만, 수명 면에서 무기 막은 유기 막보다 배 이상이라고 한다.

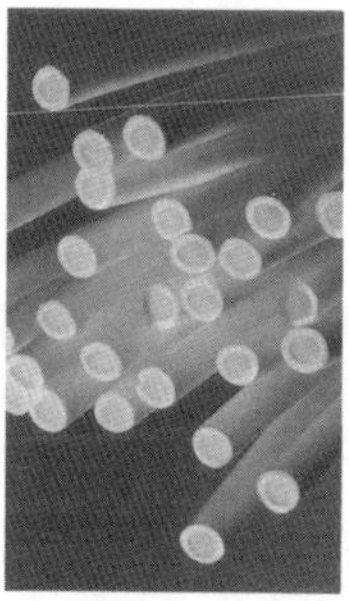

■유기막(중공사)

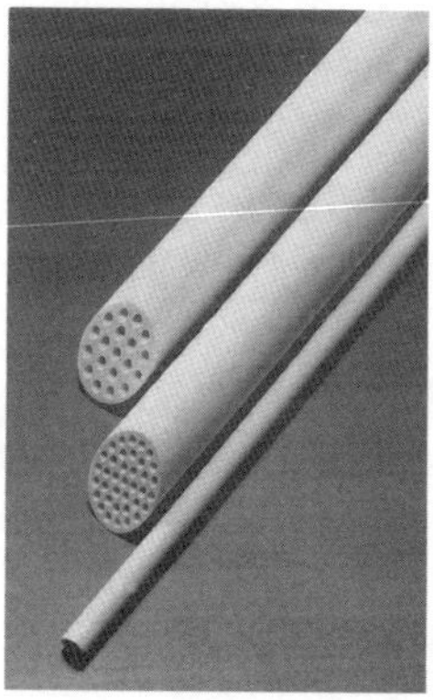

■무기막(세라믹)

막 · 막 모듈 ··· Question 23

MF 막과 UF 막과의 차이는 어떤 것이 있는가?

정밀여과(MF) 막과 한외여과(UF) 막은 서로 압력을 구동력으로 하는 분리법이기 때문에 상당히 닮은 점이 많지만 양 막의 주된 차이를 다음과 같다.

(1) 분리 대상 물질의 크기

MF 막의 공경에는 0.01 μm에서 10 μm정도의 것이 있다. 따라서 이 공경보다 큰 물질은 포착되어 「고액 분리」가 행해진다.

UF 막은 분자량이 천에서 수십만의 고분자 물질이나 콜로이드상 물질을 저지하며, 그 이하의 저분자 물질이나 이온류를 투과시켜 「분자 분리」가 행해진다. 양 막의 분획 범위의 일부는 중첩되지만, 일반적으로 말해 MF 막은 세공이 거칠고 UF 막의 세공은 미세하다고 할 수 있다.

(2) 분리 기구

MF 막으로 저지된 물질은 형태를 가진 입자 혹은 균체 등이다. 이들의 입자나 균체보다 작은 물질은 투과해 버리기 때문에 농도 분극 현상은 발생하지 않는다고 생각된다. 즉 분리는 막 표면에서의 케이크 여과 막 표면 및 막 내부에서의 저지에 의해 행해진다고 해석되고 있다.

UF 막은 표면의 치밀층(스킨층이라고도 함)에 의해 분리가 행해진다. 치밀층에는 세공이 있으며, 그 공경보다 큰 분자나 입자가 분리된다고 생각된다. 따라서 막 표면 근방에는 농도 분극 현상이 나타날 수 있다.

(3) 조작 압력

MF 막은 통상 감압 상태에서 200 kPa 이하에서 운전된다.

UF 막은 통상 감압 상태에서 300 kPa 이하에서 운전된다.

(4) 막 두께와 강도

막 두께가 같아도 재질, 구조, 제조 방법 등에 의해 강도가 달라진다. 중공사형 UF 막의 막 두께는 통상 150～300 μm 이지만, 같은 중공사형 MF 막에서 연신법으로 제조된 것은 약 50～100 μm 두께의 것이 일반적이다. 폭 두께가 얇아도 파단점 강도나 신도는 UF 막과 같은 정도의 것도 있다.

(5) 표면 상태

MF 막과 UF 막의 전자 현미경 사진(배율 약 1만배)을 아래에 나타냈다. MF 막은 확실한 세공이 보이지만 UF 막에 관해서는 이 정도의 배율에서 세공은 볼 수 없다.

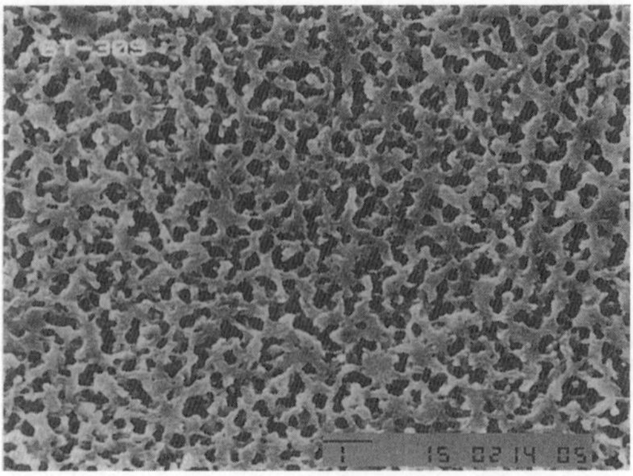

■MF막의 표면

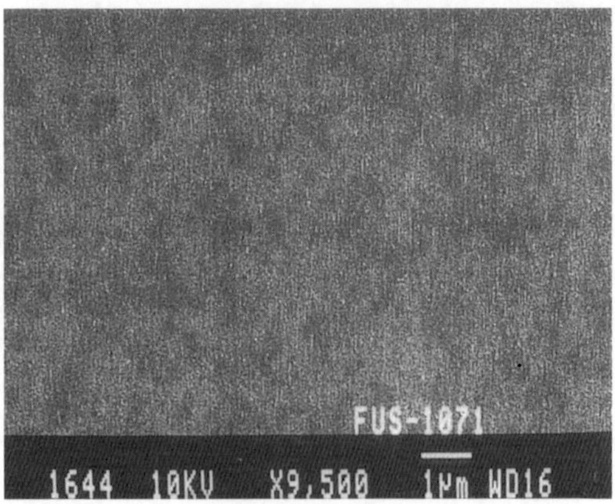

■UF 막의 표면

Question 24

제탁 · 제균을 목적으로 하는 막은 어떤 종류가 있는가?

제탁 · 제균에 사용되는 막에는 정밀여과 막과 한외여과 막이 있다. 정밀여과 막은 에멀션, 현탁 입자, 균체 등을 여과하여 분리한다. 한외여과 막은 고분자 물질, 콜로이드 등을 분리한다.

(1) 탁질 제거에 관해서

막 모듈을 선택 할 때는 막 모듈의 압력 손실, 역세 회복성, 내구성 등을 고려해서 종합적으로 판단하여 적정한 소재, 공경을 선택한다.

그렇게 하기 위해서는, 우선 제거하려고 하는 물질의 조성, 입경 분포에 관해서 추측할 필요가 있다.

예를 들면 수중의 점토와 세균, 플랑크톤 등의 현탁 물질이나 철, 망간 등의 성상을 고려해서 막의 공경, 소재를 선택한다. 더욱이 현탁 물질의 입경이 작아 이 때문에 막여과 유속이 낮은 경우에는 응집제를 사용하여 현탁 물질을 응집시켜 여과하는 방법이 있다.

(2) 세균 제거에 관하여

세균에서 가장 작은 pseudomonas · diminuta(0.3~0.4 μm×0.6~1.0 μm)를 1.2×106 CFU/ml를 함유한 균액을, 공경 0.2 μm의 정밀여과 막에 의한 여과 실험을 수행한 결과, 여과수의 세균수는 0 CFU/ml이고, 세균의 누설은 확인되지 않았다는 보고가 있다.

주 CFU : Colony Forming Unit의 약자

Question 25

막의 공칭 공경과 분획 분자량은 무엇인가?

어느 것이든 막의 공경 크기를 나타내는 수치이다. NF 막이나 RO 막에 관해서는 이들 용어는 사용하지 않는다.

공칭 공경은 정밀여과 막(MF)에 대해 사용된다. 단위는 μm(=1×10^{-6} m)이다. 공칭 공경 0.2 μm는 제균 필터로 알려져 있으며, Pseudomonas · diminuta(지표세균의 일종)의 균수를 1천만분의 1 이하로 줄일 수 있다.

제균 필터 이외의 공경의 표시방법은, MF막 제조 회사 각각이 수은 압입법, bubble-point법, 확산 유량법이나 표준 입자법 등을 조합하여 사용해서 공경을 표시하고 있다. 제조 회사가 다른 경우에는, 막 소재나 측정 방법이 다르기 때문에 공표된 수치만으로는 반드시 공경의 대소를 비교할 수 는 없다. 공칭 공경은 어느 쪽의 측정 방법으로 표시해도 실용적인 포착성과는 해리할 가능성이 있기 때문에, 공경표시의 기준으로 생각하기 바란다. 분획 분자량은, 한외여과 막(UF 막)에 관해 사용되며, 단위는 무차원이다. 일반적으로 UF 막에서 90% 저지되는 표준 고분자 물질의 분자량으로 표시된다. 분획 분자량의 측정 방법이 제조 회사마다 다른 것이 불편하기 때문에, 이것을 통일 하려는 시도가 있었지만, 지금까지 아직 통일되지 않고 있다. 표준 물질로 이용되고 있는 것은 각종 분자량의 단백질, 폴리에틸렌글리콜, dextran 등이 있다. 표준 물질의 선정, 분자량 분포, 용해의 조건, 측정의 조건 외에 표준 물질과 막 소재의 친화성 등을 고려하여 제조 회사가 각각 측정하고 있다. 따라서 실제 용액에서의 분획 특성과는 다를 가능성이 있다. 분획 분자량도 공경의 기준정도로 생각하기 바란다.

막 · 막 모듈

Question 26

막 모듈의 종류와 특징은 무엇인가?

막 모듈은, 수납용기(casing) 방식에 사용되는 것과, 조침지 방식에 이용되는 것으로 대별된다.

(1) 수납용기(Casing) 수납 방식에 사용하는 막 모듈

수납용기(Casing) 수납 방식에 이용되는 막 모듈은, 막 엘리멘트(막과 지지체 및 유로재 등의 부재를 일체화한 것)를 수납용기에 수납하여 막 모듈로서 사용하는 것을 말한다.

일반적으로는 펌프로 수납용기 내에 막 공급수를 압입함으로써 여과를 수행한다. 한외여과 막이나 역삼투 막의 대부분은 수납용기 수납 방식이며 다음 그림과 같이 여러 가지 막 모듈이 있다.

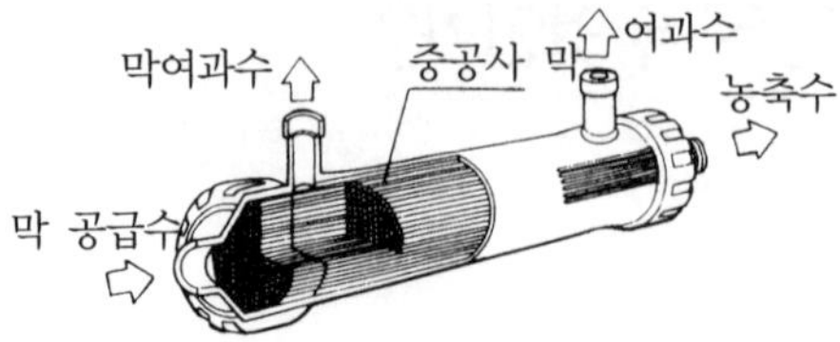

(a) 중공사형 모듈

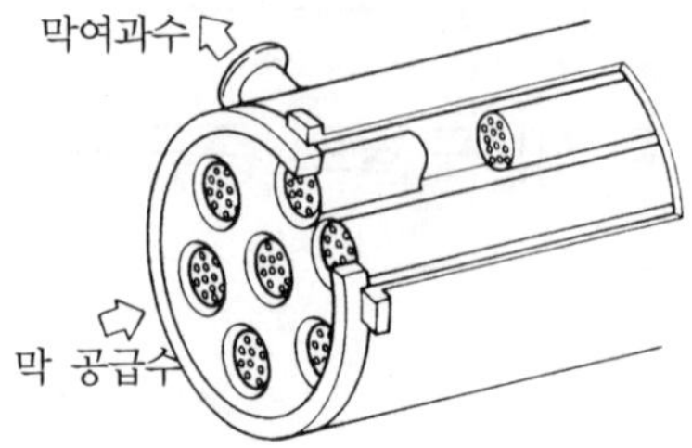

(b) 모놀리스형 모듈

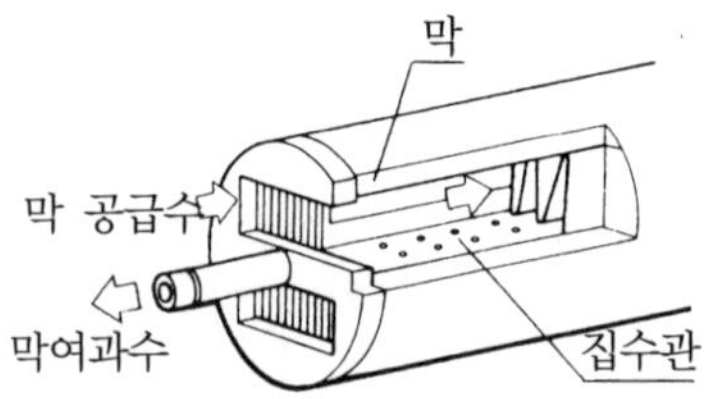

(c) 주름형 모듈

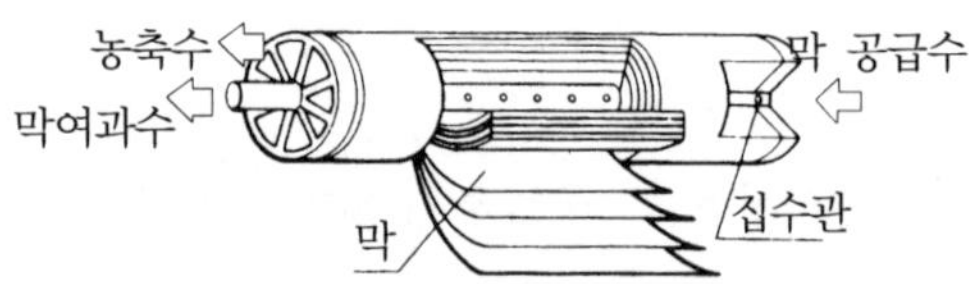

(d) 나선형 모듈

■ Casing수납 방식 막 모듈

(2) 조침지 방식에 사용되는 막 모듈

조침지 방식에 사용되어지는 막 모듈은, 아래 그림에 나타낸 것처럼, 외압식의 관형 막, 중공사 막 및 평 막을 케이스와 같은 압력용기에 수납하지 않고 그대로 조에 침지시켜 수위차나 흡인 펌프를 사용하여 여과를 행하는 것이다.

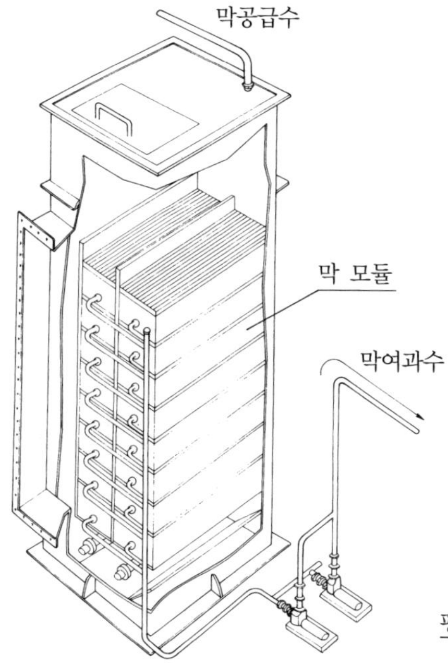

(a) 관상 외압 세라믹 막 모듈

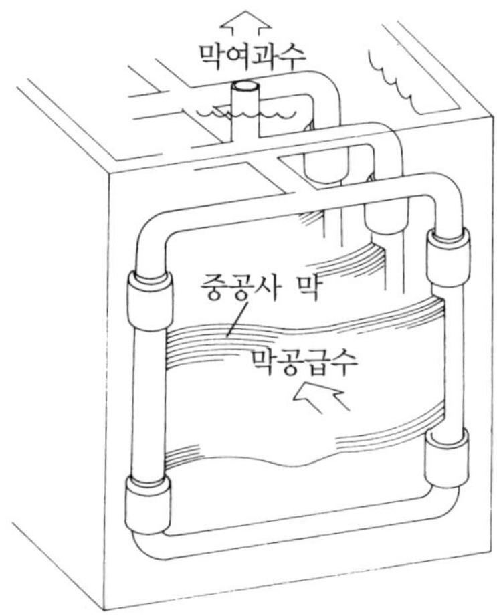

(b) 조침지 방식 중공사 막 모듈

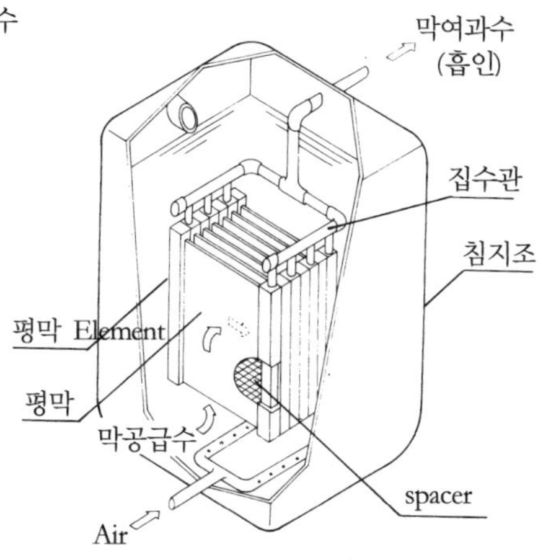

(c) 흡인 방식 침지형 평막 모듈

■조침지 방식 모듈

막 · 막 모듈 ••• Question 27

막 모듈의 내구성은 무엇인가?

막 모듈의 내구성, 즉 수명에 관해서는 어떤 특성 혹은 어떤 수치를 가지고 수명으로 한다는 특히 명확한 기준은 없다.

여과 운전에 따라 발생하는 성능저하는, 크게 나누어 막 모듈 구성 재료의 물리적, 화학적 및 생물학적 열화(막의 손상, 파단, 수축, 분해 등의 변화)와, 필터로서의 성능저하(막 모듈의 막힘, 표면 폐색, 유로 폐색 등의 파울링)의 2가지가 있다.

(1) 막 모듈 구성 재료의 열화

구성 재료의 열화에 관해서는 여과시의 수온, 막에 대한 물리적 부하 상태, 물리 세정시의 반복 응력, 약품 세정의 빈도 사용, 약품에 대한 내구성 등의 사용 조건 혹은 보관 조건에 의해 변화하지만, 유기 막의 경우는 3년 이상, 세라믹 막은 7년 이상이 수명 기준이다.

(2) 필터로서의 성능저하

막을 장기간 사용하면 미립자 · 현탁 물질, 용해성 고분자, 난용해성

화합물 등으로 인하여 막 표면에 부착층 형성, 막 다공질부의 막힘, 막 모듈의 유로 폐색이 발생하여, 막여과 유속의 저하 혹은 막간 차압의 상승이 일어나 필터로서의 성능이 저하된다.

여기서 파울링을 일으키기 어려운 막여과 조건을 설정함과 동시에, 역세나 공기 세정기 등의 물리 세정을 실행하여 필터 성능의 유지를 도모한다. 또 물리 세정으로 성능을 회복 할 수 없는 경우는, 약품 세정에 의해 성능 회복을 행한다. 약품 세정의 시간이 극단적으로 짧거나 혹은 약품 세정에 의해서도 성능 회복을 할 수 없는 경우, 막 교환을 실시한다.

막 · 막 모듈 ··• Question **28**

수도용 막 모듈의 규격은 무엇인가?

수도에 사용하는 막 모듈은 성능, 품질, 위생성을 확보하는 등의 관점에서 일본은 수도 정수 프로세스 협회와 막분리 기술 진흥협회에서 설치한 「수도용 막 모듈 규격 제정 위원회」에서 합동 규격(WPPA-001)을 정하고 있다. 개요는 다음과 같다.

- 적용 범위는 수도 정수 처리에 사용하는 막 모듈(정밀여과 및 한외여과용)이다.
- 막 모듈의 성능은 다음과 같다.

① 통수 능력은 300 kPa 이하의 압력에서 단위 막 차압(98.1 kPa) 당, 0.5～3 m^3/m^2 · day 범위의 막여과 수량을 얻을 수 있을 것.

② 탁도 제거성능은, 탁도 100도의 원수를 막여과 했을 때 막여과수의 탁도가 0.05 이하 일 것.

③ 세균 제거성능은, 시험 균으로서 Pseudomonas · diminuta(지름 약 0.3 μm)를 사용하여 균수 10^3～10^4/ml의 원수를 막여과 했을 때, 1 ml의 막여과수에서 형성되는 집락수가 10 이하 일 것.

- 막 모듈의 위생적인 품질에 관해서는, 모듈 내에 체류된 물을 수도법 수질 기준 46항목에 관해서 검사하여 규정 값에 적합할 것.

등으로 규정되어 있다. [우리나라는 먹는물 관리법 제2조 관련 먹는물의 수질 기준(총 61항목)에 규정]

- 내구성에 관해서는 통상 사용하는 압력의 1.5배를 가해 누수 기타 이상이 없을 것.
- 막 모듈의 일반적인 구조에 관해서도 규정되어 있다.

또한, 수도용 막 모듈 규격 인정 위원회가 설치되어 있어 합격한 제품에는 규격 인정 증표를 붙일 수 있다.

막 · 막 모듈 ••• Question 29

장래적으로 막 모듈의 기능과 비용은 어떻게 되는가?

막 모듈의 비용과 실행을 생각할 경우에는, 막의 제거특성, 여과유속 및 수명(막여과 유속의 저하에 의한 수명 및 물리적 파손에 의한 수명을 포함)을 고려할 필요가 있다.

현재의 정밀여과(MF) 막, 한외여과(UF) 막을 사용한 막여과법에서는 제균, 제탁을 목적으로 하고 있지만 특정의 물질에 대한 선택성의 향상은 현재로서 개발 목표의 하나이다.

소독 부생성물 혹은 농약 등의 미량 화학물질을 선택적으로 제거하려는 막도, 가까운 장래에 실현 가능하다고 생각된다. 또한 여기에 고도처리의 필요에 대한 오존처리, 생물 활성탄 처리 등과 MF 막 혹은 UF 막과 혼합한 조합 기술도 개발될 것이다.

한편 막여과 유속을 보다 높게 설정하여 오히려 장기간 안정하게 사용 가능하도록, 막 모듈의 구조 개량이나 운전 방법, 물리적 · 화학적 세정 방법의 개발 등도 진행될 것이다. 이 목적에 대해 막 자체가 장기적으로 오염되기 어렵고 세정하기 쉬운 방향으로 개량되는 것도 기대된다. 이처럼 개량의 결과, 막 장치는 더욱 소형화하며 사용하기 쉽게 될 것이다.

막 모듈의 최종 가격은, 직접 제조비용과 이것을 개발하는데 필요한 연구 개발비 등의 고정 비용이 포함되어 있다. 막 모듈의 비용 중, 원재료 비용 등의 직접비는 이미 상당히 비용이 절감 되었다.

수도 분야에서도 막 모듈이 대량으로 사용되는 시기가 되면, 고정 비용이 출하량에 대응해서 저렴하게 될 것으로 기대된다. 따라서 가까운 장래, 막 모듈의 성능 향상 및 양산에 의한 비용 절감 등으로 정수 단가의 저감화가 기대된다.

막 · 막 모듈

••• Question 30

수도에 사용하는 막의 공급 상황은 어떤가?

소규모 수도는 정호수, 복류수, 용수등 비교적 양호한 수원을 사용하여 왔지만, 주변지역의 개발 등에 의해 원수의 오염 문제가 발생하여 새로운 수질 기준과 병행하여 보다 높은 고도의 수질관리가 요구되고 있다. 그렇지만 고액 분리를 목적으로 하는 정밀여과(MF) 막이나 한외여과(UF) 막은 이미 의약품, 식품, 전자공업이나 원자력 · 화력발전 등의 각종 용수의 제조나 처리에서 원하는 수질을 얻기 위해 많은 기술을 축적하고 있으며, 정수 처리에 충분히 적응성을 가지고 있다.

또한 MF 막, UF 막의 공급자는, 일본 국내만도 20개 회사 이상이며 당면 도입 대상이 되는 소규모 수도 시설 외, 비교적 대규모인 정수장에 대한 도입이 포함되어 있어도 충분한 공급 능력을 가지고 있다.

그러나 이 분야에 대한 응용은 처음이며 수원의 수질이나 계획 정수량, 막여과 시설의 운전조작 기술 등을 고려해서 막 및 막 모듈의 구성을 결정할 필요가 있다.

막 모듈의 납입 기간은, 실용화의 초기에는 1~2개월 전후로 소요될 것으로 추정되지만, 시장 상황을 근거로 막 모듈의 표준화 진전이나 공급량의 확대에 의한 양산성의 향상에 의해 더욱 단축될 가능성이 있을 것이다.

계획 · 설계 ••• Question **31**

막여과법 계획에 있어 사전 조사 방법은 무엇인가?

(1) 기본 계획

막여과 정수 시설 도입에 즈음하여 기본 계획의 순서는 종래의 수도 시설이나 간이 수도 시설의 경우와 같으며 기본 계획 책정의 표준적인 순서는 다음과 같다.

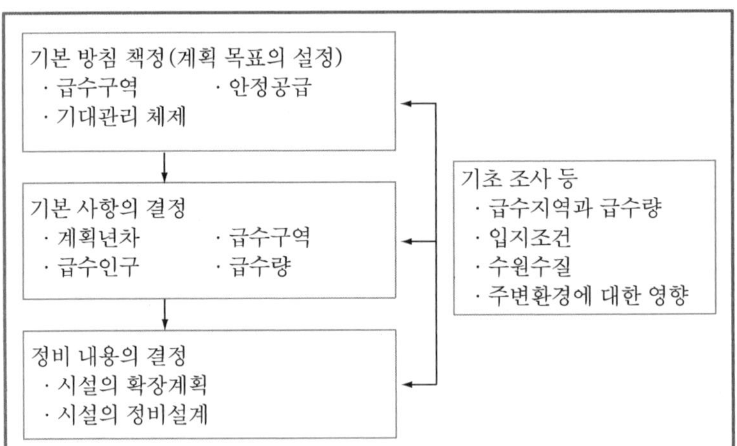

■기본 계획 책정의 표준적인 순서

(2) 막여과법 계획에 있어서 사전 조사에서 특히 주의해야 할 일

① 원수의 수질 조건

막여과는 원리에서 알 수 있듯이, 막의 세공경보다 큰 물질(수중의 점토, 세균, 플랑크톤 등의 현탁 물질이나 불용화한 철 · 망간 등)에 대해서는 안정적으로 높은 제거특성을 나타낸다. 그러나 세공경보다 작은 물질(용해성의 철 · 망간, 색 콜로이드 및 미량화학 오염 물질 등)에 대해서는 제거율이 낮다. 막여과법은 단독으로 모든 원수 수질 조건에 대해 대응할 수 있는 것은 아니기 때문에, 막여과법의 채용에 있어서는 원수의 수질에 관해서 충분히 조사 · 검토할 필요가 있다.

현상의 수질에 관해서는 될 수 있는 한 많은 자료를 수집 · 정리하여 연간의 수질변동에 관해서 연간의 평균치, 최대치, 최소치로서 해석을 행한다. 종래의 수질에 관해서는 수원 지역의 토지 이용, 인간 · 사회 활동 및 수질 보전 대책에 의해 증감하는 오탁 부하량을 해석하여 지역의 실상에 맞도록 검토할 필요가 있다.

② 처리 공정도의 검토

원수의 수질에 대해 처리목표 수질을 충분히 달성 할 수 있는 능력을 갖고 오히려 시설 배치, 유지 관리 및 경제성에 관해서도 배려하여 적절한 전처리법의 선택 등을 포함하여 최적인 공정도의 선정을 행할 필요가 있다.

③ 막여과 유속과 막 면적

막여과 유속(단위시간, 단위막 면적당 여과 수량 $m^3/m^2 \cdot day$)은, 막여과법의 도입을 검토하는데 가장 중요한 인자의 하나이다. 막여과법의 심장부인 막 면적은, 계획 정수량을 막여과 유속으로 나누어 산출한다. 막여과 유속을 지배하는 인자에는, 막의 종류, 수온, 원수 수질 등이 있지만, 이중에서도 수온의 영향이 가장 크다. 이것은 막여과에서는 막을 통과할 때의 막 세공이 상당히 작기 때문에, 여과 저항은 물의 점성에 비례해서 크게 영향을 받기 때문이다.

막여과 유속의 검토에 있어서는, 연간 최저 수온 시에 있어서 막여과 유속의 값과 그 시기의 물 수요량, 막여과 시스템의 구성, 설비비, 운전비, 유지 관리의 용이성 등을 종합적으로 고려하여 설정할 필요가 있다.

계획 · 설계

Question 32

막여과 시설은 어떤 순서로 설계하면 좋은가?

막여과 시설의 설계에 있어서도, 개략적인 순서는 재래의 정수 시설과 아무런 변화는 없다. 막여과 시설을 설계할 때의 순서는 대충 다음 그림에 나타냈다.

(1) 사전 조사

막여과 시설을 설치하는 경우, 시설의 설계에 앞서 우선, 수원 수질이나 입지조건, 계획 정수량 등을 조사한다.

(2) 전체 시스템 구성의 결정

① 전처리 설비

수원 수질의 조사 결과를 기초로 스크린 등의 협잡 물질 제거 설비, 응집제 주입 설비, 전염소 주입 설비 등의 전처리 설비가 필요한가 어떤가를 검토한다.

② 후처리 설비

막여과만으로는 제거가 어렵다고 생각되는 용해성 유기물, 곰팡이 냄

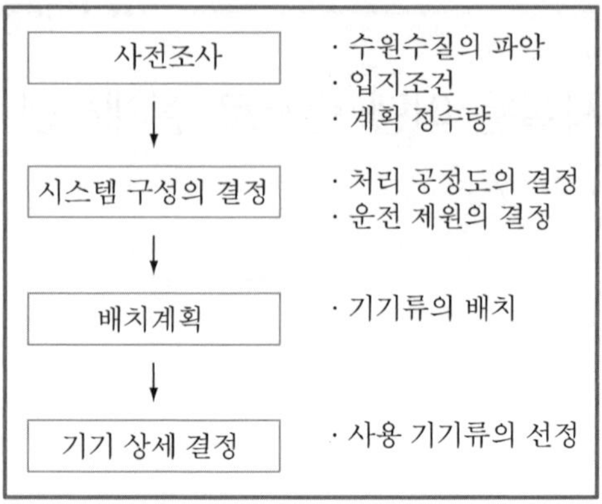

■**막여과** 시설 설계의 흐름

새, 용해성 망간 등의 제거를 필요한 경우에는, 활성탄 처리 설비, 망간 제거설비 등의 후처리 설비의 설치를 검토한다.

③ 배수 처리 설비

시설에서 발생하는 물리 세정 배수나 농축 배수 등을 방류할 경우에는, 배수의 수질이나 주변 환경에 대한 영향을 충분히 고려해서, 필요하다면 배수 처리 설비의 설치를 검토한다.

또 약품 세정을 현지에서 행할 경우에는, 폐액 처리 설비도 별도로 고려할 필요가 있다.

④ 운전 방식 등

수원 수질의 조사 결과나 운전비 등을 고려해서 사용하는 막의 종류나 막 모듈의 형식, 운전 제어 방식, 여과 방식, 세정 방식 등을 검토하여 적절하다고 생각되어 지는 운전 방식을 결정한다.

⑤ 설계 제원

수원 수질의 조사결과나 설비비, 운전비 등을 고려하여 막여과 유속을 설정하여 이것을 기초로 필요한 막 면적을 산출한다. 그리고 여기 막 면적에서 필요한 막 모듈의 계열수를 결정한다.

이상의 점에 덧붙여 유지 관리의 용이성, 시설 전체의 비용도 포함한 각종의 조건을 종합적으로 고려해서 적절한 처리가 행해지도록 오히려, 주변 환경에 악영향이 미치지 않도록 시스템 전체의 처리 공정도를 결정한다.

(3) 배치 계획

기기류의 반입로나 약품 세정 및 막 교환 등의 작업을 행하기 위해 공간이 충분히 확보되도록, 또 효율이 높은 설비가 운전될 수 있도록, 시스템 전체의 배치에 관해 검토한다.

장래 설비의 증설이 예상되는 경우에는, 효율적인 증설 공간이나 기설 설비와의 정합성에 관해 검토한다.

(4) 기구의 선정

상기의 검토사항을 근거로 하여 사용하는 기기류의 선정을 행한다.

계획 · 설계 ••• Question 33

막여과 설비의 설계에서 주요한 제원은 무엇인가?

막 여과 설비의 설계에서 주요한 제원으로는, 막여과 유속, 수온, 압력(막 차압) 및 회수율이 있다. 이들은 밀접하게 관련하고 있기 때문에, 설계 시에 충분히 고려할 필요가 있다.

(1) 막여과 유속

막여과 유속은 막여과 설비의 초기 비용, 운전 비용 및 설치 공간을 결정하는 가장 중요한 인자이다. 막여과 유속의 설정에 있어 막의 종류, 원수 수질, 전처리의 여러 조건 및 최저 수온을 고려할 필요가 있다. 또 여과 방식(전량여과 방식, 순환여과 방식)에 의해서도 막여과 유속이 달라진다.

순환(cross-flow) 여과 방식의 경우, 막면 유속을 크게 함으로써 막여과 유속도 어느 정도까지 크게 할 수 있지만, 여기에 따른 동력비도 증가한다. 통상 막 면 유속의 값은, 수 10 cm/sec부터 1 m/sec 전후의 범위까지 설정된다. 가이드라인에서는, 장기 운전에 있어서 평균적인 막여과 유속의 값으로, 단위 막 차압 (98.1 kPa)당 0.5 m^3/m^2/day 이상을 기준으로 하고 있다.

(2) 수온

수온에 의해 물의 점성계수가 변화하기 때문에, 막여과 유속은 수온의 영향을 크게 받는다(수온이 저하하면 물의 점성계수가 크게 되어 막여과 유속이 저하된다). 따라서 막여과 설비의 설계 시에는 연간 최저 수온, 최저 수온 시에 있어서 물의 수요량 및 막의 온도 특성(수온과 막여과 유속의 관계)을 충분히 고려할 필요가 있다. 즉

- 정압 제어 운전을 행할 경우에는 최저 수온 시에 있어서 막여과 유속의 값.
- 정 유량 제어 운전을 행할 경우에는 최저 수온에 있어서 막 차압.

이것이 설계상 중요한 기준이 된다.

(3) 압력(막 차압)

막여과 유속을 높게 설정하려면, 막여과 설비는 소형화 할 수 있지만, 막 차압을 높게 할 필요가 있다.

이론적으로는 막여과 유속과 막 차압은 비례 관계에 있지만, 현실은막 차압을 크게 하면, 서서히 막여과 유속의 상승 비율이 작아져 비례하지 않게 된다.

펌프가압 방식의 경우, 통상의 막 차압은 MF막에서 200 kPa 이하, UF 막에서 300 kPa 이하로 운전된다.

한편 흡인여과 방식의 경우는, 이론적으로 －100 kPa 이상(절대치로 하여 100 kPa 이하)으로 제한되지만, 흡인압의 절대치가 크면 막여과수 중의 용존 가스가 기포가 되어 에어록(airlock)을 일으킬 우려가 있기 때문에 통상은 －60 kPa 이상(절대치로 60 kPa 이하)에서 운전되고 있다.

(4) 회수율

회수율은, 막여과 시설 전체로서 회수율과, 막여과 설비의 회수율로 나누어진다. 막여과 설비의 회수율은, 물리적 세정 빈도에 크게 영향을 받으며, 더욱이 물리 세정 빈도는, 원수 수질, 막여과 유속에 영향을 받는다. 막 모듈 형식에 의해 다르지만, 일반적으로 막여과 설비의 회수율은 90% 이상으로 설계된다.

물리 세정 배수를 재차 막여과 하거나 배수 처리 설비로부터 처리수를 원수 측에 되돌림으로써, 막여과 시설 전체의 회수율을 향상시킬 수 있다.

그러나 물리 세정 배수를 회수하기 위해서는, 별도의 설비가 필요하며, 운전조작도 다소 복잡하게 된다.

따라서 물리 세정 배수를 회수할 때는, 효율성, 경제성 등을 충분히 고려할 필요가 있다.

계획 · 설계

··· Question 34

막여과 설비의 운전 · 보수에 관한 설계상의 유의점은 무엇인가?

막여과 설비의 운전에 관한 설계 상 유의점은, 자동화를 도모함으로써 운전관리(운전상태의 파악과 이상 검출)가 용이하게 행할 수 있도록 충분히 고려하는 것이다. 운전관리에 사용하는 각종 계장 기기는, 유지 관리가 용이하고 신뢰성이 높은 것을 선정한다.

막여과 설비의 운전에서는 막 차압, 막여과 수량, 막여과수 탁도를 상시 감시하는 것이 중요하다. 이들 값에 이상(막 차압의 급격한 저하, 막여과수 탁도의 상승, 막여과 수량의 급격한 증대)이 생긴 경우, 막 파손의 가능성이 있기 때문에 바로 대처 할 필요가 있다.

따라서 이들 값의 이상을 바로 알 수 있도록 설계하는 것이 필요하다. 구체적으로는 이들 값의 상하한 값을 설정하여, 그 범위를 초과한 경우에 경보가 울리도록 하는 것이다.

또 수온의 저하, 원수 탁도의 상승은 막 차압의 상승 혹은 막여과 수량의 저하를 초래한다. 따라서 막여과 설비의 운전상황의 파악을 위해 수온, 원수 탁도를 감시하는 것도 필요하다. 이들을 감시하는 방법은, 현장감시 방식과 원격감시 방식이 있다. 원칙적으로 자동운전을 전제로 하고 있는 막여과 시설에서는, 원격 집중 감시 설비를 직원들이 항상 있는 장소(사무실 등)에 설치하는 것이 필요하다.

약품 세정에 관한 설계상의 유의점은, 온라인 방식의 경우에는 정수계통에 대한 약액 및 세정 배수의 혼입을 완전히 방지하는 것이다.

막여과 설비의 보수에 관한 설계상의 유의점은, 구성장치(전처리 설비를 포함)의 유지 관리, 막 모듈의 교환 등이 용이하며, 오히려 확실하게 행할 수 있도록 작업 공간, 막 모듈의 교환방법 및 구성장치의 예비 등에 관해서도 충분히 고려하는 것이다.

Question 35

막여과 시설은 종래법에 비교해서 어떤 장소에 적합한가?

막여과 시설은 종래법에 비하여

① 원수의 탁도 변동 등에 관계없이 안정한 막여과 수질을 얻을 수 있다.

② 설비의 설치 공간이 작다.

③ 유지 관리가 용이하다.

등의 이점을 가지고 있다.

따라서 비가 많아 원수 수질이 빈번하게 변동하는 장소에 있어서도 어려운 조작이 필요하지 않으며, 막여과수의 수질은 안정하게 얻을 수 있다.

막여과 설비는 설치 공간이 작기 때문에, 설비를 설치할 때 지리적 및 지형적 제한을 받지 않으며, 지금까지의 설비에서 설치가 곤란한 산간부 등에도 설치가 가능하게 되었다. 역으로 이러한 장소에서는 지형의 고저차를 이용함으로써, 펌프를 사용하지 않고 운전하는 것이 가능하며, 설비비나 운전비 등의 비용을 억제하는 것이 가능한 경우도 있다. 또 과소 지역 등에서는, 정수 설비를 도입함에 있어 유지 관리 요원의 확보가 곤란한 것도 문제점의 하나가 된다. 막여과 설비에 있어서는, 설비의 자동화가 가능하며, 설비의 운전 감시도 전화 회선 등을 이용하여 원격 감시가 행해지기 때문에, 유지 관리 요원을 상주시킬 필요가 없다. 따라서 막여과 설비는, 유지 관리에 거의 사람 손이 필요로 하지 않아, 과소 지역에는 장점이 큰 시설이라고 할 수 있다.

Question 36

막여과 시설의 설치 조건에서 유의해야 할 점은 무엇인가?

막여과 시설에 있어서 설치 조건은, 종래의 정수 시설과 특히 차이는 없다. 통상 다음 사항에 유의해야 한다.

① 원수의 수질은 현탁 물질, 세균류를 제외하고서는 수돗물의 수질 기준에 적합한 것
② 전력을 공급 받는 것이 가능할 것
③ 각 급수 수요처에 대한 배수가 적당한 위치 관계에 있을 것
④ 지반이 안정할 것
⑤ 위생성이 유지되는 장소일 것
⑥ 설치공사, 막 모듈 등의 점검 · 교환에 대비하여 충분한 작업 공간을 확보할 수 있을 것
⑦ 시설의 배치가 수리적으로 낭비되지 않을 것
⑧ 자연배수, 방류가 행할 수 있을 것
⑨ 수해 낙뢰 등의 자연재해를 받기 어려울 것

또, 자연의 수위 차를 이용하여 운전을 행할 경우에는, 충분한 막 차압이 확보될 수 있도록 설치 장소에 유의할 필요가 있다.

막여과 시설은 자동 운전을 원칙으로 하고 있기 때문에 비교적 정밀한 제어 기기를 사용하고 있는 관계상, 부득이 한 경우를 제외하고는 건물 내에 설치하는 것이 바람직하다. 막여과 시설은 안정하게 자동운전이 가능하며 원격 감시도 가능하기 때문에 유지 관리 요원이 빈번히 순회할 수 없는 장소에도 설치 가능하다.

계획 · 설계

··· Question **37**

막여과 설비에 있어서 지진이나 재해에 대한 안전 설계 방법은 무엇인가?

막여과 설비는 막 모듈, 펌프류나 컴프레서류의 기계부품, 전기 · 계장 부품, 압력계나 유량계의 계측 부품, 밸브, 배관 및 탱크류로 조성되어 있다. 설비의 안전성 확보를 위해서는, 각각 부품의 높은 신뢰성과 함께 시스템으로서 높은 신뢰성이 필요하다.

따라서 지진 등의 자연 재해에 대한 사고 · 고장의 미연 방지를 도모하여 설계를 하여, 예로서 사고가 발생해도 그 영향을 최소한 줄여 정수 공정에 대한 영향을 방지한다.

막여과 설비는 실내에서도 실외에서도 설치 가능하다. 그러나 막여과 설비는 다양한 기기로부터 구성되어 있기 때문에, 실외에 설치할 경우는, 지역의 자연조건(눈 피해 등)이나 환경 조건에 따라, 막 모듈 등 설비의 안전을 특별히 고려해야 한다.

다음에 구체적인 안전 설계의 방법을 기술하였다.

① 내진에 관해서는 「수도 시설 내진공법 지침 · 해설」(일본수도협회) 등에 따라 설계를 하여 구조상의 안전을 기할 것.

② 막 모듈, 단일 장치는 전도 방지책을 강구 할 것.

③ 배관 접속부에는 신축 가동성 관 등을 될 수 있는 한 사용할 것.

④ 낙뢰대책으로 피뢰기 등을 설치, 기기의 절연 파괴를 방지 할 것.

⑤ 한랭지에 있어서는 정지시 뿐만 아니라 운전 시에도, 동결 대책이 필요하기 때문에, 막 모듈, 체수부나 유속이 느린 배관 부분에 관해서는 보온 또는 가온 설비를 실시 할 것.

⑥ 설해나 낙뢰에 의한 송전선의 절단에 의한 정전 대책으로서 수전에 관해서는, 가능한 송전 계통이 다른 2계통으로 하고, 예비전원을 설치하도록 배려할 것.

계획 · 설계

··• Question **38**

막여과 시설에 있어서 주변 환경에 배려해야 할 요점은 무엇인가?

막여과 설비를 설치할 때에 주변 환경에 대한 영향을 충분히 고려하지 않으면 안 되는데, 주로 시설에서 발생하는 소음이나 진동, 배수를 들 수 있다. 이들의 발생원과 대책에 관해서 다음과 같다.

표 1 장해 발생원과 대책

	발 생 원	대 책
소음 · 진동	· 막여과나 원수 공급에 사용하는 펌프 · 세정 펌프 · 세정용 송풍기 · 세정용 컴프레서 · 물리 세정 배수의 배출음	주변 환경에 영향을 미치지 않도록 설비 설계 시는 충분한 사전 조사 및 검토를 행하여 만전의 방음 · 방진대책을 실시한다.
배수	· 막의 물리 세정 배수 · 농축 배수 · 전처리 설비에서의 배수	이들의 배수의 수질을 충분히 파악하여 주변 환경에 악영향을 미치지 않도록 필요에 따라 적절한 배수 처리를 행할 필요가 있다.
	· 약품 세정 폐액 (약품 세정 후의 헹굼 물도 포함)	약품 세정에 알칼리성 또는 산성 등의 약품을 사용할 경우, 중화 설비 혹

		은 적절한 배수 처리 설비를 설치할 필요가 있다. 시설 내에 이러한 설비를 설치할 수 없는 경우에는 산업폐기물로서 전문 업자에 위탁할 수 있다.

또 막여과 시설은 수돗물을 만드는 시설이기 때문에 안전 면을 충분히 고려하여 시설 내에 용이하게 사람이 출입할 수 없도록 울타리를 설치할 필요가 있다.

계획 · 설계

··· Question 39

종래법과 비교하여 막여과 시설의 설치 공간은 어느 정도인가?

막여과 시설은, 종래의 모래여과를 기본으로 한 정수 처리 시설과 비교하여, 1/2~1/3의 설치 공간으로 축소할 수 있다. 설치 면적을 작게 할 수 있는 큰 이유는, 막여과에서는 침전지가 필요 없는 것을 들 수 있다. 급속 모래여과지에 상당하는 공간에 막여과 설비를 수납 할 수 있기 때문에, 불필요한 침전지의 공간 부분이 축소되는 것이다.

다음에 일량 500 m^3의 정수 처리 시설의 설치면적 비교표를 나타냈다. 침전지나 여과지의 산정 조건을 다음과 같이 설정한다. 완속 여과 시설에서는 보통 침전지의 체류 시간을 8시간, 완속 여과의 여과 속도를 5 m/day, 급속 여과 시설에서는 약품 침전지의 체류 시간을 3시간, 급속 여

표 1 일량 500 m^3의 정수 처리 시설의 설치면적의 비교

처리 방식	설치면적 [m^2(m×m)]	면적비율 [%]	면적비율 [%]
완속 여과법	540(15×36)	100	–
급속 여과법	250(25×17)	46	100
막여과법	85~136(8.5×10~16)	16~25	34~54

과의 여과 속도를 120 m/day, 각각에 예비계열을 1지씩 설치하는 것으로 한다.

이처럼, 급속 여과 시설에 비교해도, 막여과 시설은 1/2~1/3의 면적이 된다.

계획 · 설계

Question 40

막여과 설비의 배치 도면은?

500 m^3/day 처리규격에 있어서의 평면도 설계 제원의 예를 나타냈다. 여기에는 막 모듈은 케이스 수납, 전량여과 방식으로 필요한 설치면적은 약 50 m^2이다.

■ 설계재원

처리 수량	500 m^3/day
막여과 유속	1 $m^3/m^2 \cdot$ day
막 면적	50 m^2/Module
막 모듈 수	5 모듈/계열
계열 수	2 계열

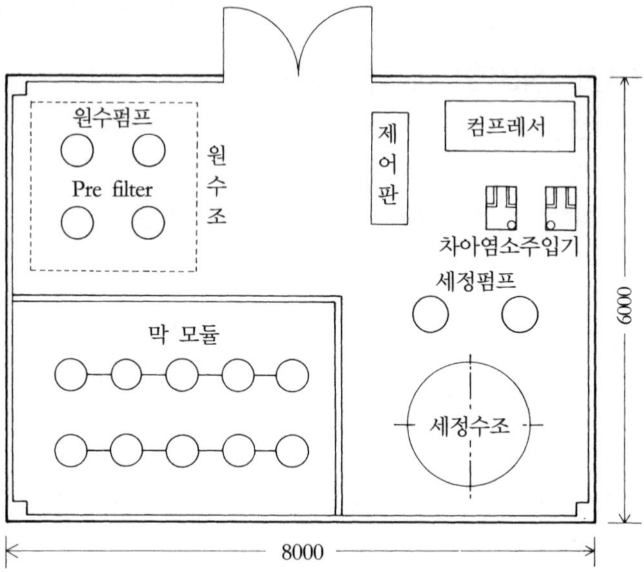

■평면도

계획 · 설계

••• Question **41**

막여과 설비의 건설 공기는, 종래 설비에 비교해서 단축되는가?

막여과법을 채용하면 정수 처리 시설의 건설 공사 기간은, 종래법에 비해서 단축된다. 종래의 정수 처리 시설이 침전지나 여과지처럼 콘크리트 수조로 구성되어 있는 것에 비해, 막여과를 채용한 시설에서는, 기계 설비가 주체가 되기 때문이다.

막여과 설비는, 규격화 된 기계 설비로서 공장 내에서 제작되어 현지로 수송되기 때문에 현지 공사가 적게 된다. 현지에서 토목, 건축 공사의 기간에 공장에서 병행하여 기계 설비를 제작할 수가 있기 때문에, 현지 공사 기간이 단축될 수 있다.

다음에 일량 500 m^3의 정수 처리 시설에 급속 여과를 사용하는 경우와 막여과의 막여과의 경우 공사 기간을 대비해 보자.

급속 여과 시설에서는, 수조 공사를 위해 굴삭 공사, 콘크리트 수조 공사, 방수 공사, 재매립 공사 외 매설 배관, 배선 공사가 필요하다. 또 토목 수조 공사 외에, 기계 설비의 건축 공사가 계속되며 총 건설 공사 기간은 약 9.5개월로 견적된다.

■일량 500 m^3의 정수 처리 설비에 대한 건설 공기의 비교

설비	건설공사기간(월)
급속 여과 설비	1 2 3 4 5 6 7 8 9 10 설계, 구입 수배, 제작 (1~5) 토목 수조공사 (3~6) 건축 공사, 설치배관전기공사, 시운전 (6~10)
막 여과 설비	1 2 3 4 5 6 7 설계, 구입 수배, 제작 (1~5) 건축 공사, 설치배관전기공사, 시운전 (3~7)

이에 대해 막여과 시설은, 건축의 면적이 크게 되는 부분만큼 건축 공사가 길어지지만, 토목 수조 공사의 단축에 의해 총 건설 공사 기간은, 약 7개월이 된다. 또, 기계 설비의 설치를 단기간에 하기 위해서는 건축 공사의 엄밀한 공정 관리가 필요하다.

계획 · 설계

Question 42

막여과 설비의 건설비, 운전비의 시산 방법은 무엇인가?

(1) 건설비에 관해서

막여과 설비가 종래의 정수 처리 설비와 다른 점의 하나는, 막여과 설비가 각각 막여과 방식에 따른 운전시스템이 채용되는 것이다. 따라서 막여과 방식에 따른 기계 설비와 전기 계장 설비가 일체가 된 막여과 설비로서 견적을 시산하는 것이 필요하다.

또 막여과 시스템의 차이에 의해 막 교환의 주기나 막여과용 수조의 유무 등에 차이가 있으며, 시스템의 차이가 건설 비용에 반영된다. 따라서 제조사의 견적에 근거하여 운전 비용과 맞추어 종합 비용을 시산하는 것이 필요하다.

현재로서 막여과 설비의 기산 건설 비용의 기준은 다음 식으로 구할 수 있는 범위가 되어 있다(일본에서의 경우).

$$Y = (1.7 \sim 2.7) \times X^{0.74}$$

여기서, Y : 건설비(백만 엔), X : 계획 정수량(m^3/day)

단, 산출 조건은 다음과 같이 정해져 있다. 원수조에서 처리수조까지의 공정으로 예비 계열이나 취수, 정수지 설비, 기타 건축 공사는 포함되지 않는다. 일반적으로 막여과는 스케일 메리트가 작다고 한다. 막여과 설비의 건설 비용도, 종래의 기계 설비와 같이 처리 규모의 0.7승에 근사하고 있지만, 역시 스케일 메리트가 조금 떨어지는 경향을 나타내고 있다.

(2) 운전비에 관해서

운전비의 항목으로서, 막여과 특유의 막 교환 비용과 막의 약품 세정 비용 두 가지를 들 수가 있다.

정수 용도에서의 막 교환 빈도는, 일반적으로 유기 막으로 3년에 1회, 무기(세라믹)막으로 7년에 1회가 표준으로 생각되어 진다. 막 교환 및 약품 세정 작업등 업무 위탁을 포함하여 견적 시산이 필요하다.

계획 · 설계

••• Question 43

막여과 설비를 기설 설비의 일부와 변경 혹은 부가하는 것은 가능한가?

(1) 급속 여과 설비의 대체

종래의 여과 설비 대신에 막여과 설비를 새로 설치하는 것도 가능하다. 막여과법은 종래의 응집 · 침전 · 여과법을 대체하는 것으로 위치를 부여하고 있으며, 탁질을 포함하고 있지 않는 무균의 정수를 콤팩트한 설비로서 간단한 유지 관리로 얻을 수 있는 방식으로 기대되고 있다.

따라서 종래의 여과 설비가 노후화하여, 여과 성능이 악화하고 있는 경우나, 같은 정수장에서 정수량의 증가를 계획하고 있는 경우는, 약품 침전지의 처리수를 막여과하는 방식이 훨씬 효과를 올릴 수 있다.

막여과는, 막의 공경 이상의 큰 현탁질을 제거하는 방법이며, 약품 침전지에서 유출하는 수산화알루미늄의 미세한 플록도, 용이하게 제거할 수 있다. 또 약품 침전지에서는, 원수의 현탁질이 어느 정도 침전 제거되기 때문에, 막여과의 탁질 부하를 저감하는 역할을 하고 있다. 이 때문에 원수를 직접 막여과하는 방법과 다르며, 원수가 고탁도일 때에도 막여과에 고탁도의 원수가 직접 공급되지 않고, 전침전지에서 일단 제거되어 공급되기 때문에, 막여과 유속이 높고 또한 안정한 운전이 기대된다.

그럼에도 불구하고 약품 침전지의 처리수를 막여과하는 방법에서는, 종래의 침전 여과와는 다른 시점에서, 혼화지에서 응집제 첨가량을 제어하는 것이 필요하다. 탁도가 낮은 경우, 과잉 주입으로 폴리염화알루미늄이 증가되면, 침전하기 어려운 미세한 수산화알루미늄이 막 면에서 석출하게 되며, 막여과 성능을 저하시키는 현상이 발생한다. 플록을 크게 해서 침전시키는 것이 아닌, 마이크로 플록 정도가 되도록 폴리염화알루미늄의 첨가량을 제어하는 주의가 필요하다.

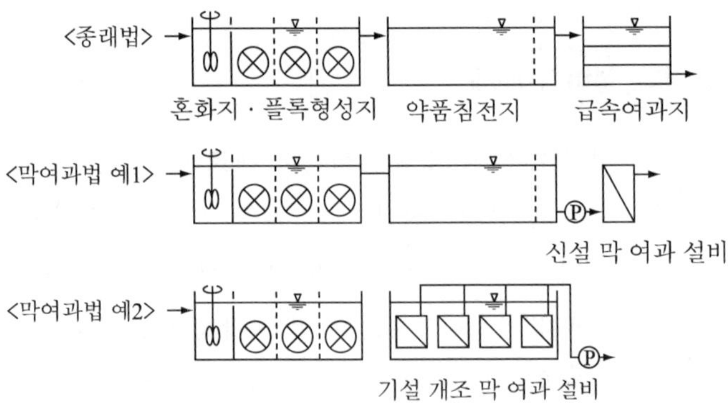

■기설 설비와 막여과 설비의 조합 예

(2) 완속 여과의 부하저감

생물 화학적인 기능을 가지고 있는 완속 여과는, 많은 이점을 가지고 있지만, 고농도의 성분 제거에는 적합하지 않다. 특히 고 탁질은, 완속 여과지를 금방 폐색시켜 여과의 기능을 수행할 수 없게 된다. 완속 여과를 채용하고 있는 정수장에 있어, 수원 환경의 악화가 심각한 문제가 되고 있다. 산림의 벌목 등에 의해 강우 후, 일시적으로 고탁도가 되어 완속 여과지가 폐색하는 문제가 발생하고 있는 정수장에서, 완속 여과의 전처리로서 막여과의 채용을 기대하는 목소리도 있는 것 같다. 막여과는 탁질 제거 기능으로, 완속 여과는 생물화학적인 기능으로 나누어 사용하는 이 방법은, 각각의 기능을 충분히 안정하게 발휘 할 수 있는 하나의 조합 후보로 들 수 있다.

그러나 자동 여과기나 고속여과 등의 종래의 전처리 설비와 비교하면, 막여과는, 전처리 설비로서 설비비, 운전비 및 유지 관리의 면에서 종래법보다 못할 수 있다. 막여과를, 완속 여과의 전처리 기능으로 매력 있는 조합으로 채용함에 있어서는, 고탁도 시만 막여과를 운전하는 것 등 경제성이 높은 궁리를 도입하도록 충분한 검토가 필요하다.

(3) 막 모듈의 침전지에의 침지

단순히 대체 혹은 조합이 아닌 기설의 침전지와, 막여과 설비를 합체시키는 방식도 가능하다. 이 방식은 케이스를 사용하지 않는 막 모듈을 침전지내에 침지하는 것이며, 침전지에 침전 기능 만이 아닌 막여과 기능을 수행하게 된다. 남은 여과지를 활성탄 흡착 여과지로 활용하거나, 증설 용지로 전용하는 것도 가능하다. 이처럼 막여과 설비와 기설 설비의 여러 가지 조합을 생각할 수 있다.

계획 · 설계

•• Question 44

막여과법은 어느 정도의 처리 수량 규모에 적용 가능한가?

간이 수도 등 소규모인 수도에서는, 설비의 설치에 대해 지리적 및 지형적인 제약, 유지 관리 요원의 부족, 전문 기술자의 부족 등이 문제가 된다.

그러나 막역과 법은, 설비의 설치에 대해 지리적으로 제한 받기 어려우며, 자동화 운전이 가능한 것 등의 이점으로 간이 수도 등에 적합하다. 간이 수도 등 소규모인 수도에서는 급수량은, 그다지 많지 않기 때문에 1,000 m^3/day 정도까지의 설비가 대부분을 차지하고 있다. 당면은 소규모 수도를 중심으로 10,000 m^3/day 정도까지의 설비가 도입 대상으로 생각된다.

막여과법은, 당면 이러한 소규모 수도에 적용된다고 생각되지만, 10,000 m^3/day을 넘는 규모의 수도에도 적용이 가능하다.

해외에서는 10,000 m^3/day이 넘는 대규모의 정수장이 건설되어, 이미 가동하고 있는 곳도 있다.

대규모인 수도에 막여과법을 적용할 경우에는, 막 모듈의 계열 수를 증가하거나 막 모듈을 대형으로 해서, 한 본당의 막 면적을 넓게 함으로써 대응 가능하다.

막여과의 기술은 앞으로도 점점 발전할 것이다. 모듈의 대형화나, 높은 막여과 유속을 가진 막의 개발로, 대규모적인 수도에 대한 막여과법의 적용이나, 건설도 충분히 기대할 수 있을 것이다.

계획 · 설계

Question **45**

가압 펌프를 사용하지 않고 수위 차를 이용한 막여과법은 가능한가?

막여과 설비에서는, 설치 면적의 축소화를 기할 수 있기 때문에, 지리적 및 지형적 제한을 받는 것이 적으며, 지금까지 설비 설치가 어려웠던 산간부 등의 장소에도, 설비를 건설하는 것이 가능하다.

산간부 등의 막여과 설비를 건설할 경우에는, 수위 차를 이용한 운전 방식을 채용할 수 있다. 이러한 경우 가압 펌프를 사용하지 않고, 막여과를 할 수 있기 때문에 건설비, 운전비를 절감할 수 있어, 경제적인 효과를 기대 할 수 있다. 수위 차를 이용한 설비의 예를 그림에 나타냈다.

수위 차를 이용한 운전 방식에서는, 원수 측과 처리수 측의 수위 차가

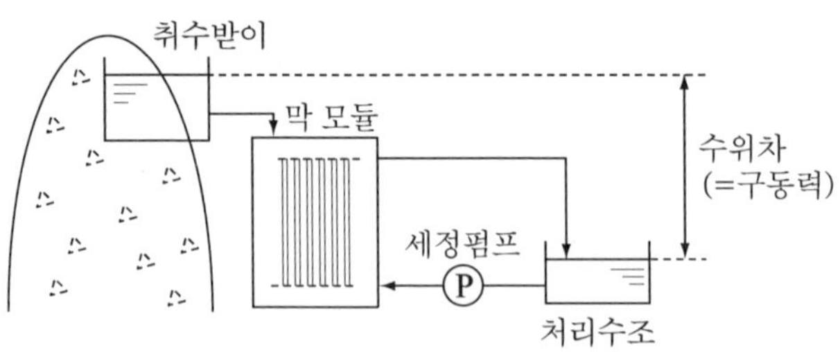

■수위차 이용 방식의 예

운전할 때 구동력이 되며, 수위 차를 일정하게 유지함으로 정압 제어로 여과를 행할 수가 있다. 또 이 수위 차를 처리 수량에 맞게 제어함으로써, 정유량 제어로 운전이 가능하다. 수위 차를 이용한 운전 방식을 채용한 경우에도, 다른 운전 방식과 같이 막의 물리 세정이 필요하다. 따라서 세정 펌프나 공기 압축기 등의 세정용 기기가 필요하다.

계획 · 설계

Question 46

막여과 설비의 중요한 구성 기기는 무엇인가?

막여과 설비의 주요 기기는 다음과 같은 것을 들 수 있다.

(1) 막여과에 이용되는 기기

- 원수 펌프 또는 흡인 펌프 : 막여과에 필요한 구동력을 발생시킨다.
- 순환 펌프 : 순환여과 방식으로 운전을 행할 경우 막에 대해 공급수를 순환시킨다.

(2) 세정에 이용되는 기기

- 세정 펌프, 컴프레서 또는 송풍기 : 세정에 이용되는 막여과수나 공기를 막 모듈에 보낸다.
- 세정 수조 또는 공기탱크 : 세정에 이용되는 막여과수나 공기를 저류한다. 또 세정 수조는 처리수조와 겸용가능하다.

(3) 기타 기기

- 유량계 : 운전 시에 있어서 원수나 막 공급수, 막여과수 등의 유량

을 계측한다.

• 압력계 : 운전 시에 있어서 막의 일차 측, 이차 측 등의 압력을 계측한다.
• 수질 계기(탁도계, pH계, 온도계 등) : 원수나 막 공급수 막여과수의 수질을 계측한다.
• 제어 밸브류 : 유로 변경이나 유량 제어를 한다.

이들 이외에 약품 세정의 설비도 별도로 필요할 수 있다.

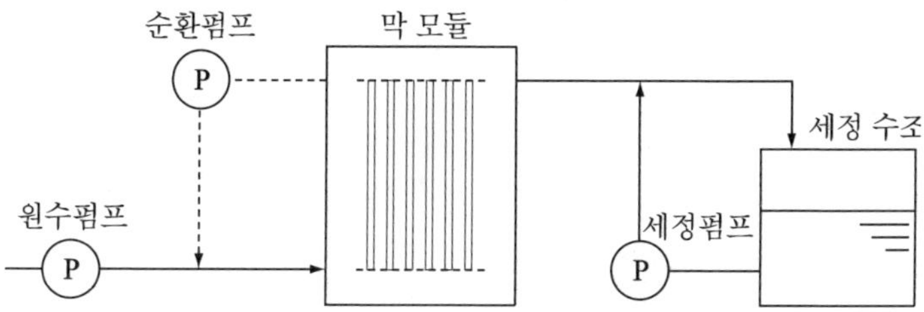

■**막여과** 설비의 주요 구성 기기

••• Question 47

막여과 설비에 사용하는 기기, 배관 및 전기설비 등의 사양에서 주의할 점은 무엇인가?

(1) 펌프류

펌프류는 막여과 설비의 처리 방식에 따라 필요한 기종 · 대수를 설치한다. 펌프는 접수 부분이 수질에 악영향을 미치지 않고, 필요 충분한 양정 · 용량을 가진 것을 선정하여 장기간 운전에 견딜 수 있는 것으로 한다. 또 보수에 대비해 예비기를 확보한다.

(2) 컴프레서(compressor)류

컴프레서 및 송풍기 등은, 공기압 작동 밸브의 개폐나 막의 물리 세정을 위해 공기를 공급하는 것으로, 적정한 압력과 용량을 가진 것을 선정하여 장기간 운전에 견디는 것으로 한다. 계장용으로 공기를 사용하는 경우에는, 컴프레서에 공기 청정기(필터 등)를 설치하여 공기압 작동밸브, 전자 밸브 등의 고장을 방지한다.

(3) 전기 설비

전기 설비는 관계 법령에 따라야 함과 동시에, 필요 충분한 용량을 가진 신뢰성이 높은 설비로 한다. 수전은 가능한 한 2회선 수전으로 하고 정전에 대비해 예비 전원을 확보하는 것이 바람직하다.

예비 전원의 용량은 정수지 · 배수지의 용량 등을 감안하여 구한다.

(4) 배관류, 밸브류

막여과 설비에 사용되는 배관류 · 밸브류는 일본 공업 규격(JIS) · 일본 수도협회(JWWA)규격 등에 적합한 재료로서 내식성 · 내진성 · 위생성에 풍부한 것을 사용한다.

배관류는 용도에 따른 내압 규격을 만족하고 장기간의 운전에 견딜 수 있는 사양을 선정한다. 자동 밸브는, 수동조작이 가능한 것으로 하든지, 바이패스가 필요한 곳에 설치하며, 필요한 기능을 갖춘 장기간의 운전에 견디는 사양의 것을 선정한다.

계획 · 설계

Question 48

막여과법은 어느 정도 자동화가 가능한가?

막여과법은, 조작의 간단함으로부터 자동 운전이 용이한 관리의 자동화를 대폭으로 향상시킬 수 가 있다.

(1) 통상시

막여과 설비는, 제어 사무소에 설치된 원격 감시 제어 설비에 의해, 운전 시 상황을 집중적으로 감시할 수 있다. 따라서 막여과 설비에서는, 설비가 설치되어 있는 장소에, 항상 운전관리 요원이 곁에서 장치 관리를 할 필요가 없으며, 통상의 유지 관리는 한 달에 수회 정도 설비의 순회 점검 만으로 충분하다.

(2) 긴급시

장치가 고장이나 이상이 일어난 경우는, 감시실에서 순식간에 그 상황을 파악할 수 있다. 또 장치의 운전 · 정지 및 운전 조건의 설정 등 장치의 제어도 감시실에서 할 수 있기 때문에, 긴급시에도 즉시 대응할 수 있다.

(3) 약품 세정 · 유지 관리 등

무인화 운전이 가능한 막여과 설비에도 통상의 운전 조작 이외의 부분에 사람 손이 필요한 경우도 있다. 막여과 설비에 있어서 일손이 필요한 것은, 약품 세정이나 막의 교환 등 작업을 행하는 경우이다. 이들의 작업은, 전문 업자나 장치 제조자에게 위탁해서 행할 수 있다.

계획 · 설계

••• Question **49**

막여과법에 있어서 운전 감시의 자동화는 무엇인가?

막여과법은 종래의 응집 · 침전 · 모래 여과에 의한 처리방식과 다르며, 원수를 그대로 막여과하는 것만의 단순한 조작이며, 자동운전 제어를 용이하게 행할 수 있다.

(1) 자동운전 감시

막여과 설비의 운전 감시는 통상은 자동으로 행한다. 감시 항목으로는, 원수 및 처리수의 탁도, pH 등 수질에 관한 항목이나, 막여과 수량, 압력 등 설비의 운전 상황 파악에 필요한 항목이 있다. 또 이들 항목을 상시 감시하여, 이상 시에는 경보를 발생한다.

(2) 자동운전 제어

막여과 설비에서는 통상 소형 컴퓨터를 내장한 제어기기에 의해 설비의 시동, 운전, 정지 조작을 하지만, 그 외에 막여과 수량이나 운전압력을 일정하게 하거나, 이상시 경보를 발생하거나 하는 제어를 행한다. 또 막여과 수량을 장기간 안정하게 유지하기 위해, 정기적으로 막을 물리 세정을 하는 공정도 자동으로 제어한다.

(3) 원격 감시에 관해서

유지 관리 요원이 상주하지 않는 경우는, 전화 회선 등을 이용해서 정수장에서 떨어진 곳에서 운전 감시나, 운전 제어를 행하거나, 복수의 설비를, 한 곳에서 감시할 수 있다.

계획 · 설계 ••• Question 50

막여과 설비에 있어서 운전 제어 방식에는 어떤 것이 있는가?

막여과 설비의 운전 제어에는 통상, 정유량 제어와 정압 제어의 2가지가 있다.

(1) 정유량 제어

정유량 제어는, 원수 수온에 관계없이 막여과 수량을 항상 일정하게 유지하여 운전을 행하는 제어방법이다. 이 방식으로 운전을 계속하면, 시간의 경과와 함께 여과 저항이 상승하기 때문에 막 차압이 서서히 상승한다.

정유량 제어에는 구체적으로 하기 표와 같은 방식이 있다.

정유량 제어의 한 예를 하기의 그림에 나타냈다.

(2) 정압 제어

정압 제어는, 막 차압을 항상 일정하게 유지하여 운전을 행하는 제어방법이다. 이 방식으로 운전을 계속하면, 시간의 경과와 함께 여과 저항이 상승하기 때문에 막여과 수량이 서서히 저하한다.

정압 제어에는 구체적으로는 하기의 표와 같은 방식이 있다. 정압 제어의 한 예를 하기의 그림에 나타냈다.

■정유량 제어에 있어서 운전 방식

방식	운전 방식
정유량 밸브 방식	막여과수 라인에 정유량 밸브를 설치해서 운전을 행한다.
용적식 펌프 방식	송액 펌프에 용적식 펌프를 사용해서 운전한다.
펌프 회전수 제어 방식	원수 혹은 막여과수의 량을 계측하여 펌프의 회전수를 제어하여 운전을 행한다.
조절 밸브 방식	원수 혹은 막여과수의 유량을 계측하고 펌프 출구측의 조절 밸브를 제어하여 운전을 행한다.

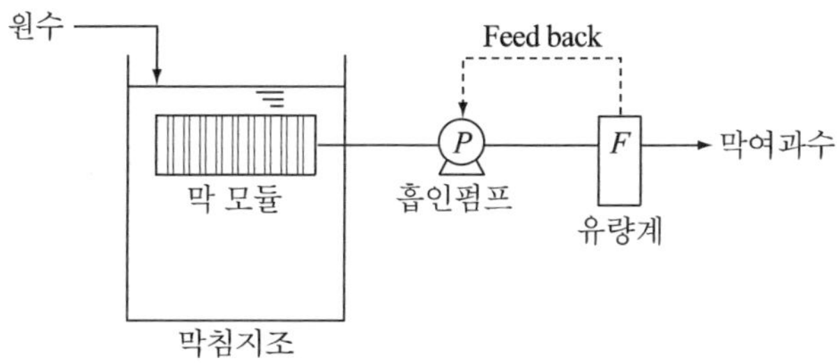

■정유량 제어의 일예(펌프 회전수 제어 방식)

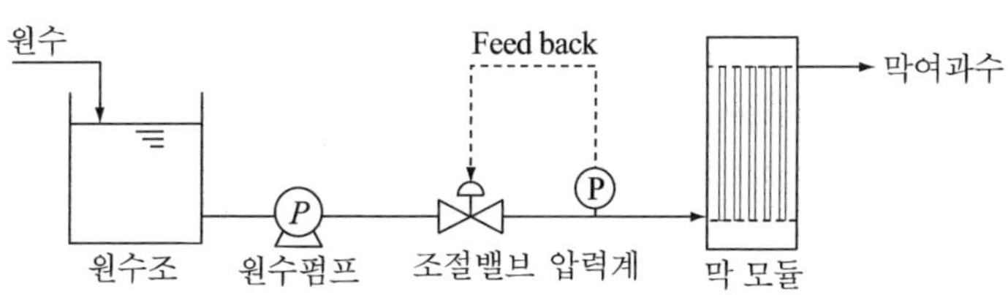

■정압 제어의 일예(조절 방식)

■정압 제어에 있어서 운전 방식

방식	운 전 방 식
정압 탱크 방식	조절압력 탱크에 압력계를 설치하여 펌프의 ON-OFF를 행하여 운전을 행한다.
수위차 이용 방식	고가 수조나 사이폰 등으로 수위차를 일정하게 유지하고 정압을 확보하여 운전을 행한다.
펌프 회전수 제어 방식	송액 라인에 압력계를 설치하여 펌프의 회전수를 제어하고 정압을 확보하여 운전을 행한다.
조절 밸브 방식	펌프 출구측의 조절 밸브를 제어하고 정압을 확보하여 운전을 행한다.
감압 밸브 방식	펌프 출구 측에 감압 밸브를 설치하고 정압을 확보하여 운전을 행한다.

··· Question **51**

막여과법은 한냉지나 고온지에 적용 가능한가?

일반적으로 원수 수온으로서 상정되는 범위에 있어서는 거의 모든 막이 적용 가능하지만, 외부기온 변동의 영향을 피하기 위해 건물 내에 막 모듈을 수납하는 것이 바람직하다. 분명한 것은 제조사가 제시하는 적응 온도 범위를 확인하는 것이 좋다.

(1) 한냉지에서 사용할 경우 주의 사항

① 원수 수온이 낮을 경우는, 막여과 능력이 다소 저하하기 때문에 설계 단계에서 최저 수온을 고려하여, 막여과 유속이나 막 면적을 설정해야 한다.

② 동결에 의해 막이 열화, 손상 할 우려가 있기 때문에 배관류를 포함한 동결 대책을 실시하는 것이 필요하다.

③ 유속이 낮은 배관이나 간헐적으로만 물이 흐르는 역압수 세정 배관 등에 관해서, 동결 대책을 실시하는 것 외에, 압력계나 샘플꼭지 등이 나와 있는 분기관의 취수부를 될 수 있는 한 작게 하는 등, 시행상의 배려가 중요하다.

(2) 고온지에서 사용할 경우 주의 사항

고온지에서 옥외에 설치한 경우는 막에 대한 공급수의 수온이 높게 될 경우가 있다. 수온이 막의 사양 범위 이상으로 높게 되면, 일부 막에서는 변형하거나 열화할 우려가 있기 때문에, 사양 온도 범위내로 유지해야할 대책이 필요하다.

특히 펌프 순환에 의한 순환여과 운전을 실시할 경우, 순환수의 온도가 상승하고, 막의 최고 허용 온도가 넘을 우려가 있는 경우에는, 내열성의 막을 선택 하든가, 혹은 냉각 장치 등 어떤 대책을 실시하는 것이 필요하다.

계획 · 설계

Question 52

한냉지에서 막여과법을 채용할 경우 유의점은 무엇인가?

막 여과 설비의 한랭지에 있어서 문제점은, 주로 동결에 의한 장해와 수온 저하에 따른 막여과수 유량의 저하이다.

수온은, 장치의 운전을 행함에 따라 중요한 인자가 된다. 수온이 저하함에 따라, 물의 점성계수는 증가한다. 물의 점성계수가 증가하면, 여과 저항이 크게 되며, 정압 운전을 행하고 있는 경우에는, 막여과 수량의 저하가, 정유량 운전을 하고 있는 경우에는, 운전압력의 상승이 일어난다.

그러나 이들에 대해서는 막 면적에 여유를 갖고 설계하는 것으로 비교적 용이하게 대응 가능하다. 즉 한랭지에 있어서는, 동기의 최저 수온을 충분하게 고려하여, 막 면적을 결정할 필요가 있다.

한편, 동결에 의한 문제는, 막 자체나 배관의 파손, 펌프 등의 고장 등 중대한 영향을 미칠 가능성이 있어, 만전의 예방대책이 필요하다. 구체적으로서는

① 설비를 옥내에 설치한다.

② 설비에 보온을 실시함과 동시에 동결 방지 히터를 설치한다.
(특히, 세정 기기는 반드시 항상 물이 흐르지 않기 때문에 충분한

조치를 취한다.)

③ 압력계나 샘플꼭지 등이 붙은 부분의 취수부를 작게 한다.

④ 배관 등에는 물 빼는 설비를 설치한다.

⑤ 예비 모듈은 동결 우려가 없도록 보관한다.

등의 대책이 필요하다.

상기 이외의 유의점으로서는, 사용하는 기계 유지류는 동기에 있어서도 적당한 점도가 유지될 수 있는 것을 선정해야 한다. 또 적설이 많은 지역에서는, 정수 시설의 기능 유지나 구조상의 안전 확보를 위해, 통로 수로 지붕 등의 제설이나, 시설 강도의 검토에 관해서도 충분히 고려할 필요가 있다.

··• Question 53

막여과 설비에 있어서 예비계열은 필요한가?

막 여과 설비의 보수, 막의 약품 세정 혹은 막 모듈의 교환 등 작업 중이라도 정수 능력의 대폭적인 저하를 일으키지 않기 위해, 각 설비에 대해 예비력을 가지게 하여, 처리 수량을 확보하지 않으면 안 된다. 막여과 설비의 예비력의 확보는, 복수 계열화 혹은 막여과 유속 등 양쪽 조정 방법에 의해 행한다. 지침서에서는, 막여과 설비를 2계열 이상 설치함으로써, 예비력을 확보하는 것을 규정하고 있다. 막여과 설비의 각 계열이 어느 정도의 예비력을 필요로 하는가 하는 점에 관해서는, 시설규모, 계열수, 막 차압의 허용 범위, 배수지 용량 등과 밀접하게 관련되어 있다.

지침서에서는, 1계열이 정지한 경우, 남은 계열에서 75% 이상의 처리 수량을 확보 할 것으로 규정하고 있다.

또한 극히 소규모에서 2계열 이상의 설치가 곤란한 경우에 있어서도, 기기의 고장이나 사고에 의한 급수에 지장이 생기지 않도록 미리 필요한 조치를 강구해야 한다.

구체적으로는, 펌프류나 공기 압축기 등에 관해서는 예비기를 확보하고, 막에 관해서도 막 모듈의 교환이 필요할 때, 즉시 교환할 수 있도록 예비 막 모듈을 준비할 필요가 있다.

처리성

··● Question 54

막여과(MF · UF)에 의한 오염 물질의 제거 성능은 무엇인가?

정밀여과(MF) 막 혹은 한외여과(UF) 막은 육안으로는 보이지 않지만 물이 통과하는 작은 세공이 많이 있으며, 이 세공에 의해 큰 물질을 제거 할 수 있다. 막여과에서 각 수질 항목의 제거성은, 방식에 의해서도 다르기 때문에 일괄적으로는 말할 수 없지만, 일반적인 기준에 관해서 표로 나타냈다.

■막여과법에 의한 수질의 제거 성능

막에 의한 제거 성능	수질 항목
거의 제거된다.	탁도 세균, 불용성 철, 불용성 망간, 식물플랑크톤
일부 제거된다.	색도 철, 망간, 트리할로메탄 전구물질, 유기물 등($KMnO_4$소비량)
거의 제거되지 않는다.	암모니아성 질소, 취기

막여과에서는 수중의 점토, 세균, 플랑크톤, 불용화 된 철 · 망간 등의 현탁 물질은 거의 제거된다. 그러나 용해성의 철 · 망간, 색 콜로이드 등 크기가 상당히 작은 물질이나 이온성 물질에 관해서는 제거율이 낮다.

철·망간이 용해성인 경우는 염소나 과망간산칼륨 등의 산화제 첨가 혹은 공기 산화 등의 산화처리를 행하여 현탁화시키면 막여과에서 제거가 가능하다.

또 색도 과망간산 칼륨소비량, 트리할로메탄 전구물질, 암모니아성 질소나 취기 등은 막여과 단독으로는 반드시 충분한 제거를 기대할 수 없다. 이들을 충분히 제거하고 싶은 경우에는, 활성탄 설비나 생물 처리 설비와 막여과 설비를 조합시키는 것 등을 고려할 필요가 있다.

Question 55

종래 시스템의 처리 수질과 비교해, 막여과수의 수질은 어떤가?

하기 표에 주된 제거 대상 물질에 대해 각 정수 시스템의 제거 성능을 나타냈다.

■정수 시스템에 의한 제거 성능 비교

수질 항목	막여과	급속 여과	완속 여과
탁도	◎	○	○
일반세균	◎	△	○
대장균군	◎	△	○
암모니아성 질소	×	×	○
유기물 등($KMnO_4$소비량)	△	△	○

주) ◎ : 거의 100% 제거된다.　　○ : 잘 제거된다.
　△ : 일부 제거된다.　　× : 그다지 제거되지 않는다.

종래 시스템인 급속 여과 방식이나 완속 여과 방식에서는, 모래층에서 약간의 탁질이 누출할 수가 있지만, 정밀여과(MF)막이나 한외여과(UF)막으로 여과한 막여과 수에는 탁질이 거의 포함되어 있지 않는다. MF

막이나 UF 막으로 처리한 막여과 수는 종래의 급속 여과 방식이나 완속 여과 방식의 여과 수와 비교해, 탁도 대장균군 및 일반세균이라고 하는 수질 항목에서는 분명히 탁월하다.

급속 여과 방식은, 응집 효과에 의해 용존성 물질도 제거할 수 있기 때문에, 유기물 지표가 되는 수질 항목(과망간산 칼륨소비량 등)에 관해서는 응집제를 사용하지 않는 경우의 막여과 방식보다, 제거율이 다소 좋을 수 있다. 그 외의 수질 항목에 관해서는, 막여과 방식과 급속 여과 방식은 그다지 큰 차이는 없다.

완속 여과 방식은 여과 지표층의 생물 막에 의해 암모니아성 질소나 유기물이 어느 정도 제거된다.

Question 56

막여과로 맛있는 물을 만들 수 있을까?

일본에서는 1965년대 후반부터 수도 수원의 오탁에 의해 지역에 따라서는, 이취미의 물이나 석회 냄새가 강한 물로 인해, 수돗물이 맛이 없어서 미네랄워터나 가정용 정수기 등이 보급되어 왔다. 1974년 일본 후생성은 「맛있는 물 연구회」를 설치하여 붐을 일으키게 되었으며 「맛있는 물의 공급」은 수도 사업체의 이념으로 되었다.

정밀여과(MF) 막이나 한외여과(UF) 막을 이용한 「막여과법」은 직접적으로 ≪맛있는 물≫을 만드는 것을 목적으로는 하고 있지 않지만, 종전의 모래 여과법에 비해 수중의 현탁 물질을 거의 100%제거 할 수 있으며, 소독용의 염소 약품 주입은 소량으로 충분하기 때문에 석회 냄새는 제어될 수 있다. 또 응집제는 사용하지 않으며, 사용하더라도 종전의 1/3정도의 주입량으로 해결되며, 응집 보조제, 알칼리제 등은 필요하지 않는다. 이처럼 막여과에서는 정수 처리 과정에서의 약품 사용량이 극히 적기 때문에, 물 본래의 맛을 해치는 것은 없다. 그런데 수중에는 많은 성분이 포함되어 있지만, 물을 맛있게 하는 성분으로서 증발잔류물이 30~200 mg/L, 경도(칼슘, 마그네슘)는 10~100 mg/L범위로 되어 있다.

한편, 맛없게 하는 성분으로서는 유기물(과망간산 칼륨소비량), 취기물질, 염소이온, 철, 망간, 동, 아연, 잔류 염소 등이다.

맛있는 물은 대개 지질 등에 영향 받으며, 뭔가를 첨가해서 인위적으로 만드는 것이 아닌, 수중의 맛없게 하는 성분을 제거함으로써 결과적으로 ≪맛있는 물≫을 만들 수 있다. 막여과법에서는 MF 막 · UF 막에 활성탄, 오존 등의 조합에 의해 또, 미량유기 성분이나 경도 성분을 제거할 수 있는 나노여과(NF)법에 의해, 보다 맛있는 물을 만드는 것이 가능하다.

처리성 ••• Question 57

원수 수질의 차이에 따라 사용하는 막 모듈은 변하는가?

(1) 원수 수질과 막의 종류

정밀여과(MF) 막은, 막의 공칭 입경이 0.01~10 μm(실제 사용되고 있는 막은 0.45 μm 이하)이며, 한외여과(UF) 막은 이들보다 작은 공경을 가지고 있다. 그럼에도 불구하고 제거대상 물질의 제거효율은, 이들 막에 대한 공경의 차이에 의해 좌우되는 것은 거의 없다. 실제로 정밀여과 막과 한외여과 막에 의한 막여과수 수질의 비교를 행한 보고에서는, 양자의 차이는 거의 없다.

(2) 원수 수질과 막 모듈의 종류

막 모듈 선정에는, 여러 가지 요인이 있으며 원수 수질만으로 결정되지 않지만, 탁도 고저의 정도, 탁질의 부착 제거성의 정도에 의해, 모듈로서 각각 다음과 같은 대응 처리를 할 수 있다.

고탁도에 있어서 막여과 유속을 크게 얻고 싶을 경우에는, 케이스 수납 모듈로서 높은 조작압으로 운전하든지, MF막에서 응집제를 이용하여 마이크로 플록을 형성하여 응집 여과를 하는 방법이 있다.

탁도에 관계 없이 낮은 막여과 유속으로 회수율을 높이고 싶은 경우에는, 고농도에서 운전할 수 있는 조침지형 모듈을 채용하는 예도 있다.

또 synedra를 비롯하여 부착성 조류 등의 제거를 강력하게 행하고 싶은 경우에는, 물리 세정 효과를 기대할 수 있는 관형 모듈이나, 케이스 수납형 모듈을 사용할 수 있다.

이들은 한 예이며, 다른 여러 가지 요인이 가해지기 때문에 일률적으로는 결정되지 않는다.

••• Question **58**

원수는 약간 탁할 정도이며 수질은 양호하다. 이에 적합한 공정도는 무엇인가?

「원수는 약간 탁할 정도이며 수질은 양호하다.」라고 하는 것이기 때문에 제거 대상 물질로서는 현탁 물질과 대장균 등의 세균류를 생각하면 좋다.

막여과법(정밀여과법, 한외여과법)에서는 현탁 물질이나 대장균, 일반 세균 등은 거의 100% 제거할 수가 있다. 따라서 이러한 원수는 막여과법이 가장 적합하다.

막 면의 손상을 미칠 수 있는 작은 자갈, 나무 조각 등의 협잡물이 원수 중에 포함되어 있을 경우에는, 막여과의 전단에 스크린 혹은 strainer 라고 하는 간단한 전처리 설비를 설치하는 것이 바람직하다. 이러한 경우의 막여과 정수 시설의 공정도는 다음 그림과 같다.

단, 장래에 있어서 원수 수질이 지금 이상으로 악화되지 않도록, 수원의 수질 보전 대책에 관해서, 사전에 충분히 검토해 둘 필요가 있다. 또 장래의 수질 악화가 예측될 경우에는 여기에 대응할 수 있는 처리 프로세스를 부가 할 수 있도록 공간 확보 등도 고려해 둘 필요가 있다.

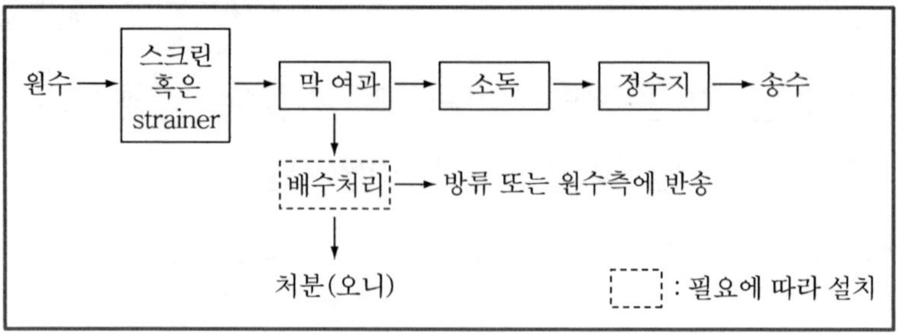

■원수 수질이 비교적 양호한 경우 막여과 정수 시설의 공정도

처리성

··• Question 59

막여과법은 고탁도를 동반한 단기적인 수질 변동에 대응할 수 있는가?

막여과법에 있어서 고탁도 시의 운전 대응은, 중요한 과제이지만, 전체 과정 및 막여과 설비의 적절한 운전 조작법을 선정함으로써, 막여과법은 고탁도를 동반한 수일간 정도의 단기적인 수질 변동에 대해서도 충분히 대응 가능하다.

고탁도를 형성하는 성분이 물리 세정에 의해 제거되기 쉬운 것이면, 일시적으로 막 차압의 상승, 혹은 막여과 유속의 감소가 생겨도 세정 빈도의 증가 등으로 대응이 가능하며 탁도의 저하와 함께 막의 세정 빈도도 낮출 수 있다.

우천시에 있어서 과대한 탁질 부하는, 막의 일차 측 폐색을 일으킬 수 있기 때문에, 막 모듈 형식에 의해 주의가 필요하다. 또 일반적으로 물리 세정에 의해 제거 가능한 탁질이라도, 막 차압이 큰 상태에서 운전을 계속하면, 정기적인 물리 세정만으로는 제거할 수 없으며, 막여과 성능이 회복하기 어려운 경우도 있다.

한편 유기물 등의 막 오염을 일으키기 쉬운 성분이 많이 포함되어 있는 고탁도의 경우는, 전처리의 대응으로 처리할 수 있다. 한 예로서 휴민산, 펄빅산 등 유기물 농도의 상승이 동반되는 경우, 막의 재질에 따라 이들 유기물에 의해 물리 세정으로 회복되지 않는 오염이 생길 경우가 있다. 이와 같은 경우는, 원수 수질의 변동과 막의 오염 물질에 관해서도 충분히 조사를 하여, 막 오염의 원인 성분이 저감되도록 응집, 산화 등의 전처리를 함으로써 제거할 수 있다.

처리성

··· Question 60

막여과법은 오탁이 진행한 수질에 적용 가능한가?

오탁이 진행한 수질에 막을 적용할 경우에 있어서도, 막 모듈의 적절한 선정과 충분한 전처리 혹은 후처리 설비를 설치함으로써, 대응은 가능하다.

막 모듈에 대한 탁질의 유입 부하가 너무 클 경우, 역세 등의 물리 세정으로는 모듈 내의 탁질을 완전하게 배제할 수 없거나, 원수 유로가 폐색할 수 있다.

이러한 경우에는 유로 폐색에 강한 형식의 막 모듈을 선정하든지, 혹은 막여과 설비의 전단에 체 분리나 응집 설비를 설치하여, 탁질의 유입부하 경감 혹은 물리적 성상의 개선을 기하는 방법이 유효하다.

원수중의 현탁 물질이나 세균 등은, 오탁의 정도에 관계없이 거의 완전하게 제거되지만, 용해성 물질에 관해서는, 제거율이 낮기 때문에 각각의 제거대상 물질에 따라, 전후 처리법을 조합하는 것이 필요하다. 표에 주된 용해성 물질과 처리 조작의 조합을 정리했다.

일본 에도천의 표류수를 원수로 한 MAC 21 계획에서는 종래 기술인 응집 · 침전 · 여과의 처리 수질과 비교해서 동등하거나 혹은 그 이상의 처리 수질을 얻을 수 있었든 것이 확인되었다.

■용해성 물질과 처리법

주된 대상 물질	전처리	후처리
유기물질, 색도	활성탄 흡착처리, 오존처리, 산화처리, 응집 처리	활성탄 흡착처리, 오존처리
암모니아성 질소	생물 처리	
용해성 철, 망간	산화처리	산화처리

Question 61

막여과법에서는 전처리가 필요한가?

막여과법의 전처리는, 막여과의 기능 유지와 처리 수질의 양면에서 생각할 필요가 있다.

막여과 기능의 유지 면에서는, 막 면의 손상이나 막 오염의 방지, 저감이 전처리의 목적이 된다. 유기 막의 경우, 원수중의 협잡물이나 토사 등에 의해 막 면이 손상될 우려가 있다. 또 협잡물에 의한 막 모듈의 유로 폐색 등에 의한 장애를 방지할 필요가 있다. 이러한 원수 중에 협잡물의 혼입이 예상되어, 막의 손상, 막 모듈 폐색의 우려가 있는 경우에는 스크린이나 프리필터 등의 전처리가 필요하다.

소규모 수도에 있어서 막여과 설비에 사용되는 막은, 정밀여과(MF)막, 한외여과(UF)막이지만 수돗물의 수질 기준 혹은 쾌적한 수질 항목에 관한 목표치를 만족시킬 수 없는 경우에는, 전처리 혹은 다른 처리법과의 조합이 필요하다. 특히 철・망간에 관해서 막여과수에 포함되어 있는 경우, 염소처리에 의해 산화물이 생성되어, 이들을 막의 세정수로 사용하면, 막의 2차 측에 부착해서 막 차압 상승의 원인이 된다. 이 때문에 막여과법에서는, 철・망간의 제거가 필요한 경우는 전처리에서 제거하는 것이 원칙이다.

막의 오염 물질로서는, 탁질 외에 막에 흡착되어 막 오염을 일으키고 물리 세정에서는 능력 회복이 어려운 유기물 등이 있다. 원수 중에 이들의 막 오염 물질의 농도가 높을 경우에도, 부하의 저감을 기하기 위해 전처리가 필요하다.

탁질 부하가 높은 경우에는, 응집제 주입 설비가 또 유기 오탁이 진행한 경우에는, 분말 활성탄 주입 설비나 오존 등의 산화제 주입 설비가 사용된다.

처리성

Question 62

막여과법에서 응집제는 필요한가?

막여과법에 의한 정수 처리를 채용함으로써, 약품 사용이 적게 드는 것이 이점으로 들 수 있다. 정밀여과(MF) 막, 한외여과(UF) 막에서는 원칙으로 응집제는 필요하지 않는다. 그러나 원수 수질에 의해서 소량의 응집제를 사용함으로써, 막여과의 효과가 있는 경우가 있다. 응집제로서는, 일반적으로 황산알루미늄 또는 폴리염화 알루미늄(PAC)이 사용된다. 이들에 의한 효과로는 미세 현탁 물질의 플록화에 의해 막층 내부로 침입 억제, 휴민질이나 색도 성분 등의 제거 등을 들 수 있다.

특히 MF 막의 경우, 응집제 첨가는 막 오염의 개선에 효과가 있으며, 여과 저항의 저하, 막 차압의 상승 억제와 막 세공 내에 침입 억제 등이 인정받고 있다. 따라서 MF 막에서는 원수중의 탁질 농도가 높고 또 원수의 수질 변동이 예상되는 경우, 응집제 주입 설비를 준비함으로써 막여과 성능을 안정한 상태로 유지할 수 있다.

응집제 주입 방법은, 막 공급수 라인에 직접 주입해서 마이크로 플록을 형성시키는 방법이 일반적이며, 응집 · 침전 · 모래 여과를 행하는 경우와 비교하여 소량으로도 충분하며, 또 약품 주입량 제어도 필요 없다.

그러나 충분한 혼합이 필요하다.

UF 막에서는 막의 공경이 작기 때문에, MF 막의 경우만큼 응집제 첨가에 의한 막 오염의 개선 효과는 일반적으로 확인할 수 없다. 이 때문에 응집제 주입은 꼭 필요로 하지 않는다.

··· Question **63**

막여과법에서 사용하는 응집제의 종류, 주입 설비, 주입율은 무엇인가?

막여과법에서 응집 처리의 기본적인 원리는 종래법과 거의 같다. 응집 분리의 분리 수단이, 침전지나 여과지 대신에 막을 이용한다고 생각하면 좋을 것이다.

(1) 응집제의 종류

응집 처리에는 종래의 정수 처리에서 사용되고 있는 약품을 사용할 수 있다. 물론 수도용 규격품인 것이 필요하다.

일본의 정수장에서는, 알루미늄염의 응집제인 액체 황산반토나 폴리염화알루미늄(PAC)이 일반적으로 사용되고 있다. PAC는 일반적으로 황산알루미늄에 비해 뛰어난 응집성을 나타내며, 적용하는 pH 범위도 넓으며, 알칼리도의 소비량이 작다는 것 등의 특징을 가지고 있다.

응집제의 작용은, 제거 목적, 성분(탁도나 색도성분 등)의 하전 중하와 가교작용이다. 종래법에서는 물과 입자(응집플록)의 비중차를 크게 함으로써, 물과 플록을 분리하기 때문에, 가교작용에 의한 플록의 비대화(플록형성)가 대단히 중요하게 된다.

그러나 막여과법에서는, 비중차에 의한 침전 분리가 요구 될 정도의 비대한 플록으로 할 필요가 없기 때문에, 응집제의 첨가량도 적게 들며, 알칼리제가 필요 없는 경우도 있다.

(2) 주입 설비

응집용 약품 저장 설비 및 주입 설비는 종래법과 같다. 플록 형성지는 필요 없지만, 응집제와 원수와는 충분히 혼합시킬 필요가 있다.

약품 주입 방법에는, 종래와 같이 혼화지를 이용하는 것 외에, 막여과 설비의 원수 공급 배관 내에, 응집제를 직접 주입하는 방법도 있다. 배관에 직접 주입 할 경우에는, 배관 내에서 충분히 약품 혼화가 되는 것이 필요하다. 이 때문에 배관 도중에 관상의 혼합 장치를 설치할 경우도 있다. 또 관내 주입할 경우에는, 막여과까지의 수리적 체류 시간이 짧기 때문에, 미 응집 상태로 여과되지 않도록 주입점에 유의할 필요가 있다.

응집 반응이 불완전한 상태로 여과하면, 여과 후에도 응집 반응이 일어나서 처리수가 악화되며, 이 여과수로 역압 세정을 행하면 막의 폐색이 일어난다.

(3) 주입율

응집제의 주입율은 일반적으로는 응집·침전·모래 여과에 비해 적게 든다. 응집·침전 처리의 경우에는, 응집제의 주입률을 구하기 위해 자 테스트(Jar Test)를 행한다. 그러나 자 테스트의 결과를 막여과법에 이용하면 필요 이상의 응집제를 첨가하게 된다.

침전 분리를 위해서는, 플록은 크고 밀도가 높은 쪽이 바람직하지만, 막여과법에서는, 원수중의 현탁 물질 등에 의한 막 차압의 상승 억제나 색도 성분 등의 제거로, 처리 수질 개선을 목적으로 하고 있기 때문에,

큰 플록을 필요로 하지 않는다. 이것은 원수가 저탁도의 경우에 현저하게 된다. 또 막 차압 억제를 목적으로 한 경우에는, 사용하는 막의 종류에 의해서 효과적인 미소 플록의 크기가 다르기 때문에, 응집제의 주입율도 다르다. 따라서 일률적으로 저탁도 원수의 최적 주입율을 구하는 것은 곤란하지만, 일반적인 응집·침전 처리의 경우 1/3~1/4 정도의 값이라고 생각된다. 보다 정확한 것은 소형 시험기를 이용해서 시험하는 방법이 있지만, 실험에 시간을 요하기 때문에 일상의 운전을 통해서 응집제 주입율과 막 차압 상승 경향의 관계를 구해 두는 것이 중요하다.

처리성

••• Question 64

막여과법에서는 전 염소처리가 필요한가?

정수 처리에 있어서 전 염소처리의 목적은, 수질 오탁이 진행한 원수 중의 세균처리, 미소생물의 처리, 철·망간의 처리, 암모니아성 질소·유기물 등의 처리, 이취미의 처리 등이다.

막여과법에 있어서도 같은 목적으로 염소를 주입할 수가 있지만, 설비의 유로 용량이 작기 때문에 주입량을 적게 할 수가 있다. 또, 염소 주입에 의해 막의 파울링을 억제 할 수 있다.

그러나 막의 재질에 의해서는, 내염소성이 없는 것이 있기 때문에 주의가 필요하다.

막여과법에서는 중염소 처리는 없지만, 여과 방식에 의해 역압 세정 공정에서 세정수에 염소를 주입하는 방식이 있다. 전 염소처리보다 적은 염소량으로 설비 내의 세균, 미생물 번식을 억제할 수 있기 때문에 트리할로메탄 등의 생성량을 적게 할 수도 있다. 또, 막 재질이 셀룰로오스계의 것은 미생물에 의해서 막이 열화 할 경우가 있기 때문에, 염소 주입에 의한 미생물 억제가 불가결하게 된다. 막여과처리에서는, 일반세균이나 대장균 등의 작은 입자경의 물질도 저지하기 때문에, 원수에서 처리

수로 세균류가 이행하는 것은 없다.

그러나 처리수측이 세균류로 오염되면, 처리수중에 일반세균이 검출된다. 처리수측의 세균오염은, 주로 물리 세정시의 세정수나 세정공기에 의해 세균류 등이 날아들어 감으로써 발생한다.

대기중에서 세균류 등의 혼입량은 적지만, 처리수는 무균 상태이기 때문에 수온이 높고, 적당한 영양원이 있으면 급격하게 번식한다.

또, 시설 내에서 미생물이나 조류가 과도하게 번식하면 유량계 등의 계장 계기류, 펌프, 밸브류 등의 처리 설비에 장해를 미치기 때문에, 정기적인 살조제 주입에 의한 번식의 방지가 필요하다.

처리성

•●● Question **65**

막여과법에서는 소독은 필요 없는가?

막여과법에서도 종래의 정수 처리와 같이 소독 처리는 필요하다. 막여과 처리에서는, 일반세균이나 대장균군 등, 작은 입자경의 물질도 확실하게 막으로 포착하기 때문에, 정상적으로 운전되고 있으면 세균류가 정수중에 포함되는 것은 없다. 따라서 막을 통과한 이후의 배관 등의 설비를 상시 무균 상태로 유지 할 수 있으면, 소독은 필요 없다. 그러나 정수처리 설비나 배수·급수설비를 잔류 염소 없이 항상 완전한 무균 상태로 유지하는 것은 현실적으로 불가능하다. 막여과 처리는, 물리적인 체분리 작용이기 때문에, 당연히 세균류에 대해 소독의 잔류 효과를 가지고 있지 않다. 따라서 소독제를 첨가하지 않는 경우에는, 정수가 병원성세균 등에 의해 재 오염될 우려가 상당히 있으며, 음료 가능한 청정한 물을 소비자에 보낸다고 하는 수도의 목적을 달성할 수는 없다.

수돗물은 병원생물에 오염되지 않고 위생학적으로 안전한 것이 가장 중요하다. 그러기 위해서는 정수장의 처리수에 소독제를 첨가하여, 급수구까지 항상 소독의 잔류효과를 지속시키는 것이 필요하다. 수도법에서는 정기적으로 소독의 잔류효과에 관해서, 수질 검사를 행하도록 의무화

하고 있으며(일본법 제20조, 시행규칙14조), 위생상 필요한 조치로서 급수전에 있어서 잔류 염소 농도를 규정하고 있다(일본법 제22조, 시행규칙 16조, ※우리나라는 수도법 33조). 또한 소독제로서 염소제 이외의 사용은 법으로 인정되지 않고 있다. 이처럼 위생학적인 견지에서 염소제에 의한 소독처리가 필요하다.

그러나 염소를 첨가하면, 수중의 유기물과 반응하여 트리할로메탄 등의 소독 부생성물이 생성한다고 하는 면도 있기 때문에, 염소제의 첨가량을 될 수 있는 한 적게 하는 것이 중요하다.

막여과법은, 수중의 세균류나 소독의 효과를 저해하는 탁질을 완전하게 제거하기 때문에, 필요 최소한의 소독 잔류효과에 미치는 염소제 첨가로 충분하며, 소독 부생성물의 생성을 억제할 수 있다.

처리성

Question 66

막여과법은 철 · 망간이 많은 원수에 대해 적용 가능한가?

막여과법은 철 · 망간이 많은 물에 대해서도 적용 가능하다. 자연수중의 철 · 망간은 여러 가지 형태로 존재하고 있다. 막여과법에서는 현탁물질에서 콜로이드상의 물질까지는 그대로 제거 가능 하지만, 이온으로서 존재하는 물질은 제거할 수 없다. 따라서 막여과법에서 문제가 되는 성분의 하나는 용해성의 철 · 망간이다.

이들은 미리 산화 처리하여 산화물로서 현탁화 시킴으로써 막여과법에서도 완전하게 제거할 수 있다. 철 · 망간을 산화하는 방법에는 포기법, 산화제 첨가법, 오존 산화법, 광화학적 산화법 등이 있다. 철은 포기를 하거나 산화제로서 염소를 첨가하면 용이하게 산화되지만, 망간은 산화의 진행이 극히 느리기 때문에 보다 강력한 산화 방법이 필요하다. 망간의 산화제로서는, 과망간산칼륨이나 이산화염소등이 있다. 이들의 약품은 산화력이 강하기 때문에, 사용하는 막 재료의 내약품성 및 취급에 주의가 필요하다. MAC 21 계획에서 용해성 망간 제거 실험에 있어서는, 과망간산칼륨 또는 이산화염소 중, 어떤 것을 사용해도 원수중의 용해성 망간 농도 0.5 mg/L이, 처리수에서 0.005 mg/L 이하로 되는 양호한 결과를 얻었다.

용해성 철 · 망간은 막을 그대로 통과하기 때문에 막여과수에 염소제를 첨가하면 철 · 망간은 산화물이 되어, 처리수의 흡착 장해의 원인이 된다. 또 이 처리수를 막의 세정수로 이용하면, 막의 이차 측에 산화물이 부착해서 막의 폐색을 일으킨다.

산화 망간은 염소와 망간의 산화 반응의 촉매가 되기 때문에, 특히 역압 세정수에 염소제를 첨가하는 방식의 막여과법에서는, 일단 막에 산화 망간이 부착하면 급격하게 막의 폐색을 일으키며, 운전의 장해가 되기 때문에 주의가 필요하다.

유지 관리 ··· Question 67

막여과 시설의 유지 관리는 종래 방식과 비교하여 어떤가?

종래법과 막여과법에 대한 유지 관리성의 비교에 관해, 하기 표에 나타냈다. 막여과 시설은 시설이 단순할 것, 응집제 주입이 필요 없든지 혹은 소량일 것, 자동화가 가능할 것 등으로부터, 종래법(특히 급속 여과법)에 비교해서 유지 관리가 용이하다.

막여과 시설에서는, 또한 유지 관리 작업으로서 막의 약품 세정・교환이 필요하다. 막의 교환에 관해서는, 막은 모듈화 되어있기 때문에 신속함과 동시에 용이하게 교환 가능하다.

막의 약품 세정에 관해서는 설비 규모, 막의 종류 및 형식을 고려해서 현지에서 수행하든지 제조사의 세정 공장에 보내어 수행하는 것을 선택할 수 있다. 현지에서 약품 세정을 행하는 경우에도 제조사에 위탁 할 수 있다.

■종래법과 막여과법의 유지 관리성의 비교

항 목	종래법		막여과법
	완속 여과법	급속 여과법	
운 전 관 리	비교적 용이.	원수의 수질에 대응한 고도한 기술 필요.	용이함. 기계부분이 자동화 되어 있다.
	모래 교환이 필요. 모래 제거가 필요.	모래 교환이 필요. 탁질 누출관리가 필요. 침전지의 청소가 필요.	막의 약품 세정 필요. 막의 교환이 필요.
응집제 주 입	필요 없음.	원수의 수질에 의해 응집제 주입율이 변한다. 응집제 선정이 필요.	응집제를 주입할 경우는 엄밀한 관리가 필요하지 않으며, 자동화 가능.
기술자	특히 고도의 기술자는 필요 없음. 모래제거 작업원이 필요	고도로 숙련된 기술자 필요.	특히 고도의 기술자를 필요로 하지 않는다.
유 지 관리비	모래제거 작업 이외는 특히 경비가 들지 않음.	약품비, 전력비등의 관리비가 든다.	전력비, 약품비 이외에 막 교환비가 필요하다.

막여과 설비에 있어서 설비 · 기기의 점검 항목과 빈도는?

운전 및 감시가 자동화 된 막여과 설비에서는, 현장에서 일상 점검이라고 하는 것은 필요 없다. 그러나 설비의 안정한 운전을 위해서는 다음과 같은 점검을 정기적으로 하는 것이 필요하다.

막여과 설비의 정기 점검은, 막 모듈이나 보조 기기류의 상태를 조사하고, 고장이나 상태가 좋지 않으면 보수 · 교정 등의 작업을 행하여, 설비를 항상 운전 가능한 상태로 정비하여 유지하는 것이다.

정기 점검 방식으로서는, 기기마다 미리 정한 점검 항목에 따라 기준치 혹은 목표치와 비교해 가며, 점검표 방식을 권장한다.

(1) 막여과 설비 본체의 점검

막여과 설비 본체의 주된 점검 항목은 다음과 같은 것이 있다.

① 수량 : 막 공급 수량, 막여과 수량(순환 수량), 세정수량

② 수온 : 막 공급수 수온

③ 압력 : 막의 1차측 압력, 막의 2차측 압력

④ 탁도 : 원수 탁도 막여과수 탁도

상기의 항목은 항상 자동 감시하는 것이 바람직하며, 또 필요에 따라 자동 통보 시스템을 갖추는 것도 고려해야 된다. 이들 측정치로부터 막의 오염 상태를 알 수 있으며 또한 막의 폐색·파손도 검지할 수가 있다.

(2) 막여과 설비 보조기의 점검

막여과 설비의 보조기 점검 항목은 원수중의 협잡물 제거를 위해 설치된 스트레이너의 유입·유출 압력의 측정, 스크린의 점검, 각 펌프류, 공기 압축기의 진동·이상음의 유무, 압력의 측정 등이 있다.

또 염소제나 응집제의 주입 설비에 관해서는 주입량의 확인, 보충의 필요성 유무 등을 점검한다. 이들의 점검은 월 수회 정도 행하도록 한다.

(3) 계장 기기의 점검

막여과 설비의 계측 기기로서는 유량계, 압력계, 수위계, 탁도계, 잔류 염소계 등이 있지만, 이중 탁도계와 잔류 염소계에 관해서는 월 1회 이상의 빈도로 점검하며, 유량계, 압력계, 수위계는 년 수회 정도 점검한다.

유지 관리

··• Question **69**

막여과 시설에 있어서 수량 관리의 방법은 무엇인가?

(1) 수량의 자동 제어

정수 시설에 있어서 정수량은 항상 급수하는 곳의 수요에 균형이 맞도록 할 필요가 있으며, 한편 원수 취수량은 제한수량(하천 · 호소 · 댐의 수리권이나 정호의 안전 양수량)을 넘지 않도록 해야 된다. 따라서 막여과법을 채용한 경우에 있어서도 취수량, 막여과 설비의 능력, 정수 수요량의 균형을 취해 각각의 수량을 제어해서 원활한 운전을 행하도록 한다.

구체적으로는 이들 원수조나 정수지(배수지) 등의 수조 내에, 수위계를 부착하여 각 송수선의 수조 수위보다 취수펌프, 막여과 설비 공급 펌프(원수펌프), 송수펌프 등의 기동 · 정지를 함으로써 수량 제어를 행한다. 더욱이 막여과 설비에 관해서는, 막여과 수량을 일정하게 유지하는 정유량 제어 방식을 채택하든지, 막 차압을 항상 일정하게 유지하는 정압 제어 방식을 채용하여 운전의 안정화를 기한다. 이들의 조작은 전 자동으로 행할 수가 있다.

(2) 수량의 자동 기록과 원거리 감시

취수량, 배수량, 정수량 등은 기록 보존할 필요가 있지만, 정수량 혹은 정수지 수위를 자동 계측해서 레코더나 컴퓨터 시스템에 기록함으로써, 수량을 연속적으로 자동 기록 할 수 있다. 또 정수장이 멀어서 관리인이 상주하지 않는 경우에도, 이들의 계측 데이터를 전화 회선이나 광 파이버 등을 이용해서 사무소 등에 전송함으로써 먼 거리 감시를 할 수 있다.

유지 관리 ··· Question 70

막여과 유속을 높게 하는 이점과 문제점은 무엇인가?

막 여과 시스템이 같을 경우, 막여과 설비의 크기와 비용을 결정하는 큰 요소가 막여과 유속의 값이라고 할 수 있다. 여기서는 이 값을 높게 할 경우 득실을 생각해 보자.

(1) 막여과 유속을 높게 하는 이점

- 필요한 막 면적이 작고 막의 설비 비용이 저감하며, 더욱이 설비의 콤팩트화를 보다 한층 기할 수 있다.
- 막 모듈의 설치 본수가 적으며, 막여과 설비의 배관 등의 부대 설비가 간소화 된다.

(2) 막여과 유속을 높게 한 경우의 문제점

- 높은 압력이 필요하며 고 양정의 펌프를 필요로 한다.
- 단위시간의 단위 막 면적당 막을 통과하는 양이 증가하기 때문에 그만큼 막의 오염이 진행한다.
- 약품 세정의 빈도가 증가한다.

• 약품 세정을 포함한 운전 관리가 복잡하다.

이처럼, 지나치게 막여과 유속을 높이는 것은 문제가 많아, 적당한 막여과 유속을 설정하는 것이 중요하다. 막여과 유속의 설정에 대응할 때는, 막여과 시스템의 구성, 설비 비용, 운전 비용, 운전 관리나 유지의 용이성 등을 종합적으로 판단하는 것이 중요하다. 수도에 있어서 막여과법(정밀여과 · 한외여과)의 막여과 유속으로, 0.5~3 m^3/m^2 · day정도의 범위가 적당하다.

유지 관리

••• Question **71**

막여과 시설에 있어서 회수율은 무엇인가?

막여과 시설에 있어서 회수율은, 막여과 시설의 공급수량에 대해 정수로서 얻어지는 유효한(이용 가능한) 막여과 수량의 비를 퍼센트로 나타낸 것으로, 막여과 시설의 양적인 처리효율을 나타내는 지표의 하나라고 할 수 있다.

막여과 조작에 있어서는, 막에 원수가 공급되어 막을 통과한 물이 막여과수로서 배출되지만, 종래법의 여과지 경우와 같이 보통 막여과수를 사용해서 여과 막의 역세(물리 세정)가 정기적으로 행해지며, 세정배수는 계열 외로 배출된다. 즉 정수로서 얻어지는 유효한 막여과 수량은, 막여과 설비에 대한 원수 공급수량으로부터 세정수량 등을 제외한 수량이 된다.

막여과 시설에서 회수율은, 물리 세정의 빈도에 크게 영향을 받으며, 더욱이 물리 세정의 빈도는, 원수 수질 외에 막여과 유속에도 영향을 미친다. 일반적으로 물리 세정 빈도가 높게 되면 회수율은 저하한다. 일반적인 회수율 값은 90% 정도가 기준이다.

물리 세정 배수를 재차 막여과하거나 침전 등의 처리를 한 물을 원수

측에 되돌림으로써 막여과 정수 시설 전체로서 회수율을 높일 수가 있지만, 그러기 위해서는 물리 세정 배수를 회수하기 위한 설비가 필요하며, 또 운전 조작도 다소 복잡하게 된다.

기술적으로는 여러 가지 방법으로 회수율을 높이는 것은 가능하지만, 막여과 정수 시설 전체를 고려할 경우, 이것이 효율적이며 경제적이 된다고는 할 수 없기 때문에, 회수율 설정에 관해서는 취수처의 조건이나 배수의 방류처 조건 등을 고려해서 검토할 필요가 있다.

유지 관리

Question 72

막여과 시설은 어떤 작업 용수가 필요한가?

막여과 시설에서는 막 모듈의 세정수 외에 각 설비의 청소 용수, 약품의 용해수, 염소주입용 압력수, 기기의 냉각수, 수질 측정용수, 장내 급수, 장내 청소용수, 분수 등의 작업 용수가 필요하다.

이 중에서도 막 모듈의 세정수가 가장 많이 사용된다. 막여과에서는 여과의 진행에 따라 탁질이 막면에 부착하거나, 1차 측에 농축하기 때문에 이처럼 농축된 탁질을 정기적으로 계외로 배출하는 조작이 필요하다. 정기적으로 계외로 배출시키기에는, 막여과에 있어서 역세와 같이 막여과수를 막의 2차 측으로부터 역세 시키는 조작이 일반적으로 행해진다. 이 조작에 이용되는 막여과수를 막 모듈의 세정수로 부른다.

세정 수량은 세정 빈도에 비례해서 증가한다. 빈도는 막에서 저지되는 탁질의 양에 대한 관계로 결정되기 때문에, 원수 수질과 막여과 유속에 의해 다르다. 세정 빈도가 높게 되면, 세정 수량이 증가하고 작업 용수로서 정수가 소비되어 물의 회수율이 저하한다. 세정수를 사용하지 않고 압력공기를 사용해서 세정하는 방식도 있지만, 탈리된 탁질을 계외로 배출시키기 위해 원수가 소비되는 것도 있다. 따라서 배출 수량 만큼의 물 회수율이 저하하게 된다.

계외로 배출된 세정 배수 등을, 다른 설비에서 탁질을 제거하여 다시 원수로 되돌림으로서, 시설 전체의 물 회수율을 높이는 연구도 할 수 있다. 단 새로운 설비가 필요하며, 운전 조작을 복잡하게 한다. 작업 용수로서 소비되어 시설 전체로서 손실이 되는 수량은, 막여과 설비에서의 회수율이나 배수의 회수 방법을 감안하여 계획 1일 최대 급수량의 10% 정도를 예상하고 있다.

유지 관리

Question 73

막여과 시설에서 수질 관리의 방안은 무엇인가?

막여과법은 수중의 점토 입자나 세균 등 비교적 치수가 큰 불순물에 대해 완전히 제거 할 수 있으며, 일반적으로 장기간에 걸쳐 운전을 계속해도 막여과수의 수질이 악화되는 것은 없다. 그럼에도 불구하고 막의 재질이나 운전 상황에 의해, 극히 드물지만 막 자체가 파손할 가능성이 있다. 이러한 막의 파손은 막 전체의 극히 일부이며, 막여과수의 수질에 명확한 영향이 나타나는 것은 적다고 생각되어 진다. 이 때문에 일상의 수질 관리 중에서 탁도 등의 미소한 변화에서도 주의하는 것이 중요하다. 또 세균 검사에 의한 감시도 막의 파손 유무의 점검으로 검출 감도가 높은 유효한 방법이며, 염소 소독하기 전의 막여과수에 관해서 정기적으로 검사하여 이상이 있으면 반드시 그 원인을 규명할 필요가 있다. 또 이러한 통상의 관리와 함께 막의 이상 유무에 관해서, 전문 기관의 정기적인 진단을 받는 것도 수질 관리상 유효한 방법이다.

이외, 막은 운전을 계속하면, 수중의 금속이나 유기물 등에 의해 폐색되어, 계획대로 유속을 얻을 수 없게 되며, 이들을 회복하기 위해 약품에 의한 세정이 필요하다. 세정 후는, 물로서 약품을 잘 씻어내고 운전을 재

개해야 한다. 더욱이 원수중에 막으로 제거 할 수 없는 불순물이나 여과 장해를 일으키는 불순물이 있는 경우에는, 이들의 성분을 다른 정수방법으로 제거하거나 응집 등의 조작으로 불순물의 치수를 크게 하는 것 등으로 해서 막여과법의 기능이 충분히 발휘 할 수 있도록 해야 한다.

유지 관리

••• Question 74

막여과 시설에 있어서 수질 검사 항목과 빈도는?

막여과의 정수 시설에 있어서는, 완속 여과 혹은 급속 여과 방식의 정수장에서 행하는 수질 시험 항목 및 빈도와 같은 방식이며, 막여과법이라고 해서 새삼스레 특별한 것은 없다.

막여과법에서의 정수 처리에 있어서도 종래법과 같이, 수도법에서 정한 수질 기준 항목 전부를 검사해야 한다. 수질 기준은 정수방법에 관계없이 어디까지나 공급된 물에 대해서 적용된다.

우리나라는 「먹는물 관리법」 제5조제3항 및 제29조제3항과 「수도법」 제26조제2항, 제29조제1항 · 제3항, 제32조제1항 · 제3항, 제53조 및 제55조제1항에 따른 수질 기준 및 수질 검사 횟수와 관련 종사자의 건강진단 등에 관한 사항을 규정하고 있으며, 「먹는물 관리법」 제5조제3항 및 「수도법」 제26조제2항에 따른 먹는물의 수질 기준이 규정되어 있다.

(1) 매일 1회 이상

냄새, 맛, 색도 탁도 수소이온 농도 및 잔류 염소에 관한 검사.

(2) 매주 1회 이상

일반세균, 총대장균군, 대장균 또는 분원성 대장균군, 암모니아성 질소, 질산성 질소, 과망간산칼륨 소비량 및 증발잔류물에 관한 검사.

다만, 일반세균, 총대장균군, 대장균 또는 분원성 대장균군을 제외한 항목에 대하여 지난 1년간 수질 검사를 실시한 결과 수질 기준의 10퍼센트를 초과한 적이 없는 항목에 대하여는 매월 1회 이상

(3) 매월 1회 이상

미생물에 관한 기준, 건강상 유해영향 무기물질에 관한 기준, 건강상 유해영향 유기물질에 관한 기준, 심미적 영향물질에 관한 기준.

다만, 일반세균, 총대장균군, 대장균 또는 분원성 대장균군, 암모니아성 질소, 질산성 질소, 과망간산칼륨 소비량, 냄새, 맛, 색도 수소 이온 농도 염소이온, 망간, 탁도 및 알루미늄을 제외한 항목에 대하여 지난 3년간 수질 검사를 실시한 결과 수질 기준의 10퍼센트를 초과한 적이 없는 항목에 대하여는 매 분기 1회 이상

(4) 매 분기 1회 이상

소독제 및 소독부산물질에 관한 기준.

다만 총 트리할로메탄, 클로로포름, 브로모디클로로메탄 및 디브로모클로로메탄은 매월 1회 이상

원수에 관해서는 1년 동안 1회는 전 항목을 검사할 것으로 되어있다. 수돗물의 안전을 확보하기 위해서는 원수의 상태를 반드시 파악해 둘 필요가 있다.

Question 75

막여과 설비의 운전 개시에 있어 특히 주의를 기울여야 할 점은 무엇인가?

(1) 막의 보관 상태

종래의 설비와 달리 운전 개시에는 신품의 막 모듈 세정에 주의할 필요가 있다. 채용하는 막 모듈에 의해 보관 상태가 다르며, 사용 전에 세정할 필요가 있는 것도 있다. 막여과에 사용되는 막은 유기 막과 무기 막으로 대별되며, 유기 막은 건조 상태로 보관할 수 있는 것과, 습윤 상태로 보관할 필요가 있는 것이 있다. 무기 막은 일반적으로 건조 상태로 보관 할 수 있다.

(2) 건조 상태로 보관하고 있는 막의 경우 주의 사항

건조 상태로 보관할 수 있는 막의 대부분은, 원수를 통수하는 것만으로 정수를 얻을 수 있다. 그러나 막의 표면에 글리세린이나 계면활성제 등을 도포해서 건조 상태로 보관할 수 있도록 하고 있는 것은, 약제를 씻어 내는 세정 조작이 필요하다. 막여과수중에 약제가 유출되지 않도록 미리 충분히 세정해야 된다.

(3) 습윤 상태로 보관하고 있는 막의 경우 주의 사항

습윤 상태로 보관하고 있는 막은, 표면에 곰팡이나 세균이 발생하지 않도록 포르마린이나 차아염소산나트륨의 용액으로 동봉되어 있는 것이 많이 있다. 방균제가 봉입되어 있는 것은 봉입제를 빼내어 충분히 씻어 낸 후, 막여과 장치에 설치하여 장치내에 약제가 혼입 되지 않도록 할 필요가 있다. 또, 빼낸 약제는 배수 처리 시설로 운반하여 저장용기에 보존한다.

차아염소산나트륨 용액이 봉입되어 있는 것은, 봉입제를 빼낸 후 막여과 장치에 설치하여 원수를 통수하여 세정한다. 그러나 미리 공장에서 출하된 막 모듈을 단기간에 설치하도록 공기를 관리하면, 공장에서 출하할 때 봉입제를 사용하지 않고 초순수로 유지할 수 있다.

유지 관리

··• Question **76**

막여과 설비의 운전을 정지할 경우는 어떤 조치가 필요한가?

막여과 설비를 단시간 정지시킬 경우에는, 특별한 조치는 필요 없지만, 정지 기간이 길 경우에는 막 모듈 안이나 배관, 수조중의 탁질이 변질하거나 미생물의 슬라임 등이 발생할 우려가 있기 때문에 다음과 같은 조치가 필요하다.

(1) 운전 정지시의 주의 사항

역압수 세정 등에 의해 막면에 부착한 탁질을 될 수 있는 한 제거하고 나서 정지해야 한다. 정지 기간이 길 경우에는, 약품 세정을 실시하고 더욱이 보존처리(약품 봉입 등)를 하고 나서 정지하는 것을 추천하지만, 1~2주간 정도의 비교적 단기간 정지할 경우에는, 단순히 차아염소산 나트륨 용액 등을 봉입하여 미생물 슬라임의 발생을 방지할 정도가 좋다고 생각한다(제조업체가 추천하는 조치를 참조하기 바람).

(2) 운전 재개시의 주의 사항

운전 정지시에 막 모듈 내에 약품을 봉입한 경우에는, 운전 재개 전에 막 모듈 내외를 충분히 물로 세정하는 것이 필요하다. 또, 약품 봉입을 행하지 않는 경우에 있어서도, 운전을 재개할 경우에는, 막의 2차 측 배관을 포함하여 소독과 충분한 물 세정을 실시하는 것을 추천한다. 더욱이 기기 공사 등에 의한 운전 정지를 행한 경우에는, 배관 내에 기계유, 절삭유 등이 잔류하고 있는 것이 상정된다. 유분은, 막 모듈에 악 영향을 미칠 수 있으며, 또 수돗물로서 수질 저하로 이어지는 가능성이 있기 때문에 충분한 배려가 필요하다고 생각되어진다.

유지 관리

Question 77

막여과 설비에 있어서 정전 대책으로서 필요한 사항은 무엇인가?

(1) 예비 전원에 관해서

정전 시에 있어서도 정수 시설로서의 기능을 유지하기 위해 필요한 부분에 대응 할 용량의 예비 전원을 설치함으로써, 설비가 운전을 계속하도록 한다.

단시간에 복전 될 경우에는 위생성의 확보로서 소독을 계속할 수 있는 설비의 전원을 확보한다. 또, 수조류에서 물이 넘치거나 물 빠짐을 방지하기 위해 정전 시, 자동 폐형 자동 밸브를 이용하고 이들의 제어용 전원 용량을 고려해 둔다.

대설지대나 자연 재해 등으로 장시간 정전될 우려가 있는 경우는, 예비 전원용 발전기 연료의 충분한 저장이 필요하다. 더욱이 복전 시에는 각 부하를 순차로 기동시키도록 배려한다.

(2) 막여과 설비의 주의 사항

막 종류에 의해서는 건조하면 성능이 변화하는 것도 있기 때문에, 이 경우에는 누수 방지책을 행할 필요가 있다. 복전이 지연될 경우에는 미생물 슬라임 등에 의한 오염을 방지하며, 운전 재개 시에는 충분한 물 세정을 하는 것이 중요하다.

유지 관리

Question 78

막여과 설비의 장치, 기기에 있어서 예상되는 고장과 대책은 무엇인가?

(1) 범용 기기

막여과 설비를 구성하는 기기로서는 펌프, 송풍기류, 자동 밸브류, 전자제어 기기류, 수질 계기류 등이 있다. 이들의 예상되는 고장으로는 펌프류의 밀폐 불량, 정량 펌프의 막힘, 자동 밸브류의 밸브 본체나 패킹의 불량 등을 들 수 있다. 이들의 고장은, 사용 시간에 따라 주기적으로 발생함으로 보수 점검에 대해 일정표를 작성하여, 예방에 주의를 기울이는 것이 필요하다.

여하튼 시스템 구성은 복수 계열로서, 주요 기기로는 예비기기를 설치함과 동시에 소모품 및 예비품을 재고로 비치할 필요가 있다.

더욱이 전자 유량계나 탁도계 등은, 제조 업자가 추천하는 대로 점검 교정 등을 행하는 것이 중요하다. 또 소모 등에 의한 이상이나 기능저하가 발생한 경우에는, 제조 업자에게 문의나 점검 보수, 부품 교환 등을 신속하게 행하도록 연락망을 정비해 두는 것이 좋을 것이다.

(2) 막 모듈

막 모듈의 고장은 엘리멘트의 손상과 막의 유로 폐색이 예상된다.

① 엘리멘트의 손상

엘리멘트의 손상은, 이물의 혼입 및 막 소재의 열화가 원인이 된다. 손상 방지상 협잡물의 제거를 행하기 위해, 전처리 설비를 설치하여 스크린이나 필터의 보수 관리를 행한다. 더욱이 손상 시에는 신속하게 엘리멘트의 교환이나 보수를 행함과 동시에 정기적인 교환을 계획할 필요가 있다.

② 막의 폐색

막의 유로 폐색은, 탁질 등에 의한 것이 많고, 약품 세정이라도 막여과 성능이 회복하지 않는 경우는, 막 모듈의 교환이 필요하다.

··• Question **79**

수온은 막여과에 대해 어떻게 영향을 미치는가?

막여과법에 이용되는 정밀여과(MF) 막, 한외여과(UF) 막에는 상당히 작은 세공이 있으며 이 세공에 물이 통과한다. 작은 세공을 물이 통과할 때 받는 저항은, 주로 물의 점성에 의한 것이므로, 점성 저항이라고 한다. 또 저항의 크기는, 물의 점성 계수에 비례한다.

물의 점성 계수는, 수온에 의해서 크게 변하기 때문에 물이 막을 통과할 때 쉽게 통과하는 것은, 수온의 영향을 받게 된다.

물의 점성 계수는, 온도가 내려가면 크게 되기 때문에 수온이 저하하면, 막여과 저항이 크게 되며, 그 결과 막여과 유속은 저하한다. 막여과 유속과 점성계수, 막 차압의 관계는 다음 식으로 나타낸다.

$$J_v = (A/\mu) \times \Delta P$$

여기서, J_v : 막여과유속, A : 막 모듈정수,

μ : 물의 점성 계수, ΔP : 막 차압

이다.

물의 점성 계수를 그림으로 나타내었다. 수온이 25°C에서 5°C로 되면,

막 차압이 같아도 막여과 유속의 값은 약 60% 이하까지 작게 된다.

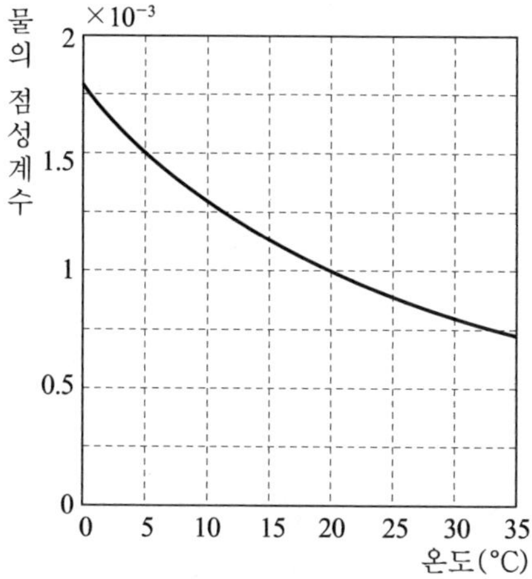

■온도와 물의 점성 계수

유지 관리

··• Question **80**

막여과 설비의 운전에 있어서 전력 소비량은 어느 정도인가?

막여과 설비의 전력 소비량은, 전처리 방식, 막여과 방식, 막의 종류나 펌프 등의 사용기기 등에 의해 다르다. 일반적으로는 정밀여과 막, 한외여과 막을 이용하는 막여과법의 막여과 설비만으로 한정한 전력 소비량은, 막여과 수량 1 m^3당 0.1∼1.0 kWh 정도이다.

(1) 막의 종류에 의한 영향

막의 공경이 작게 됨에 따라 막의 여과 저항은 크게 되며, 높은 펌프 양정이 필요하며, 운전 동력이 크게 되는 경향이 있다.

막 종류	N F	UF, MF
공경	소 ⟶	대
막 차압(×10^2 kPa)	15	∼3
운전 동력	대 ⟵	소

(2) 여과 방식에 의한 영향

전량여과 방식에서는, 펌프 토출량이 막여과 수량과 같은 량이 되지만, 순환여과 방식은, 막면 유속을 공급하기 위해 펌프 토출량이 막여과 수량의 수배의 값이 된다. 이 때문에 전량여과 방식에 비해, 순환여과 방식은 운전 동력이 일반적으로 크게 된다. 그러나 원수 수질에 의해서는 전량여과 방식은, 막의 막힘에 의한 막 차압의 상승이 빠르며, 운전 동력도 크게 될 수가 있기 때문에 순환여과 방식이 유리한 경우도 있다. 따라서 원수 수질 등의 조건을 고려해서, 막여과 방식을 선정할 필요가 있다.

유지관리

Question 81

막여과 설비에 있어서 예비 설비는 어떻게 사용하는가?

예비 설비는, 기기의 고장이나 유지 관리 등에서 설비의 일부분이 정지하거나, 소정의 기능이 얻어지지 않을 경우에 정지하는 설비에 대비해, 갖추어 놓는다. 예비 설비는, 독립해서 기능을 하는 계열의 경우와, 기기 단독의 경우가 있지만, 어느 것도 항상 신속하게 사용할 수 있는 상태로 되어 있는 것이 필요하다. 그러기 위해서는 예비 설비라고 하는 정기적인 유지 관리가 중요하다.

막여과법에서 특히 문제가 되는 예비 설비는, 막 모듈이다. 예비 설비로서 막 모듈은, 예비 계열처럼 설치한 상태로 막 모듈 단독으로 보관하는 경우가 있다.

(1) 상시 운전 가능한 상태로 있는 예비 설비의 사용 방법

예비 설비는 항상 대기 상태로 해두는 것이 일반적이다. 운전선택 스위치 등으로 교환에 의해 금방 운전할 수 있도록 설비되어 있는 기기, 혹은 처리 계열이 복수인 경우에서는 특정의 기기, 계열을 특히 예비 설비로서 규정하는 것은 필요하지 않는다. 대기 상태에 있는 예비 설비는 정기적으로 차례로 바꾸어 운전한다. 또 고장이나 정기 보수 시에 사용 중의 설비를 정지할 경우에는, 당연 대기 중의 예비 설비를 대신해 사용한다. 또 약품 세정 시 등에도 예비계열을 사용한다.

이들의 기계적인 예비로서, 사용방법 이외에 예비계열이 있는 경우에는, 예비능력으로서 사용할 수도 있다.

급수 수요가 일시적으로 증가하는 경우나, 원수의 탁도가 비정상으로 높게 되는 경우 등이다. 원수의 탁도가 높게 되면, 막 차압이 일시적으로 급상승할 수도 있다. 이러한 경우에는 유효한 정수량은 적게 되지만, 막 여과 유속을 작게 하거나, 물리 세정 빈도를 많이 하면, 막 차압의 상승을 억제할 수 있다. 또 일시적인 막 차압의 상승의 경우에는, 물리 세정 빈도를 많이 함으로써, 막 차압을 낮출 수가 있는 경우도 있다.

주의해야 할 것은, 대기 중의 막 모듈의 보관 상태이다. 사용한 막 모듈의 막면에는, 저지한 물질이 축적되어 있으며, 또 관로 내에도 같은 상태이며 미생물 번식, 슬라임 발생, 부패 등에 의한 장해의 우려가 있다.

정지할 경우에는 물리 세정을 충분하게 행하며, 케이스 수납 방식의 경우에는 깨끗한 물로 치환하는 것이 바람직하다.

예비 설비의 정지기간은, 시기(수온)에 의해 다르지만 MAC 21 계획의 실증 플랜트 실험에서는, 차아염소산 나트륨을 첨가한 막여과수로 치환한 경우, 7~10일 정도이면 특히 문제는 발생하지 않는다.

(2) 단독으로 보관하는 예비 설비의 사용방법

예비 설비를 단독으로 보관할 필요가 있는 것은 신속한 입수가 곤란하며, 이것이 없으면 처리기능에 중대한 장해가 되는 부품이나 상설의 예비로서 설비되어 있지 않는 부품 등이다. 지금은 격주 휴무가 일반화되어 있고 또 긴 연휴도 많이 있기 때문에 만일의 경우를 생각하면, 예로서 예비 계열이 있다 하더라도 어느 정도의 막 모듈을 현지에서 보관하는 것이 바람직하다.

막 모듈은 건조 상태로 보관할 수 있는 것과, 습윤 상태로 보관할 필요가 있는 것이 있다.

장기간 보관할 경우에는, 제조 업자가 지정하는 보관 방법에 따라, 또는 보존액을 봉입할 경우에는, 사용할 때 충분히 세정하는 것이 필요하다.

Question 82

막 모듈을 보관할 때 주의 사항은 무엇인가?

사용하는 막의 재질에 의해 보관 방법이 다르다. 막을 보관함에 있어 막 제조사에 의한 취급 방법을 확인하는 것이 중요하다. 막여과에 사용되는 막에는 유기 막과 무기 막이 있다. 이중 건조 상태로 보관하는 것도 습윤 상태에서 보관하는 것도 있다. 한번 사용한 막 모듈은 충분히 세정한 후에 보관하는 것은 당연하지만, 보관중의 열화에 주의하지 않으면 안 된다.

(1) 건조 상태에서 보관하는 막 모듈

건조 상태에서 보관하는 막 모듈은, 습윤 등에 의해 곰팡이, 세균 등이 발생하지 않도록 충분하게 건조시켜서 보관한다.

(2) 습윤 상태에서 보관하는 막 모듈

습윤 상태에서 보관하는 막 모듈은, 건조하면 막 면이 소수성이 되며, 그 후에 가습해도 원래 상태로 돌아오지 않는 것이 있다. 이러한 재질의 막을 보관할 경우에는, 막 모듈 내에 방곰팡이, 방균용의 보존액을 봉입해서 보관한다. 사용하는 보존액은 장기간 보존해도 막이 열화하지 않도록 막 제조사 지정의 종류, 농도의 것을 사용한다.

(3) 보관 장소

막 모듈은 일반적으로 하기와 같은 영향을 받기 때문에 고온, 다습의 장소를 피해 냉암소에 보관한다.

① 온도 : 고온에서 보관하면 막이 변질 할 수 있다. 또 동결은 절대로 피해야 한다.

② 빛 : 직사광선이 닿는 상태로 보관하면 막이 변질 할 수 있다.

③ 온도 : 습도가 높은 장소에 보관하면, 곰팡이, 세균 등에 의해 막 모듈이 오염되거나 변질할 수 있다.

··· Question **83**

막 모듈 교환의 판단은 어떻게 하는가?

막의 열화 등에 의한 막 모듈의 교환 시기는, 원수 수질, 운전 조건에 의해 다르지만, 통상 약품 세정을 반복해도 막 차압이 소정의 값을 넘을 경우, 혹은 소정 량의 막여과수가 얻어 질 수 없게 된 경우를 일단의 기준으로 한다.

장기간 막을 사용하는 동안, 막힘이나 변형에 의해 막의 성능이 저하하며, 약품 세정을 실시해도 본래의 여과 능력이 회복하지 않는 상태가 된다. 이러한 상태에 도달 할 때까지의 시간을 막의 수명으로 간주하고, 일반적으로 유기 막의 경우는, 3년 이상, 무기 막의 경우는, 7년 이상이라고 생각하고 있다.

한편 기계적인 충격에 의해 막이 파손되거나 혹은 막 표면에 흠집이 생겨, 막이 손상된 막 모듈부 및 케이스의 파손에 의해 수질이 악화 할 경우가 있다. 막 차압의 급격한 저하나 막여과 수량의 급격한 증가라고 하는 현상 이외, 막여과수의 탁도가 상승하는 등의 현상이 생기기 때문에 이들에 의한 막 파손이 판단된다. 이러한 경우에는 파손의 내용이나 정도에 의해서는 막 모듈의 교환이 필요하다.

유지 관리 ··· Question 84

막 모듈 설치 작업 등, 막 모듈 취급 시 주의사항은 무엇인가?

막 모듈을 취급할 경우는, 엘리멘트(element) 및 막 모듈의 파손을 일으키지 않도록 막의 특성에 충분히 주의를 하면서 작업할 필요가 있다. 엘리멘트의 취급에 있어서는, 물리적 파손과 화학적 열화에 유의할 필요가 있다.

엘리멘트 및 막 모듈의 파손은 막의 특성을 충분히 이해해서 취급함으로써 거의 완전하게 방지 할 수 있다. 따라서 설치 작업 등 취급 시에는 다음과 같은 점에 주의해야 한다.

① 낙하, 전도 충돌 등의 충격에 의한 엘리멘트 및 막 모듈의 파손
② 물 충진 혹은 습윤 상태에서 보관을 요구하고 있는 막 모듈의 건조
③ 막을 열화시키는 약품의 사용
④ 막 모듈 접속부의 막 표출 불량 및 과도 죄임
⑤ 막 모듈의 가열
⑥ 설치 작업 시 시스템 내의 이물질의 혼입
⑦ 기름 혼입에 의한 오염

만일, 파손이 생긴 경우에는 신속하게 교환해야 한다. 다음으로 작업 후의 운전 재 개시에는 막 모듈 내·배관내의 공기 빼는 것을 확실하게 행하며, 약품 세정 후에는 막에 대한 물 세정을 확실하게 행하는 것 등에 주의해야 한다.

유지 관리

Question 85

막 모듈이 손상한 경우 검지 방법과 대응은 어떻게 하는가?

(1) 막 모듈이 손상한 경우의 영향

막 모듈이 손상한 경우는 하기의 영향이 나타날 가능성이 있다.

① 막여과수 수질이 악화한다.

② 막여과수를 이용한 물리 세정으로 막의 2차측 표면이 오염된다.

③ 막여과 설비의 처리 능력이나 오염 물질 제거성능이 전체적으로 저하한다.

단 사용하는 막 모듈의 종류, 전체의 시스템 구성이나 손상의 정도에 의해 영향이 나타나는 것은 여러 가지이다.

(2) 막 모듈이 손상한 경우의 검지 방법

① 막의 파손 절단의 검지 방법

막의 파손 절단에 관해서는 주로 하기의 검지 방법이 있다.

- 막여과수 수질의 탁도를 연속적으로 측정하여 이상을 검지한다.
- 막 모듈의 조작 압력이나 역세 압력을 측정해서 막 모듈의 손실수

두의 급격한 변화를 검출한다.

- 중공사 막 내에 일정의 공기압을 가해, 공기가 새는 기포 음을 전기적으로 검지하거나, 압력의 저하 속도를 측정하여 이상을 검지한다.
- fouling index(FI값), 미립자 등을 측정하여 이상을 검지한다.

파손이 경미한 경우에는, 이들의 방법으로서는 검출되지 않는 것도 있기 때문에 될 수 있는 한 작은 설비 단위로 검사할 필요가 있다. 또 사용하는 막 모듈의 종류, 파손 절단의 정도 및 설비 규모에 의해 이용 가능한 방법은 다르다.

② 막의 융착·접합부나 봉인 부분의 손상 검지 방법

막의 손상 검지 방법과 같다.

③ 하우징 손상의 검지 방법

하우징 손상의 검지 방법은 현장에서 눈에 의한 점검으로 검지한다.

(3) 막 모듈이 손상한 경우의 대응

손상을 발견한 경우에는 바로 해당하는 기기나 계열을 정지하고 처리 계열로부터 분리할 필요가 있다.

또한 후단에 백업으로서 막 모듈을 배치하면, 전단의 주 처리막 모듈이 손상해도 후단의 막 모듈에 의해 오염 물질을 저지할 수 있다.

유지 관리

••• Question **86**

사용 끝난 막 모듈의 처분 방법은 무엇인가?

일본의 경우, 사용 끝난 막 모듈은 「폐기물의 처리 및 청소에 관한 법률」(1970년 12월 25일 법률 제137호) 제2조 제4항, 령2조에 규정하는 「산업폐기물」에 해당하기 때문에, 법적으로 적정한 보관 · 수집 · 운반 · 처분 등의 처리를 해야 한다. 구체적으로 다음 중의 방법에 의한다.

① 수도 사업자 등 : 스스로 처리하든지 산업 폐기물 처리업자에 위탁한다.

② 막 모듈 납입 업자가 인수할 경우 : 동종의 새로운 막 모듈과 교환할 때, 소위 「새물건의 대금 일부로 헌 물건을 판매자가 인수받는 행위」로서 사용 끝난 것을 무상으로 인수할 경우는, 수집 운반업의 허가는 필요하지 않는다. 인수한 막 모듈은, 스스로 처리하든지 산업 폐기물 처리업자에 위탁한다.

(1) 유기성의 막 모듈의 처분

① 합성 고분자계 화합물에 의해 구성하는 부분은 「폐 플라스틱류」에 해당하며, 매립 처분할 경우는 미리 최대 경 약 15 cm 이하로 파

쇄 하여 절단하는 등 중간 처리를 행한다. 또한 파쇄 시설에서 하루의 처리능력이 5톤을 넘는 것은 설치 허가가 필요하다.

② 소각 처리는 소각 설비를 이용해서 행한다. 소각 시설에서 하루의 처리능력이 0.1톤을 넘는 것은 설치허가가 필요하다.

(2) 무기성 막 모듈의 처분

세라믹으로 구성하는 부분은「도자기 부스러기」에 해당하여 생활 환경 보전 상 지장이 일어나지 않도록 파쇄 하여 매립 처분을 행한다.

(3) 재 이용

막 모듈을 구성하는「막」이외의 부분에 관해서는, 되도록 재 이용하는 것이 바람직하다.

막의 세정

••• Question 87

막은 왜 폐색이 일어날까?

수도의 원수로서 이용하고 있는 자연수(하천수, 복류수, 정호수, 호소수 등) 중에는, 탁질, 철이나 망간 등의 무기물질, 과망간산 칼륨소비량으로 대표되는 유기물질 등이 포함되어 있고 물이 막을 통과할 때 이들의 물질이 막면에 부착하거나 막의 세공을 막히게 함으로써, 막의 폐색이 일어난다.

막에 의존하는 세공은 일반적으로는 10^{-9} m부터 10^{-6} m 정도[나노여과(NF)막에서 정밀여과(MF)막까지]이며, 이 세공으로부터 큰 물질은 막에 의해 저지되며, 작은 물질은 막을 통과한다. 그러나 막여과를 계속하면, 막 면에 포착된 물질이 퇴적되거나 막 세공의 일부를 메움으로써, 막 세공으로부터 작은 크기의 물질도 포착한다고 생각되어진다.

현탁 물질에 의한 막힘 이외에도, 탄산 칼슘 등이 용해도 이상으로 농축되어 스케일의 형성이나, 막과 강한 친화성을 가진 물질에 의한 막 면에서의 흡착층 형성 등, 화학적인 작용에 의해서도 폐색은 발생한다.

이들의 현상은 단일로 생기는 것은 아니고, 복합으로 발생한다고 생각된다.

또한 막의 폐색 현상을 설명하기에 여러 가지 모델이 제안되어 있다. 막 세공이 하나씩 막혀가기 때문에 물이 통과하는 세공의 수가 감소해지는 모델, 막의 세공이 막힘 물질에 의해 점점 좁아지기 때문에 물의 유로 면적이 줄어드는 모델, 포착된 물질에 의해 막의 표면에 케이크 층이 형성된다고 하는 모델 등이다.

막의 세정

··• Question **88**

수온, 압력, 원수 수질 등은 막의 폐색에 어떤 영향을 미치는가?

(1) 수온의 영향에 관해서

수온이 저하하면 물은 막을 통과하기 어렵고, 수온이 높게 되면 물은 막을 통과하기 쉽게 된다. 이것은 물의 점성계수가 수온에 의해서 크게 변화하며, 물이 막의 세공을 통과할 때 저항이 변화하기 때문이다.

이처럼 막여과 유속은, 수온의 영향을 강하게 받기 때문에 수온이 저하하면, 일정압력에서 운전할 경우는 막여과 수량이 저하하고, 일정 유량에서 운전할 경우는 막 차압이 상승하여, 겉보기에는 막의 폐색이 생겼을 때와 같은 결과가 된다.

이러한 경우에 고수온 시와 같이 막여과 수량을 얻을 수 있도록 운전하면, 막 차압의 상승을 초래하며 계속 운전을 할 수 없게 된다.

(2) 압력의 영향에 관해서

막여과 유속은, 막 차압에 의존하고 어떤 일정 압력 범위 내에서는 비례 관계가 성립한다. 그러나 막 차압을 높게 하여 운전하면, 운전초기에서는 큰 막여과 유속이 얻어지지만, 단기간에 막여과 유속이 저하하므로 운전을 계속 할 수가 없다. 이 때문에 결과적으로는 낮은 막 차압에서 운전 할 때 보다 적산 막여과 수량이 적어지는 경우도 있다.

(3) 원수 수질의 영향에 관해서

막의 막힘을 일으키는 물질에는 각종의 무기물, 유기물이 있다. 막여과의 원리는, 체 분리 작용이기 때문에, 일반적으로는 원수 중에 막의 세공보다 큰 물질이 높은 농도로 존재하면 쉽게 막히지만, 물리 세정에 의해 대부분 제거할 수 있다.

그러나 원수의 현탁 물질 농도가 그다지 높지 않은 경우에도, 막 세공과 같은 정도의 큰 물질이 많은 경우, 혹은 막과 친화성이 높은 물질이 많은 경우는, 쉽게 폐색되는 경우도 있다.

막의 세정

Question 89

막의 세정은 무엇인가?

막 여과 설비를 오래 운전하면, 막의 여과 성능이 저하한다. 이것은 막 자신의 변질에 의한 열화, 막 표면에 부착층이 생기거나 혹은 막힘이나 고형물에 의한 유로 폐색 등의 파울링이 발생하기 때문이다.

막의 열화에 의해 성능 저하의 회복은 될 수 없지만, 파울링에 의한 성능 저하는 세정에 의해 회복할 수가 있다. 따라서 막여과에는 반드시 막의 성능을 회복하기 위한 세정 조작이 필요하다.

막의 세정 방법에는, 물리 세정과 약품 세정이 있다. 막여과 유속의 감소 혹은 막 차압의 상승을 초래하는 파울링 물질은, 물리 세정을 행함으로써 대부분 제거할 수 있다. 그러나 물리 세정을 반복해도 제거되지 않는 물질이 막면, 막내에 서서히 축적해 간다. 또 이에 따라 물리 세정의 효과도 저하한다. 이때는 약품에 의한 부착물 등을 분해하거나 용해시켜 제거하는 약품 세정을 행한다.

물리 세정에는, 막의 형상이나 막 모듈의 형상에 의해 다양한 방법이 있다. 막 소재, 구조, 운전 조건, 사용 막 모듈, 여과 방식, 통수 방향 등 각각의 방식에 적합한 세정 방법을 선택할 필요가 있다.

또 약품 세정에는 막 모듈에 약액을 순환시킨다, 막 모듈에 약액을 충진한다, 약액에 막을 침지한다 등의 방법이 있다. 대부분의 경우, 2종류 이상의 약품을 사용해서 순차적으로 세정을 행한다.

약품 세정에 사용하는 약품은, 파울링 물질의 종류와 양 및 막의 내약품성을 고려하여 선택할 필요가 있다.

막의 세정

••• Question 90

막의 물리 세정은 무엇인가?

(1) 물리 세정의 원리와 방법

① 물리 세정이라는 것은, 역압수 세정처럼 수류 및 압력을 이용하거나 공기 세정처럼 막을 요동하는 것 등, 물리적인 작용에 의해 막에 부착한 물질을 제거하는 조작을 말한다.

② 물리 세정 방법에는 막여과수를 역류시키는 역압수 세정, 막의 1차 측에서 수류에 의한 세정, 동일하게 막의 1차 측에서 기포를 포함한 수류에 의한 공기세정, 막의 2차 측에서 가압공기를 통하여 역압 공기 세정, 침지조 내에서 막을 기계적으로 진동시키는 기계진동 및 이들의 병용 세정 방식 등이 있다.

③ 물리 세정의 빈도는, 원수 수질이나 막 모듈의 형상 등에 의해 다르지만, 일반적으로 10~120 분에 1회 정도이다. 세정 시간은 막 차압의 상승을 검지해서 시행하는 방법도 있지만, 정기적으로 자동으로 행하는 것이 일반적이다.

(2) 막의 물리 세정과 급속 여과지의 역세와의 차이

① 막의 물리 세정과 급속 여과지에서 역세의 주된 원리는, 수력학적 전단작용이라고 할 수 있다. 급속 여과지에서 역세의 경우는, 이외에도 여재끼리의 충돌, 마찰 등의 작용으로 인하여 이 때문에 여재의 마모가 생긴다.

② 막의 역압수 세정은, 막의 2차 측에서 수압을 가함으로써, 막에 포착된 현탁 물질을 막으로부터 배제한다. 급속 여과지의 역세는, 억류된 현탁 물질을 모래층에서 씻어 내기 위해 여층을 팽창시켜 여재 입자를 유동화(팽창)시키기 위해 역류수가 필요하다.

③ 급속 여과법에서는, 탁질의 초기 누출이 있는 경우도 있지만, 막여과법에서는 초기 누출은 없다. 또 급속 여과에서는, 수온이 낮은 시기에는 세정 유속을 낮게 할 수가 있지만, 막의 물리 세정에는, 이러한 배려는 기본적으로 필요 없다.

막의 세정 ••• Question **91**

막의 약품 세정은 무엇인가?

(1) 약품 세정 방식 및 세정 시기의 판단 기준과 빈도

약품 세정에는 여과 라인을 닫고 밸브를 바꾸어서 ① 막 모듈 내에 약액을 순환시키든지, 약액에 침지 시킨다 등의 온라인 방식과 막여과 설비로부터 ② 막 모듈을 떼어내어 세정을 행하는 오프라인 방식이 있다. 오프라인 방식에는, 정수장내에 세정 장치를 설치해서 행하는 방법과 외부에서 행하는 방법이 있다.

약품 세정은, 막 차압이나 막여과 유속이 소정의 값까지 달한 시점을 기준으로 하고 있다. 세정 빈도는 통상 수개월 이상에 1회 정도이다.

(2) 막의 성능 저하와 약품 세정의 회복성

약품 세정에서는, 물리 세정으로 제거되지 않고 축적한 부착물을 분해하거나 용해시킴으로써, 이들을 제거하기 때문에 막의 여과 능력을 거의 초기 상태까지 회복시킬 수 있다.

(3) 막의 성능 저하와 약품 세정

약품 세정은, 막힘 등의 여과 성능 저하를 회복시키는 조작이다. 세정에 사용되는 약품은, 통상 막 재료를 열화시키지 않는 것을 사용한다.

그러나 세정의 목적에 의해서는, 막 재료를 열화시킬 우려가 있는 약품을 사용하는 것도 있다. 이 경우에는 농도, 온도 시간, 빈도 등에 관해 제조사의 사용 조건에 따라, 세정 조작을 행하는 것이 필요하다.

막의 세정

··· Question **92**

막의 세정용 약품에는 어떤 것이 있는가?

막의 세정용에 사용하는 약품은, 막에 대한 부착물 성상이나 오염의 정도 혹은 막 재질의 내 약품성 등을 고려해서 선정한다.

사용되는 약품으로서는, 가성소다, 황산, 염산 등의 알칼리 혹은 산, 차아염소산나트륨 등의 산화제, 수산, 구연산 등의 유기산 및 세제 등을 들 수 있다. 또 각각의 약품에 의한 제거 가능한 물질은 다음 표에 나타난 것처럼 달라진다.

■약품 세정에 사용되는 약품과 제거 가능한 물질

약 품		제거 가능 한 물질	
		유기물	무기물
알칼리	가성소다	○	
무기산	염 산		○
	황 산		○
산화제	차아염소산나트륨	○	
유기산	수 산		○
	구연 산		○
세 제	알칼리 세제	○	
	산 세제		○

세정에 사용하는 약품은, 일본 수도협회규격(JWWA), 식품 첨가물 등의 규격기준(식품위생법)등에 정해져 있는 규격품을 사용한다. 규격품 이외의 세정제를 할 수 없이 사용해야 되는 경우는, off line방식으로, 특히 세정제 성분이 완전하게 제거된 것을 확인하는데 만전을 기할 필요가 있다. 또 사용하는 약품에는 독물, 극물에 해당하는 것이 있어, 취급에는 주의가 필요하다.

막의 세정

Question 93

막의 약품 세정은 전문 업자가 행하는 것인가?

막의 약품 세정에 있어서는, 오염의 정도나 종류, 막의 내약품성 등을 고려하여 사용 약품의 종류, 농도 조작 수순 및 세정 시간 등을 선정하는 것이 필요하다. 약품 세정에 있어서는, 제조사의 지도를 받아, 추천하는 수순을 밟아 작업을 행한다. 또 유지 관리 체제의 사정에 따라서는 업자에 위탁하든지, 제조사의 입회 지도만을 위탁 할 수 있다. 약품 세정을 업자에게 위탁 여부는 주로 다음 사항을 참고하기 바란다.

① 인원 확보 : 막 모듈의 약품 세정은 많아도 년 간 수회정도 이며, 일반적으로 약품 세정 운전의 자동화는 되어 있지 않다. 따라서 소규모인 시설에서는 약품 세정을 위해 인원 확보가 필요하다.

② 작업 내용 : 약품 세정의 작업은, 그다지 고도의 기술을 필요로 하지 않지만, 세정에 사용하는 약품에 대해서는, 독극물도 있기 때문에 약품을 취급하는 지식을 가진 사람이 필요하다. 또 약품 세정 후의 폐액의 처리, 처분 및 막 모듈의 충분한 물 세척의 확인이 필요하다.

③ 세정설비 : 약품 세정을 위한 전용의 설비가 필요하다. 비교적 대

규모인 시설에서 다수 계열의 막여과 설비가 있는 경우에는, 세정 설비의 가동율이 높지만, 소규모인 시설에서는 가동율이 낮아 경제효과는 낮아진다.

④ 경비 : 약품 세정을 업자에 위탁하면, 임시적인 작업을 위한 인원 확보, 세정 약품의 관리, 폐액의 처리, 처분 등이 필요 없지만, 위탁비가 필요하게 된다. 일반적으로 소규모인 시설의 경우에는 업자에게 위탁하는 편이 경제적으로 유리할 수 있다.

막의 세정

Question **94**

막의 물리 세정 배수, 약품 세정 폐액 등은 어떻게 처리 · 처분하는가?

막 여과 정수 시설은, 당면 수질 오탁 방지법 규정 외에 소규모 시설(1만m^3/day 미만)이 대부분이지만, 이러한 경우에 있어서도 방류 하천 등에 대한 환경 영향을 고려하여 발생하는 배수를 적절하게 처리하는 것을 기본으로 하고 있다.

막여과 정수 시설로부터 배출되는 주된 배수는 다음과 같다.

① 막 모듈의 물리 세정 배수

② 막여과 설비로부터 미처리로 배출되는 농축수(blow water)

③ 전처리 설비로부터의 배수

④ 막 모듈의 약품 세정 폐액(약품 세정 후의 행굼수를 포함)

이들 중 ①~③은 물리 세정계의 배수이며, ④의 약품 세정 폐액과는 구별해서 처리 방법을 선정하는 것이 필요하다.

물리 세정 배수 등의 처리, 처분 방법은 다음과 같다.

① 수질에 문제가 없는 경우는 그대로 방류한다.

② 막여과 방식의 배수 처리에서 막여과수의 회수를 기한다.

③ 기타 방식의 배수 처리에 의해서 분리수를 회수하여 원수조로 되돌린다.

④ 배출된 농축액은 천일건조상 혹은 탈수기에 의해 탈수하여 탈수케이크를 적절한 방법에 의해 처분한다.

약품 세정 폐액에 관해서는, 사용 약품의 종류에 따라 다음과 같이 대처한다.

① 산, 알칼리 및 차아염소산나트륨 폐액에 관해서는, 중화처리 등을 행하여 배수 기준에 적합하도록 처리한 후 방류한다.

② 기타 약품의 폐액은, 전문처리 설비를 설치하여 처리한 후 방류하든지, 혹은 산업 폐기물로서 전문 업자에 처리 처분을 위탁한다.

제4편

수처리 막여과 용어집

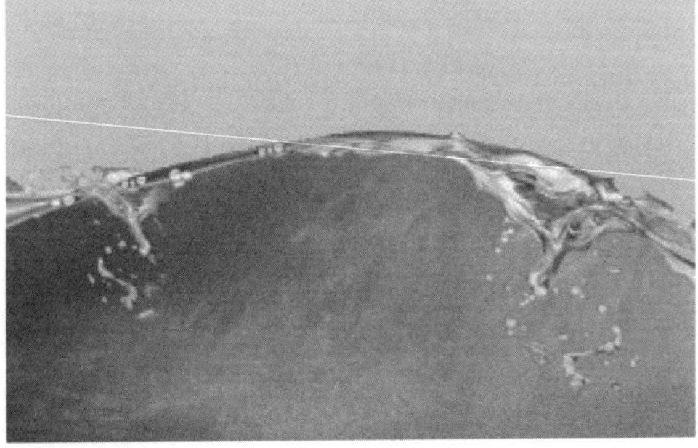

겔 층 [Gel layer]

막 공급수 중의 용해 성분이 농축되어 막 면위에 축적해서 형성된 겔상의 부착 층을 말한다. 겔 층은 여과 저항을 증대시키지만, 현탁 물질의 제거에는 유효하게 작용한다. 그러나 운전시간의 경과에 의해 겔 층이 치밀화하면 세정에 의한 제거 효과는 저하한다.

고분자 막 [Polymeric membrane]

유기 막(organic membrane)의 항과 동일.

공극율 [Porosity]

막 소재와 세공으로 된 다공질 막에 있어서 막의 전 체적에 차지하는 세공 체적의 비율을 말한다.

막의 공극율이 높을수록 막여과 유속이나 기체의 확산유량은 커지지만 막의 기계적 강도는 저하한다. 시판되고 있는 정밀여과 막의 공극율은 50~80% 정도이다.

공칭 공경 [Nominal pore size]

정밀여과 막의 분리 성능을 나타내는 명목상 세공의 직경을 말한다. 복잡한 세공 구조를 가진 정밀여과 막의 공경을 직접 측정하는 것은 곤란하기 때문에, 일반적으로 간접 측정법이 채용된다. 간접 측정법에는, bubble point 시험이나 수은 압입법 등이 있으며, 측정치로부터 계산에 의해 공경을 구한다.

bubble point시험에 의해 구해진 공경은, 막의 최대 공경이기 때문에 실제의 포착 입자경보다 큰 값이 된다. 또 크기가 기지의 물질을 여과해서 측정하는 방법도 있으며, 이 경우에는 지표균이나 uniform latex등이 표준 물질로 사용된다.

관상 막 [Tubular (type) membrane]

Tubular 막과 동일.

관형 모듈 [Tubular (type) module]

Tubular 막을 사용한 막 모듈을 말한다.

균질 막 [Homogeneous membrane]

막의 두께 방향으로 단면 구조가 표면에서 뒷면까지 같은 모양인 막을 말한다. 동일 소재로 된 막에는 균질 막과 비대칭 막이 있다. 정밀여과 막은 대부분이 균질 막이다.

나노여과 막 [Nano filtration membrane]

나노여과 법에 사용되는 막을 말한다. NF막이라고도 한다. 재질은 유기 고분자의 방향족 폴리아미드, 폴리비닐알콜, piperazine등의 하전 막으로, 제조 방법은 계면중합법이다. 막 구조는 비대칭이며, 세공이 있는지 없는지 명확하지 않다. 막 기능으로서는 분리, 정제, 농축, 회수, 제균 등이 있다. 막 모듈은 주로 나선형이다.

나노여과법 [Nano filtration]

1 nanometer(1 nm) 전후의 크기를 가진 분자를 제거하는 막여과법을 말한다. 간단히 나노여과라고 한다. 한외여과법과 역삼투법의 중간에 위치하며, 사용하는 막은 나노여과 막, 조작 압력은 0.2~1.5 MPa 정도이다. 제거 대상 물질은, 분자량 최대 수백까지의 저분자 유기물질(트리할로메탄과 그의 전구물질, 농약, 취기물질, 합성세제 등), 칼슘・마그네슘 등 경도 성분 및 증발잔류물 등이다.

나선형 모듈 [Spiral wound (type) module]

평막을 주머니상으로 성형한 것을 김밥 말이 상태로 성형한 막 모듈로, element와 베셀(내압 용기)로 구성된다. 베셀은 element를 삽입해서 사용한다.

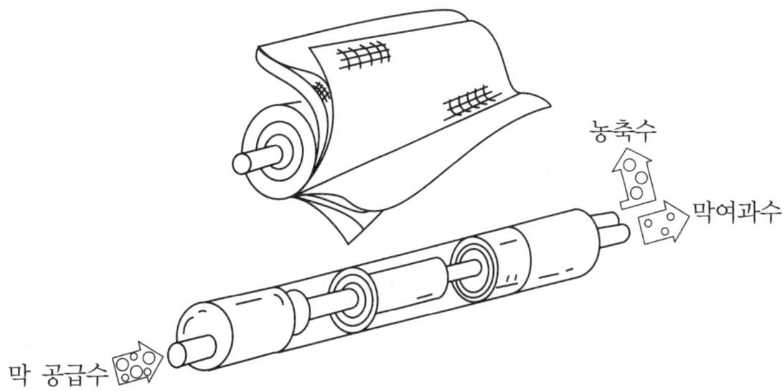

내압식 여과법 [Internal pressure type filtration]

element의 내측에 공급수를 흘러 보내, 외측에서 막여과수를 얻는 여과방법이다. 막면에서 현탁 물질 부착이 불규칙하게 분포하는 것이 적다. 관상 막 및 중공사형 모듈의 통수방식에는 내압식과 외압식이 있다. 또, monolith형의 막 모듈은 내압식이다.

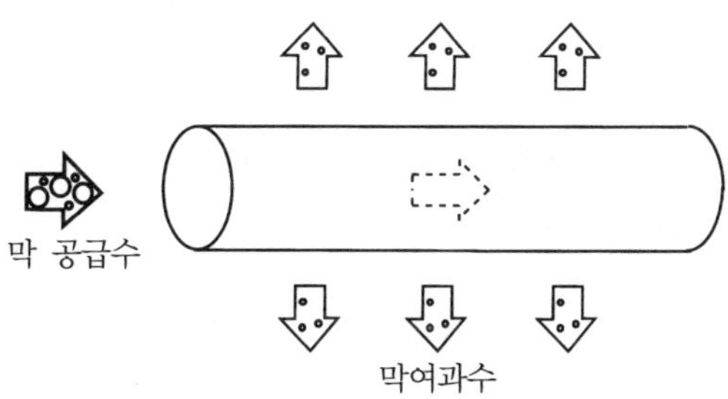

■ 내압력식 여과법

내약품성 [Chemical resistance]

특정의 약품에 대한 막 모듈 및 element의 내구성을 말한다.

약품 세정에서는, 통상 산, 알칼리, 산화제, 환원제, 계면활성제 등의 약품을 사용한다. 또 여과 시에도 응집제, 산화제 등의 약품을 사용할 수 있다. 막 모듈 구성부재에 의해서는, 이들 약품 때문에 팽창, 용해 분리 등을 일으킬 수가 있다. 따라서 어떤 약품을 사용하는 경우, 막 모듈 또는 element의 강도나 성능의 저하 여부에 관해 미리 내약품성을 조사해 둘 필요가 있다.

내열성 [Thermal resistance]

열에 대한 막 모듈 및 element의 내구성을 말한다. 수도에서 막여과는, 상온에서 사용하는 것이 일반적이며, 막 모듈, element 및 구성 부재에 내열성이 요구되는 것은 드물다. 그러나 의약품이나 식품공업 등의 막여과에서는, 열멸균이나 공급액의 유동화 촉진을 위해 고온 조건으로 하는 경우도 있어 내열성이 요구된다.

최고 사용 온도의 항을 참조.

내염소성 [Chlorine resistance]

염소에 대한 막 모듈 또는 element의 내구성을 말한다. 염소는 막 면에서의 미생물 번식 방지나 약품 세정에 사용되어지며, 막에 부착한 오염의 제거나 살균에 유효하지만, 강한 산화력을 가지고 있기 때문에 막 재질에 의해서는, 막 자체도 산화되어 열화될 수 있다.

그러므로 염소제를 사용할 경우에는, 막이나 막 모듈의 강도 및 성능의 저하 여부에 관해 미리 내염소성을 조사하는 것이 중요하다.

농도 분극 [Concentration polarization]

한외여과나 역삼투 등에서 여과의 진행에 따라, 막 표면상에 막에 의해 저지된 용질이 농축되어 막 공급수 중의 농도보다도 높게 되는 현상을 말한다. 농도 분극은 분리·분획성능이나 막여과 유속에 큰 영향을 미친다. 막 표면상의 용질 농도는, 막－막 공급수 계면 경막 중에서 물질 이동에 지배되기 때문에, 이 경막 중에서의 물질 이동 계수를 정확하게 추정하는 것이 극히 중요하다.

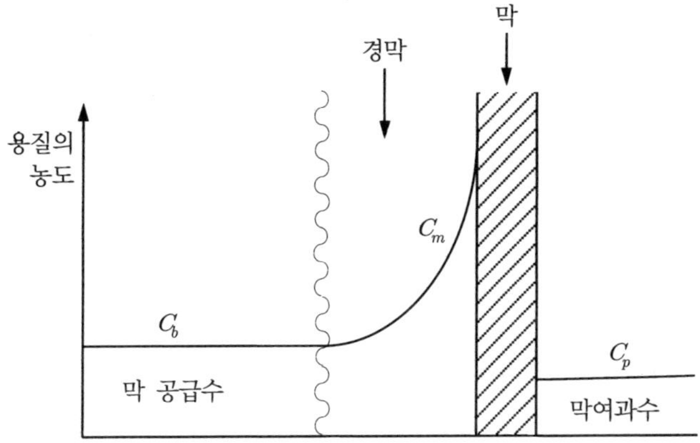

■농도 분극 model

농도 분극이 생기기 때문에 용질의 저지율에는, 막 공급수중의 농도를 기준으로 한 겉보기 저지율과, 막면상의 농도를 기준으로 한 실제의 저지율 2종류의 표시가 있다.

통상은 겉보기 저지율이 이용되지만, 막 공급 수량이나 압력에 의해 이들 값이 다르기 때문에 주의할 필요가 있다.

또 정밀여과법에서는 분리 대상이 입자이기 때문에 이러한 농도 분극은 통상 인정되지 않는다.

농축 배율 [Concentration rate]

농축수 농도와 막 공급수 농도와의 비(농도비)를 말하지만 통상은 막 공급 수량과 농축 수량과의 비(체적비)로 대용되고 있다.

농축수 [Concentrate 또는 Concentrated water]

막여과에 있어서 일차 측에 잔류하고, 막을 통과하지 않는 물질이 농축된 물을 말한다. 농축수중 계외로 배출되는 것을 blow water라고 하며 공급수 측으로 순환되는 것을 순환수라고 한다.

다공질 막 [Porous membrane]

다공질 구조의 막을 말한다. 세공 구조는 스펀지상의 것, 직관상의 것 등이 있다. 전자 현미경으로도 세공이 보이지 않으며, 자유체적이 여과의 주체가 되는 막은 비 다공질 막이라 한다. 역삼투 막은 비 다공질 막으로 분류된다.

다공질 지지층 [Porous support 또는 Porous layer]

비대칭 막 및 복합 막에 있어서 표면의 치밀층을 지지하는 다공질 층을 말한다. 분리능을 발휘하는 것은 치밀층으로 부르는 부분이지만, 이 층이 두꺼우면 투과 유속이 상당히 작게 된다. 공업적으로 사용하는 막에는 강도를 보강하기 위해 다공질 지지층 위에 얇은 치밀층을 만들고 있다.

다이내믹 막 [Dynamic membrane 또는 Dynamically formed membrane]

다공질 막을 이용하여 여과를 행할 때, 공급수중에 포함되어 있는 현탁 물질, 용존 물질 등이 막에 의해 저지되어 막면 위에 축적되어 그 층이 원래의 다공질 막 보다 높은 분리능을 나타나는 경우가 있다. 이 층을 자기 저지층이라 부르며, 높은 분리능을 얻기 위해 이처럼 자기 저지층을 미리 형성시킨 막을 다이내믹 막이라 한다. 예로서는 다공질 지지체상에 형성된 산화지르코늄 막이 있으며, 탈염 기능에 뛰어나다.

Dead end 여과 방식 [Dead end filtration]

막여과 장치의 운전 조작방법의 하나로, 막 공급수를 순한 시키는 것 없이 전량을 여과하는 방식이다. 전량여과 방식이라고 한다. 이것과 대비되는 것으로서는 순환여과(cross flow)방식이 있다. 근년에는 예로서 막 모듈 내부에 교반 기구를 설치하여, 막 면에 대해 물의 흐름이 평행이 되도록 하여 전량을 여과하는 방법 등, 종래의 정의에서는 분류하기 어려운 운전 조작방법도 생겨나고 있다.

Cross flow 여과 방식의 항을 참조.

대칭 막 [Symmetric membrane]

막의 1차 측과 2차 측에서 구조나 재질이 동일한 막의 총칭이다.

막 열화 [Membrane degradation]

운전시간의 경과와 함께 막의 구조자체가 변화하여 성능이 불가역적으로 저하되는 것을 말하며, 세정 등에 의해 성능회복이 가능한 파울링과는 구별된다.

막 열화는 다음과 같이 분류된다.

① 물리적 열화

- 압밀화 : 장기적 압력부하에 의한 막 구조의 치밀화(클립 변형).
- 손상 : 막 공급수 중의 고형물, 진동 등에 의한 물리적인 막면의 손상, 마모 혹은 파단.
- 건조 : 건조 · 수축에 의한 막 구조의 불가역적인 변형.

② 화학적 열화

- 가수분해 : 산 · 알칼리나 열에 의한 막 소재의 분해.
- 산화 : 산화제에 의한 막 소재의 물성변화 혹은 분해.

③ 생물학적 열화

미생물에 의한 막 소재의 자화 또는 분비물에 의한 변질.

막면 유속 [Velocity on membrane]

순환여과 방식에 있어서, 막 면상에 있어 막 공급수의 평균유속을 말한다.

막 면적 [Membrane surface area]

막 공급수와 직접 접촉하는 막의 표면적을 말한다. tubular막 및 중공사 막에서 내압식에서 사용하는 경우는, 내면적, 외압식에서 사용하는 경우는, 외면적이 막 면적이 된다.

막 모듈 [Membrane module]

element를 하우징에 장전하여 일체화한 것을 말한다. 단, 조 침지방식에서 사용되어지는 막 모듈에는, 케이스 수납 방식에서 사용되어지는 하우징은 아니다. 하우징에는 element가 1본만 장전된 경우도 있지만, 통상은 복수본의 element가 장전된다. 일반의 막 모듈에서는 하우징에서 element를 자유롭게 빼내거나 삽입하거나 할 수 있도록 되어 있지만, 그 중에는 일부 중공사형 모듈처럼 일체화되어 분리 할 수 없는 형식의 것도 있다.

막 모듈 폐색 [Module clogging]

막 공급수 중의 현탁 물질 등이, 막 모듈 내의 막 공급수 유로나 막여과수 유로에 퇴적되어 물이 흘러가기 어려운 상태를 말한다. 막의 파울링에 의한 유속 저하와는 구별하고 있다.

막 수명 [Membrane life]

막이 소정의 성능을 유지해서 사용할 수 있는 기간을 말한다. 막 수명을 지배하는 요소는 막의 재료, 막과 element의 구조, 막 공급수 수질,

운전 조건 등이 있다.

실제로는 막의 제거 불가능한 물질의 부착이나, 막 자체의 열화에 의해 분리 특성 등이, 소정의 성능을 유지할 수 없을 때까지의 기간을 말한다.

막여과 유속 [Membrane filtration flux]

단위시간 · 단위 막 면적당의 막여과 수량을 말하며 flux라고 한다. 통상 $m^3/(m^2 \cdot day)$, 혹은 $L/(m^2 \cdot hr)$로 나타낸다. 막의 종류, 막 차압, 수온, 막 공급수의 수질, 막의 오염상태 등의 요인에 의해 변화한다. 막의 성능을 나타내는 중요한 인자이다.

막여과법 [Membrane filtration]

정밀여과 막, 한외여과 막 혹은 나노여과 막 등을 사용하여 원수중의 불순 물질을 분리 제거하여, 청징한 여과수를 얻는 정수 방법을 말한다. 간단히 막여과라고 말한다.

막 오염 [Fouling]

Fouling의 항과 동일.

막 차압 [Trans-membrane pressure difference]

막의 1차 측과 2차 측에서의 압력 차를 말한다. 전량(dead end)여과 방식의 경우에는, 조작 압력(막 공급수의 압력)과 막여과수의 압력 차로서, 순환(cross flow)여과 방식의 경우에는, 다음 식과 같이 평균 조작 압력과 막여과수의 압력 차로 나타낸다.

$$\text{막 차압} = \frac{P_f + P_b}{2} - P_p$$

여기서, P_f : 막 공급수의 압력, P_b : 농축수의 압력,

P_p : 막여과수의 압력

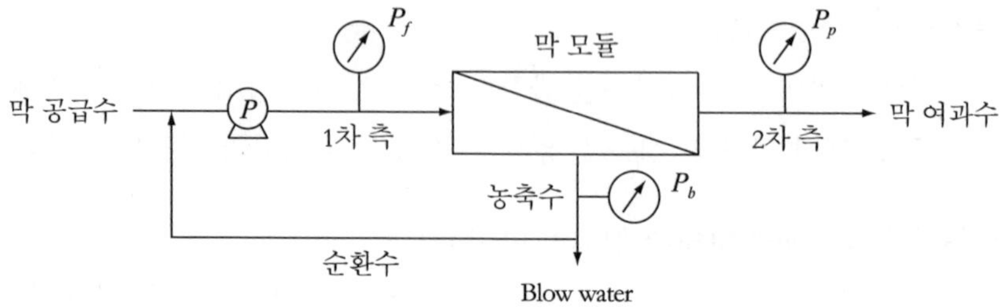

멀티루멘(형) 막 [Multi-lumen (type) membrane]

모노리스(형) 막의 항과 동일.

멤브레인 필터 [Membrane filter]

정밀여과 막의 항과 동일.

모노리스(형) 막 [Monolith (type) module]

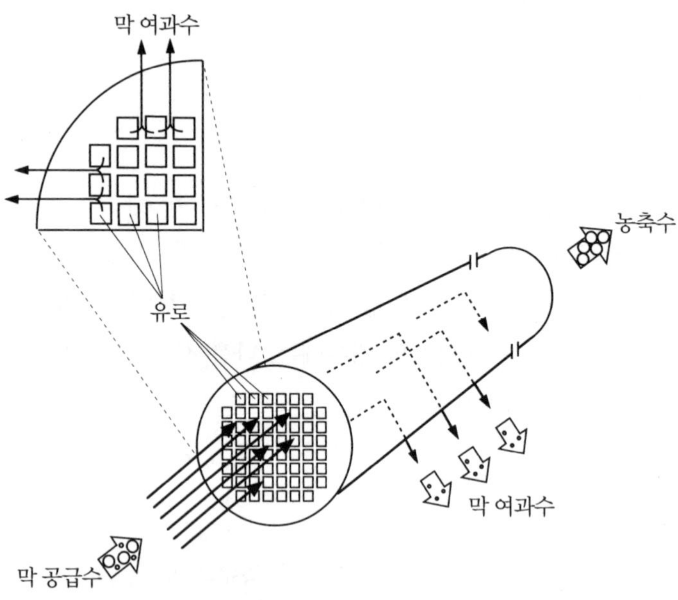

■모노리스(형) 막(Cross flow 여과 방식의 예)

관형(tubular)막의 변종이다. multi-lumen(형) 막 혹은 multi channel (형) 막이라고도 부른다. 주상에 성형한 지지체에 복수의 유로를 설치하여 내벽면에 치밀층을 형성한 막으로 형상이 한 본의 석주(monolith)를 닮고 있기 때문에 이렇게 부르고 있다.

일반적으로 사용되고 있는 monolith 막의 재질은 세라믹 계이다. 막의 형상으로부터 내압식으로 한정된다.

모노리스 형 모듈 [Monolith (type) module]

monolith형 막을 사용한 모듈.

monolith(형) 막의 항을 참조.

모자이크 막 [Mosaic membrane]

막의 표면에 모자이크 상으로 성질이 다른 부분을 형성한 막으로 주로 확산 투석에 사용된다. 예를 들면 모자이크 이온막에는, 막면에 양이온교환막 부분과 음이온교환막 부분이 교대로 모자이크 상으로 형성, 복합화 되어 있다. 이 때문에 1장의 막으로 전해질과 비전해질을 구별하여 분리할 수 있는 이점이 있다.

투석법의 항을 참조.

무기 막 [Inorganic membrane]

무기물을 소재로 하는 막의 총칭으로 세라믹 막, 카본 막, 글라스 막 등이 있다.

세라믹 막의 항을 참조.

물리 세정 [Physical cleaning]

약품을 사용하지 않고 물리적인 방법으로 행하는 막의 세정을 말한다. 역압세정, scrubbing, flushing, sponge ball 세정, 혹은 난류 촉진제를 사용한 수력학적 방법에 의한 세정, 초음파 세정 등이 있다. 막면에 대한 오염 물질 부착량이 그 정도 다량이 아닌 시기에 물리 세정을 행하기 때문에 세정 빈도는 높은 것이 일반적이다. 물리 세정으로 씻기지 않는 경우에는 약품 세정을 행한다.

바블 포인트 [Bubble point]

바블 포인트(bubble point) 시험의 항을 참조.

바블 포인트 시험 [Bubble point test]

정밀여과 막의 완전성 시험의 일종이다. 정밀여과 막을 물, 용제 또는 여과 대상 액으로 충분하게 적신 후, 막의 일차 측을 공기 또는 질소가스로 서서히 가압하면, 어떤 압력에 달한 시점에서 막과 액체의 표면장력과의 평형이 깨져 2차 측에 기포가 연속적으로 나오게 된다. 이때의 막 차압을 측정함으로써 완전성을 확인하는 시험이다. 1차 측의 공기압력 P_{BP}와 액체의 표면장력이 균형을 이룰 때의 상태는 다음 식으로 표현될 수 있다.

$$P_{BP} = \frac{4 \cdot K\delta \cdot \cos\theta}{d}$$

여기서, P_{BP} : bubble point 압력[Pa], θ : 접촉각도[−],

δ : 표면장력[N/m], d : 공경[m],

K : 세공 형상 변수[−] $K = 1$(원통상의 경우)

1차 측의 공기압력을 가압하여 기포가 발생하면 접촉각도 θ는 0이 되고 $\cos\theta = 1$이 된다. 따라서 bubble point 압력과 최대 공경의 관계는 다음 식으로 표현된다.

$$P_{BP} = \frac{4 \cdot K\delta}{d}$$

반투 막 [Semipermeable membrane]

용매는 통과하지만 용질은 통과하지 않는 막을 말한다. 단, 용질의 저지율은 그 분자량과 막의 특성에 따라 다르다. 물은 통과하고 식염 등의 저분자 물질은 통과하지 않는 반투막을 역삼투 막, 물과 저분자 물질은 통과하고 콜로이도나 단백질 등의 고분자 물질은 통과하지 않는 반투막을 한외여과 막이라 한다.

보안 여과기 [Safety filter]

역삼투법에서의 고압펌프나 막 등의 보호를 목적으로서 부착하는 이물질 제거 필터의 총칭이다

보정 유속 [Corrected flux]

막여과 유속을 단위 막 차압(98.1 kPa)당 및 표준온도(25°C) 조건하로 환산한 것을 말한다.

막여과 유속은 여과 저항이 같아도 막 차압 및 수온에 의해 다르기 때문에 이들로부터 보정한 보정유속의 값에 의해 여과 저항의 상태를 평가한다. 보정 유속은 다음 식으로 계산된다.

$$\text{보정유속}[m^3/(m^2 \cdot day \cdot 98.1\ kPa),\ at\ 25°C]$$
$$= \frac{\text{막여과 유속}[m^3/(m^2 \cdot day)]}{\text{막 차압}[kPa]} \times 98.1 \times (\text{온도 보정 계수})$$

온도 보정 계수의 항을 참조

복합 막 [Composite membrane]

치밀층과 지지층을 각각 다른 소재를 사용한 막의 총칭이다.

비대칭 막의 항을 참조.

분리 막 [Separation membrane]

입경 5~10 μm 정도의 비교적 조대한 물질에서 분자의 크기가 수Å의 나트륨 이온까지 분리하기 위해 사용되는 막의 총칭이다.

수도에서 적용되는 분리 막에는 분리경이 큰 것에서 순서대로 정밀여과 막, 한외여과 막, 나노여과 막, 역삼투 막 등이 있다.

분획분자량 [Molecular weight cutoff 또는 Cutoff molecular weight]

한외여과 막의 분리 성능을 분자량의 크기로서 나타내는 지표이다. 한외여과 막의 세공의 크기를 직접 측정하는 것은 곤란하기 때문에 분자량이 기지의 구형에 가까운 물질을 사용하여 측정한다. 이 막이 90%까지 저지할 수 있는 물질의 분자량을 일반적으로 분획 분자량으로서 표시하고 있다.

그러나 사용하는 물질이 실제로는 완전한 구형이 아니며 시험 조건에 의해서도 저지율이 달라지기 때문에 절대적인 분획 성능을 나타내는 것은 아니다.

브랜드 막 [Blended membrane]

2종류 이상의 다른 막 소재를 혼합해서 조정한 도브액(성막용 polymer 용액)을 사용하여 형성된 막의 총칭이다. 예로서 3초산셀룰로오스와 2초산셀룰로오스를 용해하여 제막된 브랜드초산 셀룰로오스 막이다. 브랜드의 목적은 각각의 소재가 갖는 장점을 살려 단점을 보충하기 위해서지만, 그다지 성상이 다른 소재에 의해 브랜드 막은 불균일한 구조로 되기 쉬운 것 등의 결점이 나타날 수 있다.

Blow 수 [Blow water]

농축수중 계 외로 배출되는 것을 말한다.

비 다공질 막 [Non-porous membrane]

일반적으로 0.001 μm 이하의 공경을 갖는 막을 말한다.

그러나 0.001 μm 이하의 공경은 더 이상 공경이라고 하지 않고 막을 구성하고 있는 고분자의 열 진동에 의해 생긴 입자의 공극이다.

비대칭 막 [Asymmetric membrane]

막의 1차 측과 2차 측의 구조가 다른 막의 총칭이다.

1차 측 표면에는 얇은 치밀층(skin층)이 있고 여기서 2차 측 표면에 걸쳐 비교적 큰 유로를 형성한 다공질 지지층이 있다. 치밀층과 다공질 지지층에서 다른 합성고분자 소재를 사용한 복합막도 제작되고 있다.

살균 온도 [Sterilization temperature]

막을 열로서 살(멸)균을 행할 목적으로 단시간에 한정하여 막 등에 가하는 온도로 최고 사용온도 보다는 높다.

삼투압 [Osmotic pressure]

용매는 통하지만 용질은 통과하지 않는 반투막을 끼워서 희석 용액과 농후 용액과를 접촉시키면 용매는 막을 통과해서 농후 용액 측으로 이동하여 이 부분만큼 농후 용액의 체적이 증가한다.

이때, 체적 증가가 일어나지 않도록 하기 위해서 농후용액 측에 작용하는 평형 압력을 삼투압이라 한다.

삼투압 차 [Osmotic pressure difference]

막 공급수의 삼투압과 막 투과수의 삼투압과의 차로 다음 식으로 표현 할 수 있다.

$$\Delta\pi = \pi_1 - \pi_2$$

여기서, $\Delta\pi$: 삼투압 차,

π_1 : 막 공급수 중의 삼투압, π_2 : 막 투과수 중의 삼투압

선택 투과막 [Perm-selective membrane]

특정의 물질 또는 이온을 많이 투과하는 성질을 갖는 막을 말한다. 어떤 것은 통과하기 쉽고 어떤 것은 통과하기 어렵다고 하는 성질을 선택 투과성이라 하며 공업적으로 이용하고 있는 분리 막은 이 의미에서 선택 투과막의 범주에 들어있다. 이중 용매와 용질의 선택 투과성에 한해 반투과성이라고 한다.

반투막의 항을 참조.

세라믹 막 [Ceramic membrane]

무기 소재를 소결하여 만든 막을 말한다. 산화알루미늄(알루미나)이나 산화지르코늄(지르코니아)의 세라믹 막이 실용화되고 있다.

세라믹 막은 미세한 세라믹 입자를 소결하여 만들었기 때문에 입자의 크기로 세공의 크기가 결정된다. 5 nm 정도의 작은 세공을 가진 UF 막에서 큰 세공을 가진 MF막까지 시판되고 있다. 세라믹 막이 가진 특성으로서 내열성, 내약품성, 내유기용매성 등의 점에서 우수하며, 기계적 강도도 강하다. 또한, 세라믹 막 모듈의 내열성, 내약품성 등을 평가하기에는 세라믹 이외의 구성부재도 고려해 둘 필요가 있다. 현재 시판되고 있는 세라믹 막에는 monolith형이 많지만, 평막형이나 관형의 것도 있다.

세정 [Cleaning 또는 Washing]

막이나 장치가 유기물이나 무기물에 의해 오염되어 막여과 기능이 저하한 경우에 성능을 회복시키기 위한 수단이다.

세정 방법에는 역류수 세정, 역압 공기세정, 스크러빙, 볼 세정 등의 물리적 방법이나 산, 알칼리 등에 의한 부착물의 용해 분해 등의 화학적 방법이 있지만 막 모듈의 형식에 의해 세정 방법은 다르다. 특히 약품 세정의 경우에는 막 재질의 내약품성에 주의할 필요가 있다.

세정 회복율 [Cleaning recovery ratio]

파울링으로 저하한 막여과 유속이, 물리 세정이나 약품 세정으로부터 얼마만큼 회복했는가를 나타내는 지표이다. 순수 등을 이용하여 측정해서 초기 여과 유속에 대한 회복율로 나타낸다.

소수성 막 [Hydrophobic membrane]

소수성이 높은 소재로 만들어진 막을 말한다. 복합 막에는 막 공급수와 접촉하는 표면의 막 재질만이 소수성인 것도 있다. 소수성은 친수성과 대비되는 용어이지만, 이들의 사용 구별에 대한 명확한 구분은 없다. 소수성 막을 일단 건조시키면, bubble point 이상의 높은 압력을 가하지 않으면 물은 투과하지 않는다. 따라서 소수성 막은 출하나 보관 시에는 보통 습윤 상태로 해 놓는다.

그러나 건조상태의 소수성 막에 에탄올 용액, 이소프로필 알콜 용액 등의 표면장력이 작은 용매를 투과시킴으로써, bubble point 이하의 낮은 압력으로 재차 물을 통과하도록 할 수 있다.

대표적인 소수성 막의 재질로서는 4불화에틸렌, 2불화비니리덴, 폴리술폰, 폴리프로필렌, 폴리에틸렌 등이 있다.

순수 투과 유량 [Pure water permeate flow rate]

막 모듈당 순수 여과 유량을 말한다.

순수 투과 유속의 항을 참조.

순수 투과 유속 [Pure water flux]

막의 물 투과 성능을 나타내는 지표로, 단위 시간당 단위 막 면적을 투과하는 순수의 양을 단위 막 차압 당으로서 표준 온도 조건하로 환산한 것이다.

순수 투과 유속을 측정할 때에는, 순수의 질이 중요한 인자가 된다. 막의 투과 유속을 감소시키는 콜로이드나 미립자를 포함하지 않은 순수를 이용하는 것이 바람직하며, 일반적으로는 역삼투 막의 투과수를 사용한다. 역삼투 막의 투과수를 입수할 수 없을 경우에는, 측정 대상의 막 공경보다도 작은 공경의 막으로 여과한 물을 사용한다. 또, 투과 유속은 수온과 압력의 영향을 받기 때문에 일정한 수온, 압력 하에서 측정할 필요가 있다.

순환수 [Circulating water]

순환여과 방식에서 농축수를 막 공급수 측에 되돌리는 조작을 순환이라 하며, 막 모듈로부터 나온 농축수중 공급수 측에 되돌리는 것을 순환수라고 부른다.

또, 가압 펌프와 막 모듈로 구성되어 있는 아래 그림과 같은 시스템에서는 막 모듈에 원수와 순환수를 공급하는 가압 펌프를 순환 펌프라고 부른다.

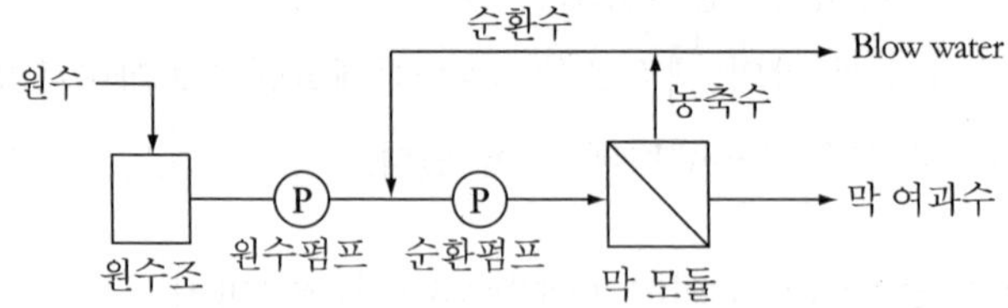

순환여과 방식 [Cross-flow filtration]

Cross-flow 여과 방식의 항과 동일.

스케일 [Scale]

역삼투법에 의한 해수 담수화 등에 수중에 용해하고 있는 칼슘, 마그네슘 등이 탄산 칼슘, 수산화마그네슘, 황산마그네슘 등으로 되어 막면이나 기기의 내벽 등에 석출하여 강하게 부착한다. 이들 고형상의 석출물을 스케일이라 말한다.

스케일의 석출은 역삼투 막처럼 칼슘, 마그네슘의 저지율이 높은 막에서 생기기 쉽지만, 막 공급수를 약산성으로 조정함으로써 방지 할 수 있다. 부착한 스케일의 제거에는 막을 열화시키지 않을 정도의 낮은 농도의 희염산, 구연산 등으로 세정한다.

역삼투법 등에 있어서 실리카에 의한 스케일은, 약품 세정이라도 제거가 곤란하기 때문에, 실리카 농도가 용해도를 초과하지 않도록, 막에 의한 농축 배율을 제어하는 것이 필요하다.

스케일 층 [Scale layer]

막 공급수 중의 용해 성분이 막면 위에 농축되어 스케일로서 석출하고, 이것이 퇴적 고착해서 형성되는 부착층을 말한다. 스케일 층은, 막여과 저항을 증가시키기 때문에, 막 공급수의 pH 조정에 의해 스케일 층의 생성을 방지하거나, 생성한 스케일 층을 약품 세정으로 제거하는 것 등의 조작을 행한다.

스케일의 항을 참조할 것.

스크러빙 [Scrubbing]

물리 세정의 한 방법으로, 막의 1차 측에 공기를 불어넣어 막을 수중에서 요동시킴으로써, 막면에 부착한 현탁 물질 등을 제거하는 하나의 방법이다. 이 방법은 새로 부착한 물질이나 비교적 큰 부착물의 제거에는 유효하지만, 미세한 부착물을 충분히 제거하는 것은 곤란하다. 이 때문에 역압 세정과 병용시키는 것이 많다.

스킨층 [Skin layer]

치밀층의 항과 동일.

스펀지볼 세정 [Sponge ball cleaning]

내압식 관형 모듈의 물리 세정 방법의 하나이다. element의 내경보다 약간 큰 스펀지 볼을 1본의 관형 막의 끝에서 물과 함께 element 내부에 밀어 넣으면 볼은 막면을 문지르면서 부착물을 밀어내어 최후의 관형 막의 끝에서 배출된다. 이 방법은 겔 상 부착물의 제거에 유효하다.

RO 막 [RO membrane]

역삼투 막의 항과 동일.

압력 손실 [Pressure drop 또는 Pressure loss]

일반적으로 유체가 있는 유로를 통해서 흐를 때, 상류측과 하류측의 2점 사이에서 유벽면과 유체의 마찰 등에 의해 생기는 압력저하를 말한다. 막여과에 있어서 압력 손실에는 구성하는 기기(막 모듈, 관로 밸브 등)의 1차측 유로내에서 생기는 압력 손실($\varDelta P_1$)과 막의 1차측과 2차측 사이에 생기는 압력 손실($\varDelta P_2$)이 있다. 이것은 다음 식으로 나타낼 수 있다.

$$\varDelta P_1 = P_f - P_b$$

$$\varDelta P_2 = \frac{P_f + P_b}{2} - P_p$$

여기서, P_f : 막 공급수의 압력, P_b : 농축수의 압력,

P_p : 막여과수의 압력

여기에서 특히 ΔP_2는 막 차압이라 한다.

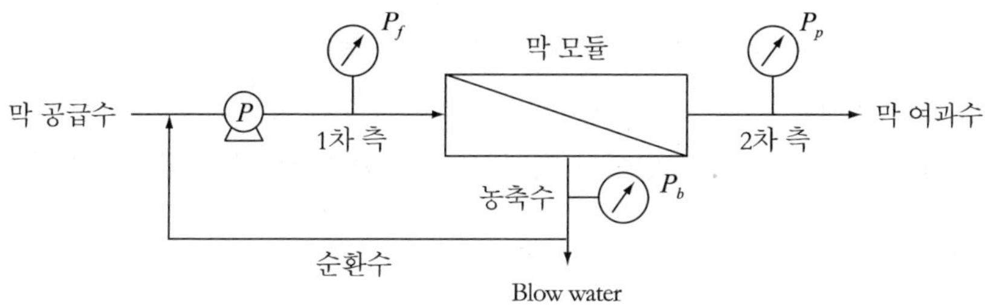

■순환수가 있는 경우의 예

압력 용기 [Pressure vessel]

대기압을 견디는 용기, 또는 압력을 발생하는 유체를 내장하는 용기, 또는 외압을 받는 용기를 압력 용기라고 한다.

수도에서의 막여과에 이용하는 막 모듈의 하우징은, 사용조건이 증기, 열매체의 수용 등이나 증기가 발생하는 반응도 없이 오히려 200 kPa 이상의 기체를 내부에 보유할 수 없기 때문에, 노동부의 압력용기 구조규격은 해당하지 않는다. 그러나 각 하우징은 사용 압력 등에 맞는 재질 구조로 해야 하는 것은 당연하다.

하우징의 항을 참조.

압력 유지시험 [Pressure hold test]

정밀여과 막의 안전성을 비파괴적으로 시험하는 방법의 하나로, 막을 통하여 기체의 확산량을 평가하기 위한 것이다. 확산 유량 시험의 변법이며 pressure hold 시험이라고도 한다.

하우징 또는 holder에 설치한 정밀여과 막의 세공을, 시험액으로 채우고 나서 1차측 및 2차측의 시험액을 배출하고 1차측을 공기 또는 질소 가스로 채우고 1차측의 압력을 bubble point 이하의 값(통상 bubble point의 80%)까지 서서히 가압 한 후, 기체의 공급을 정지하여 일정시간(통상 5~20분) 유지한 시점의 압력강하를 측정하여 가압기체의 확산량에서 정밀여과 막의 완전성을 평가하는 방법이다. 일반적으로 막 면적이 작은 모듈에는 압력 유지시험, 큰 모듈에는 확산 유량시험이 이용되고 있다. 압력 유지시험에 있어서 확산 유량과 압력강하의 관계는 다음 식으로 나타낼 수 있다.

$$\Delta P = \frac{V_c \cdot t \cdot P_a}{V_b}$$

여기서, ΔP : 압력강하[MPa], V_c : 확산유량[L/min]

V_b : 하우징의 1차측 용적[L], t : 시간[min], P_a : 압력[MPa]

압밀화 [Compaction]

막이 가압됨으로써 생기는 막 자체(주로 막 지지층에서 일어남)의 물리적 변화이며, 압력에 의한 클립 변형 등에 의해 막이 서서히 손상되어 불가역적으로 치밀화되는 것을 말한다.

압밀화한 막은 유체의 투과 저항이 증대하여 유속이 감소한다. 역삼투막의 압밀화에 의한 유속의 감소는 m값으로 표시된다. 압밀화는 사용막의 상용 범위를 초과하는 압력 및 온도에서 운전하면, 일반적으로 크게 되지만 근래에는 압밀화가 작은 복합 막이 개발되고 있다.

약품 세정 [Chemical cleaning]

물리 세정만으로는 막여과 기능이 회복되지 않는 경우에, 약품을 사용하여 행하는 막의 화학적인 세정을 말한다. 화학 세정이라고도 한다. 사용된 약품은 부착물의 종류와 양, 막의 내약품성 등을 고려하여 나누어 사용할 필요가 있다. 수도에서 사용되는 약품에는 산, 알칼리, 산화제,

세제 등이 있고 각각 단독 또는 조합해서 사용한다. 세정 방법에는 막 모듈을 분리하여 세정하는 off-line방식과, 밸브의 전환만으로 막 모듈을 분리하지 않고 세정하는 on-line방식이 있다.

SDI 값 [Silt density index]

FI 값의 항과 동일.

FI 값 [Fouling index]

Fouling에 관한 지표로 수중에 포함되어 있는 현탁 물질에 의한 공칭 공경 0.45 μm의 membrane filter의 1분간당의 막힘도를 말하며 다음 식으로 표현할 수 있다.

$$FI = \left(1 - \frac{T_0}{T_{15}}\right) \times \frac{100}{15}$$

- T_0 : 0.45 μm의 membrane filter를 사용하여 시료수를 206 kPa의 가압하에서 여과했을 때, 처음 500 ml를 여과하는데 필요한 시간(sec).
- T_{15} : T_0후 동일한 상태에서 계속해서 15분간 여과한 후, 시료수를 다시 500 ml 여과하는데 필요한 시간(sec).

FI의 동의어로서 SI(silting index), SDI(silt density index)가 있다. 이것들은 모두 오염 지수라고 한다.

상기 식은 이론적으로는 비압축성 케이크의 정압 여과에 있어서 여과 방정식에 근거를 두며, 여과 개시 시와 15분 후의 여과시간을 측정하기 위해 사용하는 여과지 품질의 불규칙적인 영향이 적은 방법이다. FI값에 의한 막힘도의 평가는 역삼투법의 전 처리수 수질평가에 광범위하게 이용되고 있다. 역삼투법에서는 공급수중의 현탁 물질이 막면에 부착해서 파울링을 일으키기 때문에, 전 처리에서 될 수 있는 한 오염 물질을 제거할 필요가 있다.

전 처리한 물은 탁도로서 평가할 수 없는 청정한 물이기 때문에, 수중의 미량인 현탁 물질을 비교적 간단한 측정으로 정량화하는 방법으로서 고안되었다.

일반적으로 역삼투 막의 공급수 FI값은 나선형 모듈의 경우 4~5 이하, 중공사형 모듈의 경우 3~4 이하로 되어 있다. 또한, FI값 측정에는 통상 직경 47 mm의 membrane filter가 사용된다.

NF 막 [NF membrane]

Nano 여과 막의 항과 동일.

엘리멘트 [Element]

막과 지지체 및 유로재 등의 부재를 일체화하여 하우징에 수납하도록 조립된 것을 말한다. 나선형 element, 중공사형 element, 관형 element와 평막 디스크형 element 등이 있다.

m **값(투과수 유량 감소지수)** [m-value]

m 값은 막의 압밀화나 파울링 등에 의해 일어나는 역삼투 막의 투과수 유량의 감소 계수로 막의 운전 개시시와 일정시간 운전 후의 투과수 유량에 의해 실험적으로 정해진 값으로 다음 식으로 표시할 수 있다.

$$\frac{J}{J_0} = \left(\frac{t}{t_0}\right)^{-m}$$

여기서, m : 투과수 유량 감소지수[−],

J : t시간 후의 투과수 유량[L/hr],

J_0 : 초기(t_0)의 투과수 유량[L/hr],

t : 운전 경과 시간[hr],

t_0 : 운전 개시 시간(t_0는, 일반적으로는 운전개시 후 1시간을 기준으로 한다)[hr]

MF 막 [MF membrane]

정밀여과 막의 항과 동일.

여과 저항 [Filtration resistance]

막여과에 있어서 저항이며, 투과 저항이라고도 한다.

여과 저항에는 다음과 같은 것이 있다

① 막의 소재 그 자체가 가지고 있는 고유의 여과 저항(R_m)

② 농도 분극에 의한 경계층의 여과 저항(R_b)

③ 막 표면에 형성되는 겔 층, 스케일 층, 케이크 층에 의한 여과 저항(R_g)

④ 막 세공 내의 막힘에 의한 여과 저항(R_p)

따라서 전체의 여과 저항은 다음 식으로 나타낼 수 있다.

$$R = R_m + R_b + R_g + R_p$$

역삼투 막 [Reverse osmosis membrane]

역삼투법에 사용하는 막이다. RO 막이라고도 한다.

재질은 유기고분자이며, 셀룰로오스 계(초산셀룰로오스 등)와 합성수지계(polysulfone, polyamide, polyimide, polyacrylonitryl 등)가 있다. 상전환법 등에 의해 제조된다. 막 구조는 비대칭이며, 세공이 있는지 어떤지 명확하지 않다. 막 기능으로서는 분리, 정제, 농축, 회수, 제균 등을 들 수 있다. 모듈의 종류로서는 관형, 나선형, 중공사형, 평막형 등이 있다.

역삼투법 [Reverse osmosis]

삼투막을 사이에 두고 농후 용액 측에 삼투압 이상의 압력을 가함으로써, 용매만을 희박 용액 측에 이동시켜 용매와 용질을 분리하는 방법이다. 간단히 역삼투라고 한다.

조작 압력은 원액을 가진 삼투압 이상을 필요로 하고 해수 담수화에서는 5.5~7.5 MPa 정도이다. 분리 성능은 탈염율로 나타낸다. 분리 대상은 분자량 수십에서 수백 정도의 저분자량 물질이나 이온이며 해수 담수화를 목적으로서 개발된 기술이다.

해수의 담수화, 염수의 탈염, 전자공업, 제약 의료분야에서의 초순수 제조, 공장 프로세스 용수의 처리, 재 이용을 목적으로 하는 배수 처리 등에 이용되고 있다.

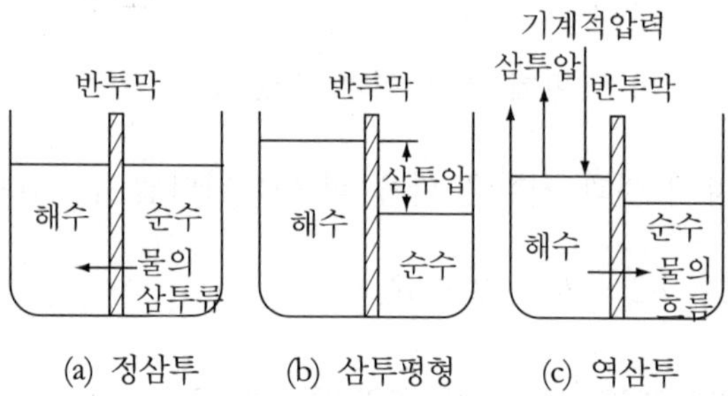

■역삼투법의 원리

역세정 [Back washing]

역압 세정의 항과 동일.

역압 세정 [Back pressure washing]

물리 세정의 하나의 방법으로 막의 2차 측에서 1차 측으로 물 또는 공기를 압력으로 밀어 넣어, 막 등에 부착한 오염 물질을 제거하는 방법이다. 간단히 역세라고 한다.

중공사형이나 monolith형 모듈 등의 세정에 흔히 이용된다. 세정수로서는 통상, 막여과수를 사용한다.

염수 [Brackish water]

총 용해성 증발잔류물(TDS)이 수백 mg/L보다 높고, 해수 농도보다 적은 자연수를 말한다. 미국의 내륙부등에서는 TDS로서 수천 mg/L의 염분을 포함하고 있는 지하수(지하 염수라고 부른다)가 많이 있으며, 이것을 음료수로 하기 위해 전기투석법이나 역삼투법에 의해 염수의 담수화가 행해지고 있다.

염 투과 비율 [Salt passage]

역삼투 막으로 저지되지 않고 투과한 투과수 중에서 염류의 공급수중 염류 농도에 대한 비율로 통상 SP로 약칭되어 다음 식으로 나타낼 수 있다.

$$SP_1 = \frac{C_p}{\frac{C_f + C_b}{2}} \times 100$$

$$SP_2 = \frac{C_p}{C_f} \times 100$$

여기서, SP_1 : 평균농도 기준 염(용질) 투과비율[%],

SP_2 : 입구농도 기준 염(용질) 투과비율[%],

C_f : 공급수 염(용질)농도[mg/L],

C_p : 투과수 염(용질)농도[mg/L],

C_b : 농축수 염(용질)농도[mg/L]

역삼투 막의 탈염 성능을 나타내는 지표로서는, 탈염율과 염 투과비율이 사용되지만, 전자가 일반적으로 막의 기본 성능표시에 이용되고 있는 것에 대해, 후자는 주로 역삼투 막 장치의 설계나 장치의 보수관리 항목으로서 이용되고 있다. 염 투과비율과 탈염율의 관계는 다음과 같다.

$$\text{염 투과비율}(\%) = 100 - \text{탈염율}(\%)$$

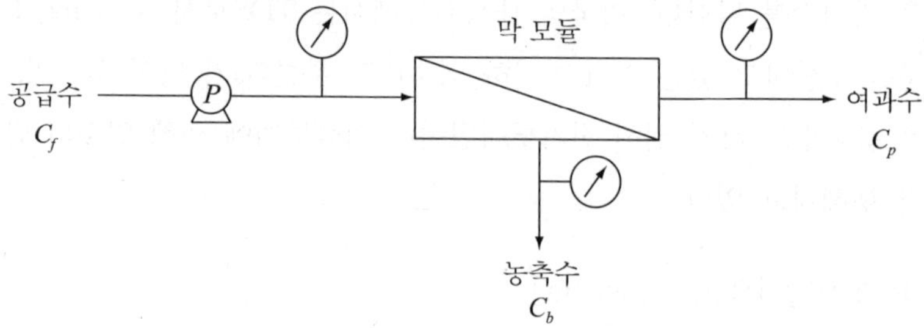

온도 보정 계수 [Temperature correction factor]

조작 온도에서의 막여과 유속을 표준온도(25°C) 조건하로 환산하는 계수이다. 표준 온도에 대한 조작 온도의 점성비이다.

막의 투수 성능을 나타내는 순수 투과 유속은, 동일 막 차압이라도 수온에 의해 다르다. 수온이 상승하면 물의 점성이 저하하고 막여과 유속은 증가한다. 이 때문에 막의 투과 성능 평가에 있어서는 표준온도(25°C) 조건하에서 비교한다. 순수로 측정한 온도 보정 계수와, 실제 물로 측정한 온도 보정 계수에서는 어느 정도 값이 다르다.

완전성 시험 [Integrity test]

제품으로서의 정밀여과 막에 제조상의 결함이 있는가 없는가에 대해 검사하기 위한 비파괴적 시험방법이다. 완전성 시험에는 제균 성능으로서의 challenge시험, gas확산을 평가하기 위한 bubble point 시험, 확산 유량시험, 압력 유지시험 등이 있다.

외압식 여과법 [External pressure type filtration]

막 외측에 공급수를 흘려보내, 내측에서 막여과수를 추출하는 여과방법이다. 내압식에 비해 막 모듈 단위용적당의 막 면적이 크게 좌우된다. 관형 및 중공사형 모듈의 통수 방식에는 외압식과 내압식이 있다.

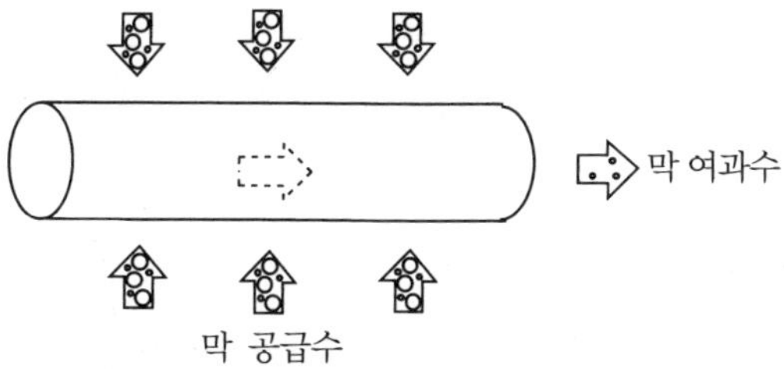

■ 외압식 여과법

유기 막 [Organic membrane]

유기 고분자 화합물을 소재로 하는 막의 총칭으로 고분자 막, 합성 막이라고도 한다. 초산셀룰로오스, Polysulfone, Polyethylene, Polypropylene, Polyacrylonitryl 등을 사용하여 상전환법, 연신법 등에 의해 만들어진다. 비교적 유연하여 성형 가공이 용이하며, 중공사 막, 관형 막, 평 막 등이 있다. 정밀여과, 한외여과, 나노여과, 역삼투 등으로 광범위하게 사용된다.

유로 폐색 [Passage blocking (clogging)]

막 모듈 폐색의 항 참조.

UF 막 [UF Membrane]

한외여과 막의 항과 동일.

유효 압력 [Effective pressure]

막여과에 있어서 유효하게 작용하는 압력을 말한다.

역삼투법 및 한외여과 법의 경우에는 평균 조작압에서 막 공급수와 막여과수의 삼투압 차 및 막여과수의 압력을 뺀 압력이다. 또, MF막의 경우에는 삼투압 차를 발생하지 않기 때문에 막 차압과 같다.

이온교환 막 [Ion-exchange membrane]

순수 제조 등에 사용되고 있는 이온교환 수지를 막상으로 성형한 것으로 이온교환기를 갖는 하전 막이다. 이온교환 막에는, 양이온교환 막과 음이온교환 막이 있고, 일반적으로 양이온교환 막은, 막중에 음의 고정 전하로서 술폰산기 $-SO_3^-$를, 음이온교환 막은, 막중에 양의 고정전하로서 제4급 암모늄염기 $-NR_3^+$를 가지고 있다.

이온교환 막의 특징은, 이온의 선택 투과성이며, 용액중의 이온은 반대부호의 고정전하를 갖는 이온교환 막은 투과할 수 있지만, 동 부호의 고정 전하를 갖는 이온교환 막은 투과할 수 없다. 이 성질을 이용하여 이온교환은 전기투석 · 확산투석이나 전기분해 등에 사용된다. 막의 재질로서는 styrene-divinyl-benzene공중합체계가 일반적이지만 전기분해 등에 사용되는 불소계의 막도 있다. 또 특수한 이온교환 막으로서 막의 한 측에 양, 반대 측에 음의 고정전하를 갖는 bi-polar 막 등이 있다.

2차 측 [Downstream]

1차 측의 항을 참조.

1차 측 [Upstream]

역삼투 막, 한외여과 막, 정밀여과 막 등에 의해 공급수를 막여과할 경우, 막을 경계로서 공급수 측을 1차 측, 여과수 측을 2차 측이라 한다.

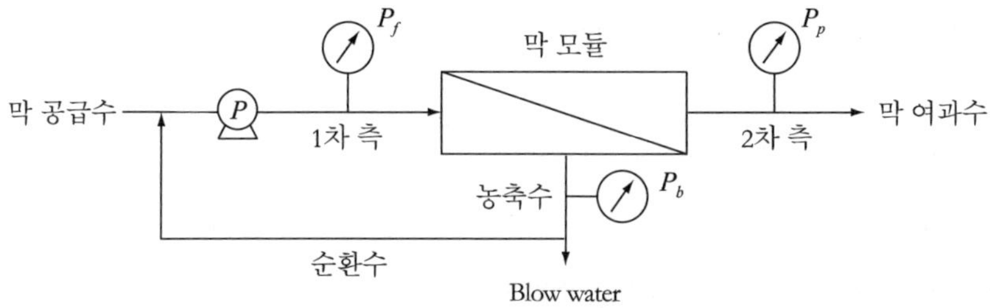

일 평균 유속 [Daily average(net) flux]

막여과수중, 정수로서 공급 가능한 1일당 막여과 수량(실질 적산 막여과 수량)을 막 면적으로 나눈 값으로 다음 식으로 계산된다.

$$\text{일 평균 유속}[m^3/m^2 \cdot day] = \frac{\text{실질 적산 막여과 수량}[m^3/day]}{\text{막 면적}[m^2]}$$

또, 적산 막여과 수량은 막 면을 통과한 수량의 적산치(m^3/day), 실질 적산 막여과 수량은, 적산 막여과 수량에서 역세수 등의 용수량을 뺀 값이다.

일 평균 유속은, 막여과 설비의 1일당 정수 능력의 평가에 사용되는 것이기 때문에 실용상 중요한 지표이다.

저지율 [Rejection ratio]

특정의 용질이 막에 의해 투과가 저지되는 비율로 실질적으로 제거율과 같으며, 다음 식으로 표현된다. 염류 농도에 주목한 경우는 탈염율이라고 한다.

$$R_{obs} = 1 - \frac{C_p}{C_b} \tag{1}$$

$$R = 1 - \frac{C_p}{C_m} \tag{2}$$

여기서, R_{obs} : 겉보기 저지율,

R : 실 저지율,

C_b : 막 공급수중의 용질의 농도,

C_m : 막 표면의 용질의 농도,

C_p : 막여과수중의 용질의 농도

여과의 진행에 따라 막 표면상에는 저지된 용질이 농축되어 막 공급수중의 농도보다도 높게 된다. 이것을 농도 분극이라 한다. 저지율의 표시에는 2가지가 있다.

식 (1)은 막 표면의 농도를 기준으로 했을 때 실제 저지율을, 식 (2)은 막 공급수중의 농도를 기준으로 했을 때, 겉보기의 저지율을 나타낸다. 그러나 막 표면의 농도를 측정하는 것은 용이하지 않기 때문에, 일반적으로는 겉보기의 저지율로 나타낸다.

전기투석 막 [Electric dialysis membrane]

전기투석 법에 사용하는 막을 총칭하여 말한다.

전기투석 법 [Electrodialysis]

투석 막의 외측에 전극을 설치하여 직류 전압을 가해 이온의 이동을 전장에 의해 가속시킴으로써, 농도차 외에 전위차를 주어 저분자 전해질 이온을 신속하게 용액 중에서 제거하는 방법이다. 간단히 전기투석이라고 한다. 염수의 탈염, 해수에서의 식염 제조 등에 이용된다.

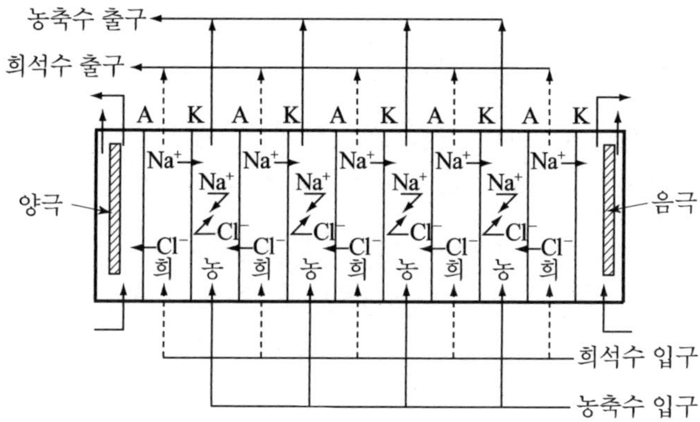

전량여과 방식 [Dead end filtration]

Dead end 여과 방식의 항을 참조.

전 처리 [Pre-treatment]

막의 보호 및 파울링의 제어를 목적으로서, 막여과 설비의 전단에서 행하는 전처리 공정을 말한다. 전처리로서는, 협잡물을 제거하기 위해 스크린, 프리 필터나 strainer등, 여과 성능 향상 등을 위해 응집제 주입, 혹은 살조, 막의 유기물 부착방지, 철 · 망간 등의 산화를 위해 염소제의 주입 등이 있다.

전 필터(Pre-filter)의 항을 참조.

전 필터 [Pre-filter]

전 처리 설비의 일종으로 원수중의 협잡물을 제거하기 위한 필터류의 총칭이다. 막 공급수 중의 협잡물은 막을 상하게 하거나 혹은 막 모듈의 공급수 유로를 폐색시키는 원인이 되기 때문에 precoat 필터나 cartridge filter 등을 이용한 여과에서 사전에 처리하는 것이 일반적이다.

접착층 [Tube sheet]

중공사 막 혹은 관상 막을 다수 묶어 말단을 에폭시, 우레탄 등의 수지로 고정화(potting)하여, 이후 중공사 등의 개공부가 가지런한 위치에서 절단됨으로써, 형성되는 막 개공부가 노출한 원판상의 부분을 말한다.

접착층은 1차측 압력에 견디어 중공사 등을 유지함과 동시에 막 공급수와 막여과수를 접착한 기능을 가진 중요한 부분이다.

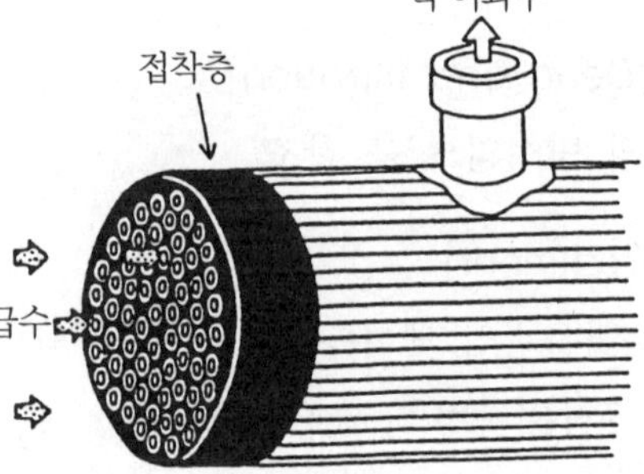

정밀여과 막 [Microfiltration membrane 또는 Membrane filter]

정밀여과법에 이용되는 막으로 MF막 혹은 membrane filter라고도 한다. 재질로 유기막에는 셀룰로오스 계(초산셀룰로오스 등) 및 합성수지계(폴리술폰, 폴리에틸렌, 폴리프로필렌, 폴리아크릴로니트릴 등), 무기막에는 세라믹 계(산화알루미늄, 산화지르코늄 등)가 있다.

제조 방법은 유기막으로는 연신법, 상전환법 등, 무기막에는 소결법이 주된 방법이다. 막의 구조는 대칭의 것과 비대칭의 것이 있다.

공경은 0.01 μm에서 10 μm정도 막 기능으로서는 분리, 정제, 농축, 회수, 제균 등이 있다. 모듈 종류로서는 유기막에는 관형, 나선형, 중공사형, 평막형, pleated형 등 무기막에는 monolith형, 관형 등이 있다.

정밀여과법 [Micro filtration]

막 세공보다 큰 입자는 막을 투과하지 않고 작은 입자는 투과한다고 하는 "체 분리" 기능을 근거로 입자의 크기로 분리를 행하는 막여과법을 말한다. 간단히 정밀여과라고 말한다.

입경 0.01 μm 이상의 영역을 분리 대상으로 하여 분리 성능은 공칭 공경으로 나타낸다. 조작 압력은 −60 kPa에서 200 kPa 정도이다. 본법은 각종 화학품, 의약품, 식품 등의 제조 프로세스에 있어서 농축, 정제 등에 이용, 수 처리에서는 초순수 제조, 폐액·배수 처리, 배수 재 이용, 가정용 정수기 등에 이용되고 있다. 수도에서의 제거 대상은 현탁 물질, 콜로이드, 세균, 조류 등이 있다.

정압여과 방식 [Constant pressure filtration]

막 차압을 일정하게 유지하여 여과하는 방식을 말한다.

압력을 일정하게 하는 방법으로서는, 1차 측에 정양정 펌프나 압력 조정기구를 설치하거나, 혹은 2차 측에 진공 펌프 등을 설치하여 여과를 행한다. 정압 여과 방식에 있어서 막여과 유속은 막의 막힘에 따라 저하한다.

정유량 여과 방식 [Constant flow filtration]

막의 여과 유량을 일정하게 유지하여 여과하는 방식을 말한다. 정량 펌프나 정유량 밸브를 이용하여 여과 수량을 일정하게 유지해서 여과를 행한다. 막여과를 계속하면 막의 막힘 등에 의해 여과 저항이 상승하기 때문에, 여기에 맞도록 1차 측 압력을 상승시키거나, 또는 2차 측 압력을 저하시키는 것 등의 조작을 행하여 막 차압을 상승시킨다.

제거율 [Rejection ratio 또는 Removal ratio]

막 공급수 중의 오염 물질 등이 막에 의해 제거(저지)되는 비율을 말한다.

저지율의 항을 참조.

조작 압력 [Operating pressure]

막의 1차 측에 가해지는 압력을 말한다.

전량여과 방식의 경우에는 막 공급수의 압력이 여기에 상당하며, 또 순환여과 방식의 경우에는 평균 조작 압력으로 나타낸다.

평균 조작 압력의 항을 참조.

조 침지방식 [Tank-submerged type]

막 모듈을 막 공급수가 유입하고 있는 조(개방형 또는 밀폐형)에 침지시킨 상태에서 막여과 장치를 운전하는 방식을 말한다. 기본적으로는 외압식으로 전량여과이지만, 내압식 혹은 순환여과로 운전하는 것도 가능하다.

여과에 필요한 막 차압을 수위 차에 의한 자연 유하, 펌프에 의한 흡인, 혹은 이들의 병용 등에 의해 주어지기 때문에 장치가 간소하며 막 모듈의 교환도 용이하다는 이점이 있다.

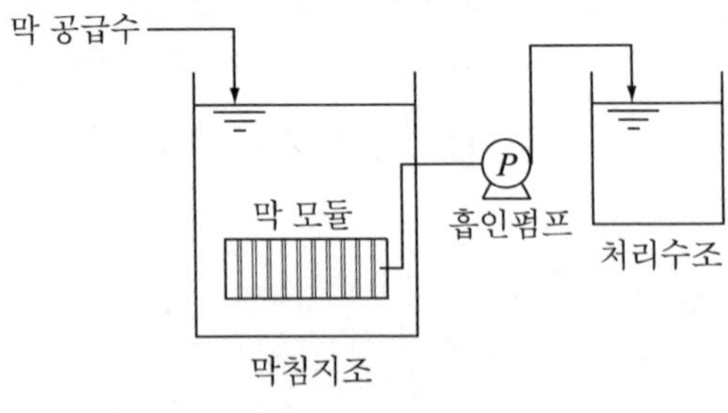

■조 침지 방식(Pump 흡인)의 예

그러나 고압 조건하에서의 운전을 할 수 없기 때문에 막여과 유속은 비교적 낮다. 이것에 대비되는 것으로서 케이스 수납 방식이 있다.

중공사 막 [Hollow fiber membrane]

중공의 사상 또는 가는 원통상으로 성형한 막을 말한다. capillary 막 또는 hollow fiber 막이라고도 부른다. 통상 다수 본의 중공사 막을 묶어서 한쪽 혹은 양단을 수지 등으로 고정(potting)하여 사용한다. 통수방향에 의해 내압식 중공사 막과 외압식 중공사 막으로 구분한다. 여과방법은 내압식 경우에는 순환여과 방식으로 하는 것이 많지만 외압식 경우에는 순환여과 방식, 전량여과 방식의 어느 쪽이라도 채용 가능하다.

중공사형 모듈 [Hollow fiber (type) module]

중공사 막을 다수 본으로 묶은 막 모듈을 말한다.

막 공급수를 중공사의 내측에서 통과한 내압식과 외측에서 통과한 외압식이 있다. 막 충전 밀도를 크게 할 수 있기 때문에 모듈당의 여과 수량은 크다.

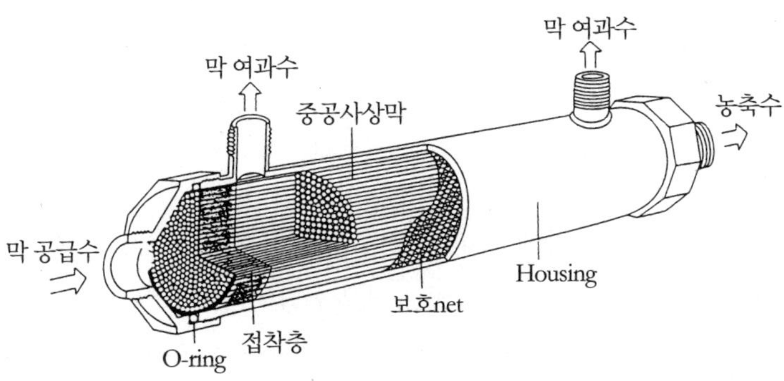

■중공사형 모듈의 예

최고 사용 온도 [Allowable maximum temperature]

막 모듈 및 element의 구조나 성능을 손상 없이 연속적으로 사용 할 수 있는 최고 온도를 말한다. 현재, 광범위하게 사용되고 있는 고분자막 소재의 최고 사용온도는 초산셀룰로오스가 45～50℃, 폴리아크릴로니트릴이 45～50℃, 폴리술폰이 70～80℃, 폴리에테르술폰이 90℃이다. 고온에서 사용할 때는 막 소재만이 아닌 접착제나 하우징의 내열성에도 주의해야 할 필요가 있다.

세라믹 막은 내열성의 점에서 뛰어나지만 접착부재 등에 고분자 소재가 이용되기 때문에 모듈로서 최고 사용온도는 이들 부재의 내열성에 지배된다.

최대 사용 압력 [Allowable maximum operation pressure]

막 모듈 및 element의 구조나 성능을 손상시키지 않고 연속적으로 사용 할 수 있는 최대 압력을 말한다. 막만이 아닌 막 모듈 구성 부재의 내압성에도 주의를 기울 필요가 있다.

최대 사용 차압 [Allowable maximum differential pressure]

막 모듈 및 element의 구조와 성능을 손상시키지 않고 연속적으로 사용가능 한 막의 1차 측과 2차 측과의 최대 차압을 말한다.

치밀층 [Dense layer]

비대칭 막 및 복합 막에 있어서 표면에 있는 얇은 치밀한 층으로 스킨층이라 한다. 이 치밀층에서 분리능이 발휘되고 있다. 통상 치밀층의 두께는 0.1～1.0 μm이다. 단, 이것만이 막으로서 강도가 얻어지지 않기 때문에 일반적으로 다공질 지지층위에 치밀층을 형성시킨다.

친수성 막 [Hydrophilic membrane]

친수성이 높은 소재로 제조된 막, 혹은 막 표면을 친수성이 높이도록 개질한 막 혹은 계면활성제로 코팅한 막을 말한다. 친수성은 표면이 물에 젖기 쉬움을 나타내는 지표이며, 소수성과 나누어 사용하고 있지만 명확한 구분은 없다.

소수성이 높은 다공질 막을 일단 건조시키면 bubble point 이상의 높은 압력을 걸지 않으면 물이 투과하지 않지만, 친수성 막은 건조시켜도 재차 간단히 물에 젖기 때문에 이 같은 현상은 인정되지 않는다. 따라서 친수성 막은 출하시나 보관시에 건조시켜 둘 수가 있다. 일반적으로 니트로셀룰로오스, 초산셀룰로오스, 폴리비닐알콜, 폴리아미드 등의 고분자 막 혹은 산화알루미늄 (알루미나)등의 세라믹 막이 친수성) 막으로 부르고 있다. 또 소수성 막에 술폰기나 카르보닐기 등의 친수기를 도입한 친수화 처리 막도 있다.

Capillary 막 [Capillary membrane]

중공사 막의 항과 동일.

Casing 수납 방식 [Incased type]

element를 수납기(casing)에 수납한 막 모듈을 이용하여 막여과 장치를 운전하는 방식으로 내압식과 외압식이 있다. 이것과 대비되는 것으로서 조침지 방식이 있다.

케이크 층 [Cake layer]

막 공급수 중의 현탁 물질이 막 면 위에 축적해서 형성된 케이크상의 부착물을 말한다. 케이크 층은 막여과 저항을 증대시킨다. 부착 층에는 케이크 층 외에 겔 층 및 스케일 층이 있다.

Cross flow 여과 방식 [Cross flow filtration]

막여과 장치의 운전조작 방법의 하나로 막 공급수를 막 면을 따라 흘러 막을 투과하는 물이 공급수와는 직각 방향으로 흐르도록 하는 여과 방식이다. 순환여과 혹은 십자류 여과 방식이라 한다.

막 공급수를 막면과 평행하게 흐르게 함으로써 막 공급수중의 현탁물질이나 콜로이드 등이 막면에 퇴적, 부착하는 것을 제어하는 것을 목적으로 하고 있다. 여기에 대비되는 것으로서 전량(dead end)여과 방식이 있다.

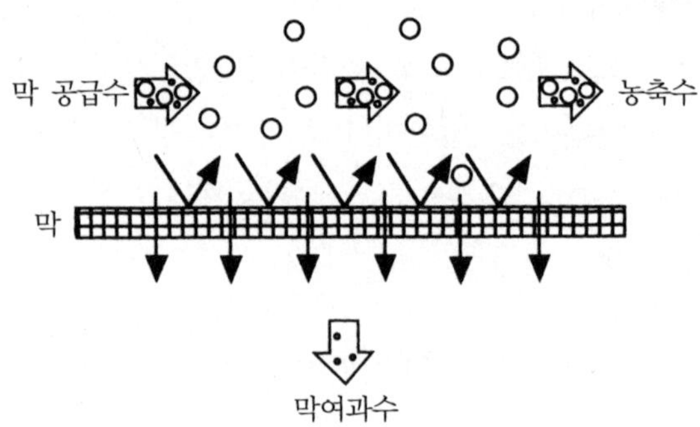

■Cross flow 여과 방식

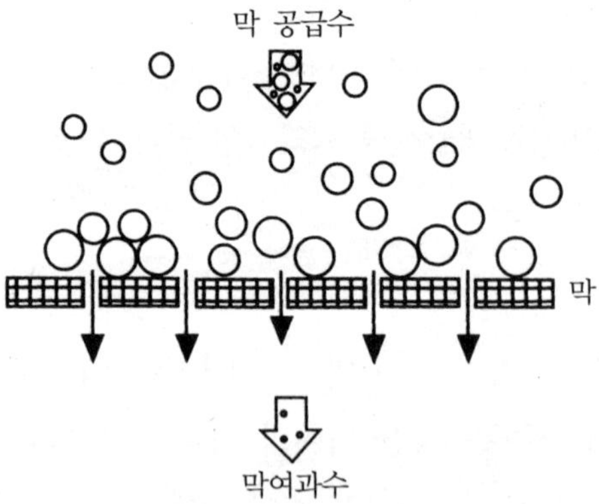

■Dead end 여과 방식

순환(cross flow)여과 방식에는 농축수를 순환시키는 순환 방식과 계외로 배출하는 일과 방식이 있지만, 일과 방식은 회수율의 점에서 뒤떨어지기 때문에 수도에서는 채용하지 않는다.

정밀여과법에서는 순환여과 방식과 전량여과 방식의 어느 것이나 채용 할 수 있지만, 한외여과법이나 역삼투법에서는 순환여과 방식으로 운전되는 것이 많다.

탈염율 [Salt rejection ratio]

역삼투 막에 의한 염의 저지율을 탈염율이라 부른다.

투과 계수 [Permeability coefficient]

용매나 용질의 막 투과성을 나타내는 계수이며 용질이나 막의 종류에 따라 다르다. 역삼투에서의 막 투과 용매와 용질의 흐름은 2계수를 사용하여 다음 식으로 나타낼 수 있다.

$$J_v = L_p(\Delta P - \Delta\pi) = A(\Delta P - \Delta\pi)$$

$$J_s = \frac{D_{AM}}{K_S}(C_m - C_p) = B(C_m - C_P)$$

여기서, J_v : 용액의 투과 유속, C_m : 막 표면의 용질의 농도,

J_s : 용질의 투과 유속, C_p : 막여과수 중의 용질의 농도,

L_p 또는 A : 순수 투과 계수, $\Delta\pi$: 삼투압 차,

$\dfrac{D_{AM}}{K_s}$ 또는 B : 용질 투과 계수, ΔP : 막 차압

J_s와 J_v의 비가 투과수의 용질 농도가 되기 때문에 $C_p = \dfrac{J_s}{J_v}$가 된다.

저지율 R과의 관계는 다음 식으로 표시할 수 있다.

$$R = \frac{J_v}{J_v + B}$$

투석 막 [Dialysis membrane]

투석법에 사용하는 막을 총칭하여 말한다.

투석 법 [Dialysis]

반투막을 통한 용질이 이동하는 현상을 투석이라 하며, 용질 농도에 의해 막을 투과하는 속도에 차가 있는 것을 이용하여, 용질의 분리를 행하는 방법이다. 분자량이 큰 물질의 수용액 중에서 저분자량의 전해질 등을 분리하는 예가 많다. 투석법에는, 확산 투석법과 전기투석법이 알려져 있다. 확산 투석은 막의 양측 농도차와 용질 분자의 막중에 있어서, 확산 투과성의 차이에 의해 용질 분자를 분리하는 것이기 때문에, 가장 오래 전부터 사용되어온 막분리법이다.

Tubular 막 [Tubular membrane]

원관상으로 성형한 막으로 관의 내경이 3~5 mm 이상의 것을 말한다. 내경이 이 이하의 것은 중공사 막(또는 capillary막, hollow fiber막)으로서 구별하고 있다.

관에 직접 제막하거나 혹은 관상으로 성형한 막을 관에 부착한다. 막이 관의 내측에 있는 것과 외측에 있는 것이 있다. 재질에는 다공질의 세라믹, 수지의 소결체, 유공 FRP 혹은 유공 스테인레스 등이 있다. 내압식의 경우, 관경이 두꺼운 관형 막에서는 막 면적은 작지만 막히기 어려운 특징이 있다.

고분자 막에서는 관경이 두꺼워지면 내압성이 감소하기 때문에 보강재로서 지지체를 사용한다.

관형 모듈의 항을 참조.

파울링 [Fouling]

막 공급수 중의 용질이 막에 의해 저지됨에 따라 막의 막힘이나 부착

층의 형성을 초래하는 현상을 말한다.

파울링에 따른 막의 여과기능은 저하한다. 파울링의 원인 물질로서는 탁질, 스케일, 실리카, 금속산화물, 유기물, 미생물 등이 있다. 파울링 대책으로서는 전 처리와 세정이 있다.

파울링 지수 [Fouling Index]

FI값의 항과 동일.

평균 조작 압력 [Average operating pressure]

막의 1차 측에 있어서 막 공급수의 압력과 농축수 압력의 평균치를 말하며 순환여과 방식의 경우에 사용되는 조작지표이다. 평균 조작 압력은 다음 식으로 나타내어진다.

$$\text{평균조작 압력} = \frac{(P_f + P_b)}{2}$$

여기서, P_f : 막 공급수의 압력, P_b : 농축수의 압력

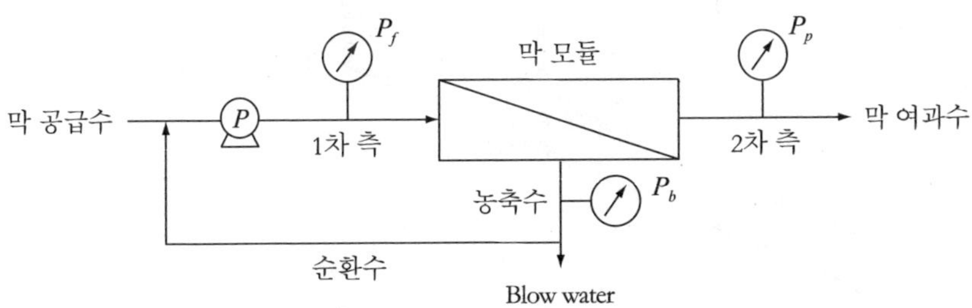

■Blow water

평막 [Flat sheet membrane]

평면상 또는 시트상에 성형한 막을 말한다.

평막형 모듈의 항을 참조.

평막형 모듈 [Flat sheet (type) module]

평막을 이용한 막 모듈을 말한다. 현재, 실용되고 있는 평막형 모듈은 그림과 같이 평막과 막 지지판에 의해 구성된 가압 급수실과 여과수실을 번갈아 조합하여 필터 프레스와 같은 다층 구조를 하고 있다. flat and frame형과 같이 막을 수직으로 다수 배치한 것과 stalk형으로 막을 수평방향으로 배치한 것이 있다. 순환여과 방식으로 운전하는 것이 일반적이다. 또한 평막을 원판상으로 회전시키는 형식도 있다.

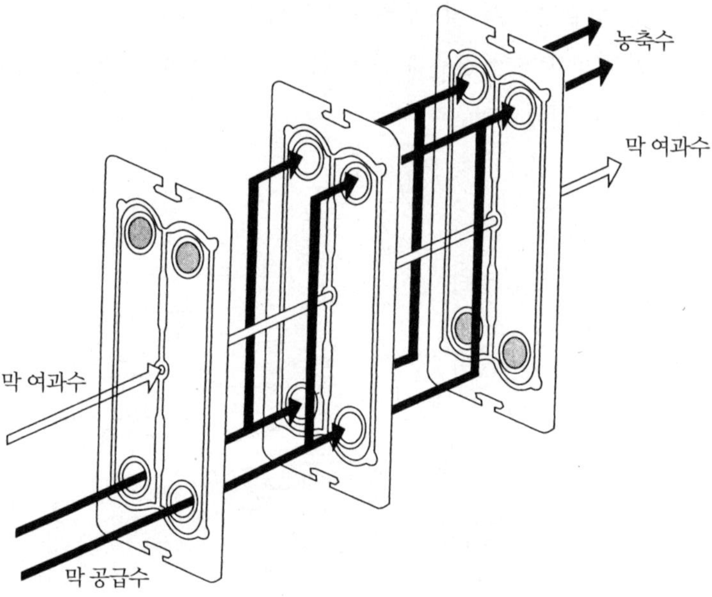

■Flat and frame형 모듈

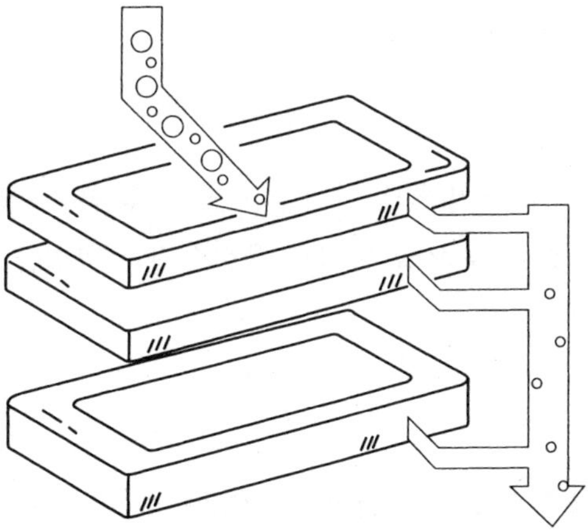

■Stalk형 모듈

폐색 [Clogging]

막 파울링의 일종으로 좁은 의미로는 막의 세공이 막히는 현상을 말하지만, 막에 대한 부착, 흡착 등과 복합적으로 생기기 때문에 폐색만을 특정 하는 것은 곤란하다. 일반적으로 물리 세정과 약품 세정에 의해 회복이 가능하다.

포워드 플로 테스트 [Forward flow test]

정밀여과 막의 완전성 시험의 일종이다.

확산유량 시험의 항을 참조.

포트 [Port]

막 모듈의 외부와 접속구를 말한다. 막 모듈의 포트는 기본적으로는 막 공급수 입구, 막여과수의 출구 및 농축수의 출구 3곳이 있다.

프레스 홀드 시험 [Pressure hold test]

압력유지 시험의 항과 동일.

플러싱 [Flushing]

물리적 세정의 한 방법으로 막의 1차 측에 청정한 물을 압입하여 막면을 따라 흐름에 의해 오염 물질을 유출시키는 방법을 말한다.

플럭스 [Flux]

막여과 유속의 항 같음.

플리이트형 모듈 [Pleated (type) module]

평막을 주름잡아 하우징에 수납한 막 모듈. 이 형식의 모듈은 일반적으로 나선형 모듈과 호환성이 있다.

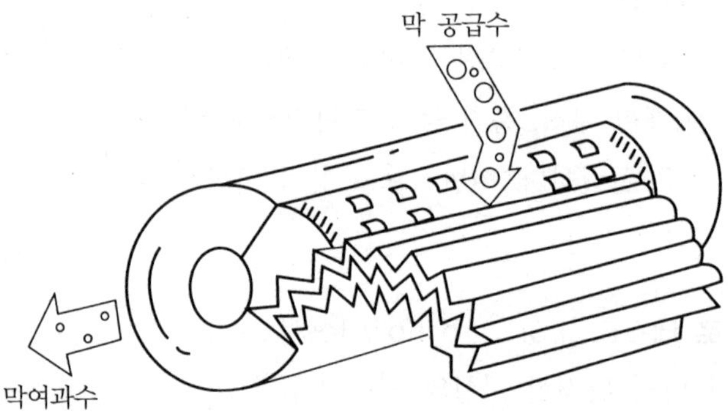

하우징 [Housing]

각종의 element는 사용압력에 맞는 용기 내에 수납해서 사용하는 것이 일반적이다. 이 용기를 하우징 또는 수납기라고 하고, 특히 나선형 모듈의 경우에는 베셀이라고도 한다. 하우징의 재료로서는 스텐레스(SUS), 폴리염화비닐(PVC), 글라스섬유 강화플라스틱(FRP) 등이 이용된다.

통상 element를 하우징과 일체화 한 것을 막 모듈이라고 부르지만, 이 중에는 하우징이 없는 막 모듈도 있다.

하전 막 [Charged membrane]

막 중에 고정 하전을 갖는 막으로서, 통상은 특히 고정 하전 밀도가 높은 것을 하전막이라 한다.

정의 하전을 나타내는 기에는 amino기, 제4급 암모늄염기 등 부의 하전을 나타내는 기에는 술폰산기, 카본산기, phosphoric산기 등이 있어 각각 정 하전 막, 부 하전 막이라고 한다. 하전 막의 대표적인 것으로서 이온교환 막이 있다.

한외여과 막 [Ultra filtration membrane]

한외여과법에 사용되는 막으로 UF 막이라고 한다. 재질은 유기막에는 셀룰로오스 계(초산셀룰로오스 등) 및 합성수지계(폴리술폰, 폴리에틸렌, 폴리프로필렌, 폴리아크릴로니트릴 등), 무기막에는 세라믹계(질산알루미늄, 질산지르코늄 등)가 있다.

제조 방법은 유기막에는 연신법, 상전환법 등 무기막에는 소결법이 주이다. 막의 구조는 비대칭의 것이 많지만 대칭인 것도 있다. 공경은 수 nm에서 수십 nm 정도 막 기능으로서는 분리, 정제, 농축, 회수, 제균 등이 있다.

모듈 종류에는 유기막에는 중공사형, 관형, 평막형, 나선형, pleated형 등, 무기막에는 관형, monolith형 등이 있다.

한외여과법 [Ultra filtration]

막 세공보다 큰 분자는 막을 투과하지 않고 작은 분자는 투과한다고 하는 "체 분리" 기능을 근거로 분자의 크기로 분리를 행하는 막여과법을 말한다. 간단히 한외여과라고 말한다.

분자량 1,000~300,000 정도의 영역을 분리 대상으로 하고 분리 성능은 분획 분자량으로 나타낸다. 조작 압력은 −60 kPa에서 300 kPa 정도이다. 본법은 각종 화학품, 의약품, 식품 등의 제조에 있어서 농축, 정제 등에 사용되며 수처리에서는 초순수 제조, 폐액·배수 처리, 배수 재 이용 등에 이용되어 지고 있다. 수도에서의 제거 대상은 현탁 물질, 콜로이드, 세균, 바이러스, 조류 등이다.

Hollow fiber 막 [Hollow fiber membrane]

중공사 막의 항과 같음.

합성 막 [Synthetic membrane]

유기 막의 항과 동일.

화학세정 [Chemical cleaning]

약품 세정의 항과 동일.

확산유량시험 [Diffusive flow test 또는 diffusion test]

정밀여과 막의 완전성 시험의 하나이다. 공기 또는 질소 가스를 사용하여 막의 1차 측에 babble point 이하의 압력을 가했을 때 확산에 의해 2차 측에 투과하는 기체의 유량을 측정함으로써 완전성을 확인하는 시험이다. 막 면적이 큰 element 및 모듈에 적합하다.

압력유지 시험 및 완전성 시험의 항을 참조.

회수율 [Recovery]

막 공급 수량에 대한 막여과 수량의 비이며 막여과법에 있어서 양적인 처리 효율을 나타내는 지표이다.

회수율은 다음 식으로 나타낼 수 있다

$$\text{회수율}(\%) = \frac{Q_p}{Q_f} \times 100 \quad \text{또는} \quad \frac{Q_f - Q_b}{A_f} \times 100$$

여기서, Q_f = 막 공급 수량, Q_p = 막여과 수량,

Q_b = 막여과 설비로부터의 배수량

막여과 설비에서의 세정 배수 등을 원수측에 반송함으로써, 회수율의 향상을 꾀하는 것이 가능하다.

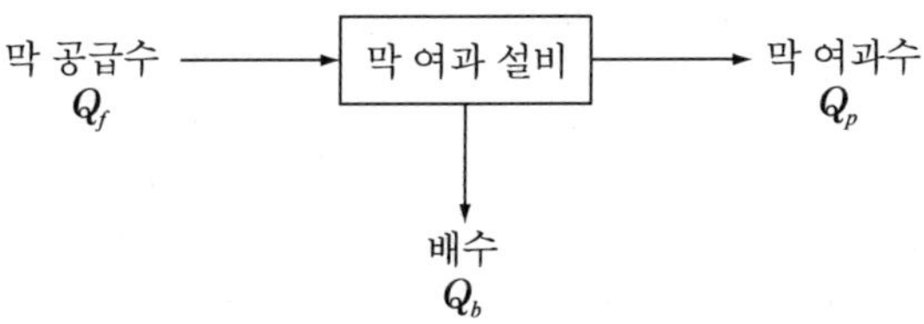

회전 평막형 모듈 [Rotating flat-sheet membrane module]

원판상에 평막을 붙인 구조의 막 모듈이다. 각 평막간에 막 공급수가 공급되어 원판 내를 통해 중심의 회전축에 막여과수가 모여지게 된다. 원판상의 막을 회전시킴으로써 막 공급수와 막면의 상대속도를 크게 할 수 있어 막면에 대한 현탁 물질이나 콜로이드 등의 퇴적·부착이 제어된다.

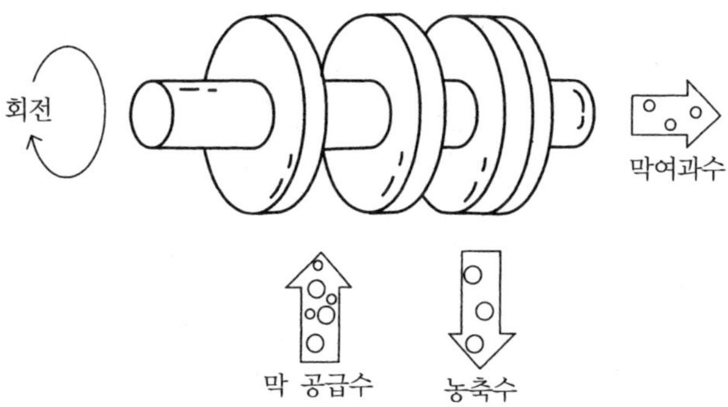

찾아보기

[ㅈ]

[ㅊ]

[ㅋ]

[ㅌ]

[ㅍ]

[ㅎ]

[기타]

■저자 소개

조 봉 연

1984. 2 동아대학교 졸업

1991. 3 일본 동경대학교 공학박사

현재 동국대학교 공과대학 교수

수처리 막여과

2019년 3월 20일 인쇄
2019년 3월 25일 발행

인 지

저 자 **조 봉 연**
발행자 **신 대 영**
발행소 **양 서 각**

주소 : 서울시 도봉구 도봉로 135길 10
전화 : 02) 991-6234~5
FAX : 02) 6007-1693
등록 : 1992년 4월 30일 제3-412호

ISBN 978-89-5568-490-2-93530 **[정가 22,000원]**